21 世纪高职高专系列教材

液压与气压传动

主　编　薛彦登　徐　冬
　　　　钟宝华　程　刚
副主编　夏继梅　李绍华　李希朝
　　　　滕文建　王秋敏　孙学江

山东大学出版社

21 世纪高职高专系列教材
编委会成员名单

出版说明

江泽民同志在党的十六大报告中指出:"教育是发展科学技术和培养人才的基础,在现代化建设中具有先导性全局性作用,必须摆在优先发展的战略地位。……加强职业教育和培训,发展继续教育,构建终身教育体系。"职业教育作为我国教育事业的一个重要的组成部分,改革开放以来,尤其是近年来获得了长足发展。据不完全统计,目前全国各类高等职业学校有近千所,仅山东省就有五十多所,为国家和地方培养了一大批高素质的劳动者和专门人才。与此相适应,教材建设也硕果累累,各出版社先后推出了多部具有高职特色的高职高专教材。但总体上看,与迅猛发展的高职教育相比,教材的出版相对滞后,这不仅表现在教材品种相对较少,更表现在内容的针对性不强,某些方面与高职的专业设置、培养目标相去甚远。同时,地方性、区域性的高职教材也稍嫌不足。以山东省为例,作为一个经济强省、人口大省、教育大省,迄今为止,居然没有一套统编的、与山东省社会、经济、文化发展相适应的高职教材,严重地制约了我省高职高专教育的发展。

有鉴于此,我们在山东省教育厅的领导与支持下,依据教育部《高职高专教育基础课程教学基本要求》和《高职高专教育专业人才培养目标及规格》,并结合我省高职院校及专业设置的特点,组织省内二十余所高职院校长期从事高职高专教学和研究的专家、教授,编写了这套"21世纪高职高专系列教材"。该教材充分借鉴近年来国内高职高专院校教材建设的最新成果,认真总结和汲取省内高职院校和成人高校在教育、培养新时期技术应用性专门人才方面所取得的成功经验,以适应高职院校教学改革的需要为目标,重点突出实用性、针对性,力求从内容到形式都有一定的突破和创新。本系列教材拟分批出版,约一百余种。出齐后,将涵盖山东省高职高专教育的基础课程和主干课程。

编写这套教材,在我们是一次粗浅的尝试,也是一次学习、探索和提高的机会。由于我们水平有限,加之编写时间仓促,本教材无论在内容还是形式上都难免会存在这样那样的缺憾或不足,敬请专家和读者批评指正。

21世纪高职高专系列教材编写委员会
2005年7月

前　言

《液压与气压传动》是根据国家教育部的高职高专教育教学大纲的要求，结合职业教育的特点和职业教育教学改革的经验，本着“必需、够用”的基本原则而又注重理论与实际应用相结合，强调应用能力的培养而编写的。本书是高职高专院校机电类专业通用教材之一，也可作为技师培训、再就业培训、成人教育教材及有关工程技术人员工作的参考书。

本书共分两篇：第一篇为液压传动，主要内容包括流体力学基础、液压动力元件、液压执行元件、液压控制阀、液压辅助元件、液压基本回路、液压故障分析与排除、典型液压系统分析及设计；第二篇为气压传动，主要内容有气压传动的基本知识、气源装置、气动元件、气动基本回路、典型气动回路分析及设计。

本书在编写内容上力求贯彻少而精和理论联系实际的原则，简明阐述基本概念和原理，突出理论知识的应用，培养学生实际分析问题、解决问题和动手操作的能力。为便于学生阅读和理解，书中较多地采用简化的结构原理图，每章后均附有适量的思考与练习。液压与气压传动符号全部执行新的国家标准。

本书由薛彦登、徐冬、钟宝华、程刚担任主编，夏继梅、李绍华、李希朝、滕文建、王秋敏、孙学江担任副主编。其中薛彦登编写绪论、第一章、第六章；程刚编写第二章、第三章；夏继梅编写第四章；孙学江、陈伟编写第五章；李希朝编写第七章、第八章；徐冬、王秋敏编写第十三章、第十四章；李绍华编写第九章、第十章；钟宝华、滕文建、周克媛编写第十一章、第十二章。全书由薛彦登主审并负责统稿。在本书编写过程中周峥、王洪琳、杨琳等提出宝贵意见和建议，在此表示衷心地感谢。

由于编者水平有限，本书中难免存在错误和不足之处，在此恳请广大读者批评指正。

编　者

2005 年 7 月于济南

目　录

绪 论

一、液压与气压传动的研究对象

液压与气压传动是以压力油或压缩空气为传递能量的载体，实现各种传动和控制的能量转换装置。本课程的主要任务是介绍传动介质的基本物理性质及其静力学、动力学、热力学特性，掌握组成系统的各类液压与气动元件的结构、工作原理，以及由这些元件组成的各种控制回路的特点及应用，熟悉液压与气压传动装置的安装、调试、故障分析与排除方法，并在此基础上进行液压与气压传动系统的分析与设计。

二、液压与气压传动的工作原理

液压与气压传动实现传动和控制的方法基本是相同的，现以液压千斤顶为例，简述液压与气压传动的工作原理。

如图绪-1 所示，大小活塞可以分别在大小缸体内上下移动，由于活塞与缸体内壁间有着良好的密封，形成一个容积可变的密封空间，当提起手柄，小活塞在小缸体内上移，其下部缸体内容积增大，形成局部真空，这时大活塞上的重物使大缸内的液压油作用在单向阀 6 上，单向阀 6 关闭，而油箱内液压油在大气压作用下，冲开单向阀 2 进入小缸体，完成吸油；用力压下手柄，小活塞下移，其下腔内压力升高，单向阀 2 关闭，液压油冲开单向阀 6 进入大缸体，迫使大活塞上移，顶起重物 G。再次提起手柄，大缸体内压力油使单向阀 6 自动关闭，小缸体下腔继续从油箱吸油。不断往复

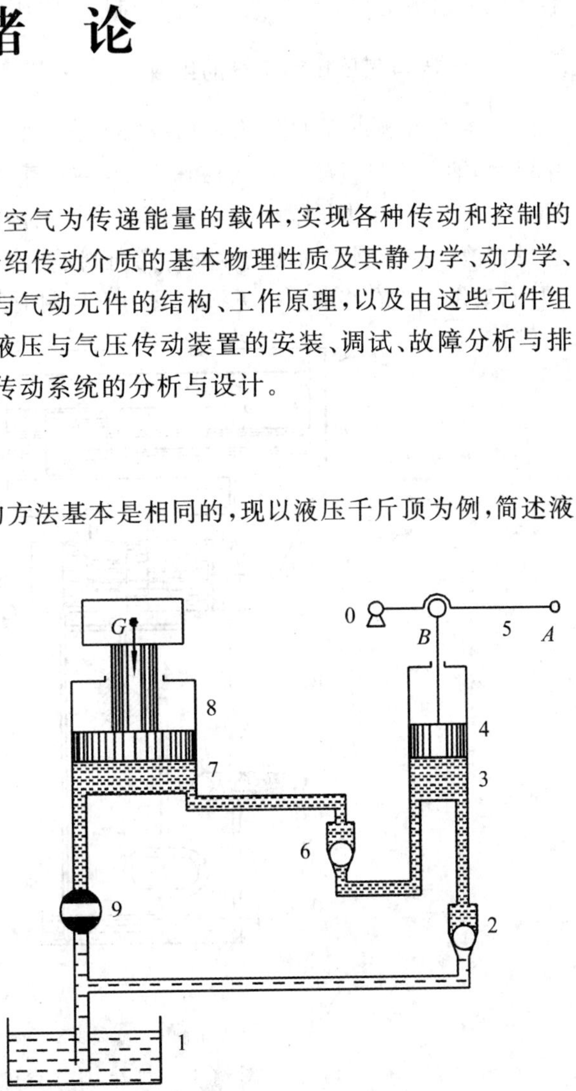

1-油箱　2,6-单向阀　3-小油缸　4-小活塞
5-手动提压杆　7-大油缸　8-大活塞　9-放油阀

图绪-1　液压千斤顶工作原理

提压手柄，就能不断把油液压入大缸体下腔，使重物逐渐升起。如果将放油阀 9 转过 90 度，油液流回油箱，大活塞下移，重物回落。可见手柄、小缸体、小活塞、两个单向阀组成了手动液压泵。

如果将图绪-1 中液压缸换成气缸，油液换成空气，并去掉油箱，就成为一个简单的气压装置，正如生活中的打气筒，就是这个原理。

综上所述，液压与气压传动是以油液或空气作为工作介质，依靠密封容积的变化传递运动，依靠介质内压力传递动力的。其实质是能量转换，先将机械能转换成压力能，通过各种元件组成的控制回路实现能量控制，再将压力能转换成机械能。

三、液压与气压传动系统的组成

如图绪-2 为机床工作台的液压传动系统，其工作原理是电动机带动液压泵 2 从油箱中吸油，油液经过过滤器进入液压泵，在液压泵出口向系统输出一定压力和流量的液压油，通过节流阀 4、换向阀 5 进入液压缸 6 的右腔，推动活塞带动工作台左移，液压缸左腔里的油液经换向阀流回油箱。如果换向阀手柄扳向右位，可以实现液压缸左腔进油，右腔回油，工作台向右移动。可见换向阀用于控制液压缸工作台的运动方向。

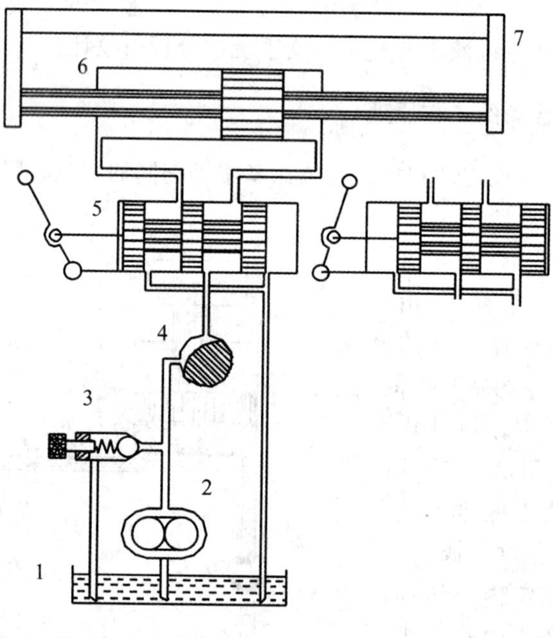

1-油箱　2-液压泵　3-溢流阀

4-节流阀　5-换向阀　6-液压缸　7-工作台

图绪-2　机床工作台液压传动系统

而工作台的运动速度可以通过节流阀 4 来调节，当节流阀口开大时，进入缸内的油液流量增大，工作台运动速度就快。

工作台运动时必须克服各种阻力，如切削力和摩擦力等，要求液压缸必须产生足够大的推力，而推力的大小由液压缸内油液压力保证，因此液压油的压力应根据克服负载的大小进行调节，这主要由溢流阀3调定，同时，当节流阀口一定时，多余的油液需经溢流阀流回油箱。

综上所述，液压与气压传动系统主要由以下几部分组成：

(1)动力装置。把机械能转换成压力能的装置，如液压泵、空气压缩机。

(2)执行装置。把压力能转换成机械能的装置，如液压缸、液压马达、气压缸、气压马达。

(3)控制调节装置。对液压与气压系统中流体的压力、流量和流动方向进行控制和调节的装置。如单向阀、换向阀、节流阀、溢流阀等。

(4)辅助装置。包括油箱、过滤器、蓄能器、管件等。

(5)工作介质。传递能量的载体，即液压油和压缩空气。

四、液压与气压传动的优缺点

传动与控制方式可分为机械传动、电力传动、液压和气压传动。与机械传动、电力传动相比，液压与气压传动有如下特点。

1. 液压传动的优点

(1)在相同功率的情况下，液压传动体积小，重量轻。

(2)液压传动可以实现无级调速，调速范围广(可达1∶2000)。

(3)液压传动工作平稳，换向冲击小，反应速度快，宜于实现频繁的换向。

(4)液压传动便于实现过载保护，液压油使元件自润滑，使用寿命长。

(5)液压传动对液体的压力、流量、和流向进行控制和调节，容易实现自动化，操纵方便。

(6)液压元件已标准化、系列化、通用化。

2. 液压传动的缺点

(1)液压传动存在泄漏及液体被压缩，使传动不准确。

(2)液压传动中存在流量损失，压力损失及摩擦损失，传动效率不高，且不宜作远距离传动。

(3)液压传动对油温、油污比较敏感。不能在高温和低温下工作，对油液质量要求较高。

3. 气压传动的优点

(1)空气取自大气，用之不竭，无介质费用，使用后排入大气，处理方便。

(2)空气黏性小，管路中阻力损失很少，宜于远程传动和控制。

(3)工作压力低，元件制造精度要求低，成本低。

(4)维护简单，使用安全，无油的气动控制适用于无线电元器件的生产及食品、医药的生产过程。

(5)气动元件可以根据不同场合采用相应材料，在易燃、高温、强振动、强腐蚀和强辐射等恶劣条件下工作。

4. 气压传动的缺点

(1)气压传动的信号传递速度限制在声速范围内，其工作频率和响应速度不如电子装置，且信号会产生较大失真和延滞，不宜于复杂的回路。

(2)空气压缩性大，在动作响应能力及工作速度平稳性方面不如液压传动。

(3)气压传动输出力较小，传动效率低。

五、液压与气压传动的应用

液压与气压传动越来越广泛地应用于工业领域的各个方面，如表绪-1 所示。

表绪-1　液压与气压传动在各类机械中的应用

行业名称	应用举例	行业名称	应用举例
工程机械	挖掘机、装载机、推土机	轻工机械	打包机、注塑机
矿山机械	凿岩机、开掘机、提升机、液压支架	灌装机械	食品包装机、真空镀膜机、化肥包装机
建筑机械	打桩机、液压千斤顶、平地机	汽车工业	高空作业车、自卸式汽车、汽车起重机
冶金机械	轧钢机、压力机、步进加热炉	铸造机械	砂型压实机、加料机、压铸机
锻压机械	压力机、模锻机、空气锤	纺织机械	织布、抛砂机、印染机
机械制造	组合机床、冲床、自动线、气动扳手		

液压与气压传动技术的应用主要由其本身的特点决定，如工程机械、矿山机械、建筑机械中主要考虑液压传动结构简单、体积小、重量轻、输出力大；金切机床、自动生产线、数控设备、加工中心等应用液压传动是取其能方便地实现无级调速，冲击小，工作平稳，可以频繁地换向，易于实现自动化；电子工业、食品机械等行业，应用气压传动主要是因为其操作方便，无油、无污染等特点。

三、液压与气压传动技术的发展趋势

液压技术自 18 世纪末英国制造成世界上第一台水压机，距今已有 300 年的历史，但其真正的发展是在第二次世界大战后的 50 余年的时间内，战后液压技术迅速转向民用工业，在机床、工程机械、农业机械、汽车等行业逐步推广。20 世纪 60 年代以来，随着原子能、空间技术、计算机技术的发展，液压技术得到了极大的推广，并渗透到各个工业领域。当前液压技术正向高压、高速、高效、高寿命、低噪声、大功率、高度集成化方向发展。同时，新型液压元件和液压系统的计算机辅助设计(CAD)、计算机辅助测试(CAT)、计算机直接控制技术、机电一体化技术、可靠性技术、计算机仿真和优化设计技术以及污染控制技术等方面也是当前液压传动与控制技术的发展与研究方向。

气压传动技术在科技迅猛发展的今天得到迅速推广，已从汽车、采矿、钢铁、机械工业扩展到化工、轻工、食品、军事等各行业。气动技术的发展包含传动、控制与检测在内的自动化技术。气动元件当前发展特点是节能化、小型化、轻量化、位置控制的高精度化，以及与电、液相结合的综合控制技术。

思考与练习

绪-1　液压与气压传动的工作原理是什么？

绪-2　液压传动主要由哪几部分组成？各部分的主要作用是什么？

绪-3　液压传动有何优缺点？

绪-4　气压传动有何优缺点？

第一篇　液压传动

第一章　液压传动的基本知识

液压油作为液压传动的工作介质，在液压系统中起着能量传递、润滑、防腐、防锈、冷却等作用。了解液压油的种类、物理性质，掌握液体的静力学特征、运动学和动力学规律，对于理解液压传动工作原理、合理选用液压元件和正确使用液压系统是非常有必要的。

第一节　液压传动工作介质

一、液压油的种类

液压系统常用液压油主要有三大类：矿油型、乳化型和合成型。矿油型液压油主要成分是提炼后的石油制品加入各种添加剂精制而成，具有品种多、润滑性好、腐蚀性小、化学稳定性好、成本低、使用范围广的优点，为大多数液压系统所采用。矿油型液压油的主要缺点是易燃。在高温、易燃、易爆的工作环境应使用难燃的液体，如水包油、油包水乳化液或水-乙二醇液、磷酸酯合成液。

液压油的详细分类、代号和用途如表 1-1 所示。

表 1-1　　液压系统工作介质分类(GB11118-89)

分类	名　称	代　号	组成和特性	应　用
矿油型	精制矿物油	L-HH	浅度精制矿物油,不含添加剂,稳定性差,易氧化、易起泡,易生成胶块,阻塞元件小孔	主要用于润滑,要求不高的低压系统,液压代用油
	普通液压油	L-HL	精制矿物油加抗氧化,防锈添加剂,提高了抗氧化,防锈性能	一般设备的中低压系统
	抗磨液压油	L-HM	L-HL 加抗磨剂、金属钝化剂、消泡剂,改善抗磨性	适用于工程机械、车辆液压系统
	低温液压油	L-HV	L-HM 加添加剂,改善黏温特性	适用于 $-20℃\sim-40℃$ 的高压系统
	高黏度指数液压油	L-HR	L-HL 加黏度指数添加剂,改善黏温特性,黏度指数达 175 以上	适用于环境温度变化较大的低压系统、数控机床液压系统
	液压导轨油	L-HG	L-HM 加抗黏滑剂,良好的防锈、抗氧化、抗磨性,改善黏—滑性能,低速下防爬行。	机床中液压和导轨润滑合用的系统
	其他液压油			
乳化型	水包油乳化液	L-HFAE	高水基液,难燃,黏温特性好,但润滑性差,易泄漏	用于有抗燃要求,用量较大的液压系统
	油包水乳化液	L-HFB	抗磨、防锈、抗燃性能好	有抗燃要求的中压系统
合成型	水-乙二醇液	L-HFC	难燃,黏温特性的抗蚀性好,能在 $-30℃\sim60℃$ 下使用	有抗燃要求的中低压系统
	磷酸酯液	L-HFDR	难燃,良好的润滑性、抗磨性和抗氧化性,能在 $-54℃\sim135℃$ 温度范围内使用,但有毒	适用于有抗燃要求的高压精密液压系统

二、液压油的性质

1. 密度

单位体积液体的质量称为液体的密度,用 ρ 表示,单位为 kg/m^3。设有液体体积为 V,单位为 m^3,质量为 m,单位为 kg,则该液体密度 ρ 为

$$\rho=\frac{m}{V} \tag{1-1}$$

液体密度随温度的升高而减小,随压力的升高而增大。但是,由于温度和压力对密度的影响都很小,一般情况下可视液体密度为常数。矿油型液压油密度 $\rho=850\sim900kg/m^3$。

2. 可压缩性

液体受压力作用其体积减小的性质称为液体的可压缩性,用体积压缩系数 κ 表示,即在单位压力变化下液体体积的相对变化量。设体积为 V 的液体,当压力增大 Δp 时,体积减小了 ΔV,则体积压缩系数 κ 为

$$\kappa=-\frac{\frac{\Delta V}{V}}{\Delta p} \qquad (1\text{-}2)$$

式中,负号表示 Δp 与 ΔV 的变化相反,即压力增加体积减小。

实际应用中,常用体积弹性模量 K 值大小反映液体抵抗压缩的能力。液体体积弹性模量 K 为体积压缩系数 κ 的倒数,即

$$K=\frac{1}{\kappa}=-\frac{\Delta p}{\frac{\Delta V}{V}} \qquad (1\text{-}3)$$

体积弹性模量的单位为 Pa。

K 表示产生单位体积相对变化量所需的压力增量。常温下,纯净液压油 $K=(1.4\sim2.0)\times10^3$ MPa,是钢的 100~150 倍。在一般液压系统中认为液压油是不可压缩的。但是,如果油液中混有游离空气,液体体积弹性模量会显著降低,严重影响液压系统的工作性能。如果油液中混有 1%的气体,其 K 值只是纯净油液的 30%;如果油液中混有 4%的气体,其 K 值仅为纯净油液的 10%。由于油液中气体难以完全排除,实际计算中,常将油液的体积弹性模量 K 值取为$(0.7\sim1.0)\times10^3$ MPa。

3. 黏性

(1)黏性的物理意义。液体在外力作用下流动时,分子间的内聚力阻碍其相对运动而产生的内摩擦力,这一性质称为液体的黏性。

由于液体内部黏性以及液体与固体壁面间附着力使液体内部各处的速度不相等。如图 1-1 所示,设两平行平板间充满液体,下平板不动,上平板以速度 u_0 向右平移。由于液体的黏性,紧靠下平板的液层速度为零,紧贴上平板的液层速度为 u_0,而中间各液层的速度从下到上呈线性递增。

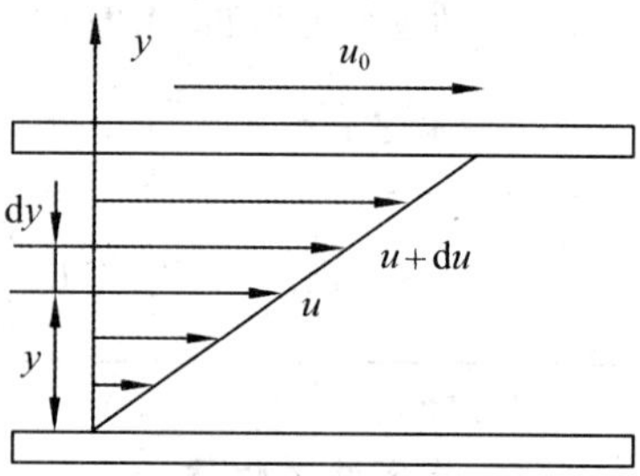

图 1-1 液体黏性示意图

实验表明,液体流动时相邻液层间的内摩擦力 F 与液层接触面积 A、液层间相对速度 $\mathrm{d}u$ 成正比,与液层间距离 $\mathrm{d}y$ 成反比,即

$$F=\mu A\frac{\mathrm{d}u}{\mathrm{d}y} \qquad (1\text{-}4)$$

式中:μ——比例常数,黏性系数或动力黏度。

$\frac{\mathrm{d}u}{\mathrm{d}y}$——速度梯度。

若以 τ 表示切应力,则

$$\tau=\frac{F}{A}=\mu\frac{\mathrm{d}u}{\mathrm{d}y} \qquad (1\text{-}5)$$

即液层间单位面积上的内摩擦力,这就是牛顿液体内摩擦定律。

在静止液体中,由于速度梯度为零,内摩擦力为零,所以静止液体不呈现黏性。

(2)黏度的表示方法

①动力黏度又称绝对黏度。动力黏度 μ 是指单位速度梯度下流动时单位面积上产生

的内摩擦力。

$$\mu=\frac{F}{A\,\frac{\mathrm{d}u}{\mathrm{d}y}} \tag{1-6}$$

动力黏度的国际单位为 Pa·s 或 N·s/m²。

②运动黏度。动力黏度 μ 与液体密度 ρ 的比值称为液体的运动黏度，用 ν 表示，即

$$\nu=\frac{\mu}{\rho} \tag{1-7}$$

运动黏度没有明确的物理意义，由于它的量刚只与长度和时间有关，所以称为运动黏度。

运动黏度的国际单位为 m^2/s，工程中常用 mm^2/s。$1m^2/s=10^6mm^2/s$

国际标准化组织 ISO 规定统一采用运动黏度表示液压油的黏度等级。我国生产的液压油采用 40℃时运动黏度（mm^2/s）为黏度等级标号。如牌号为 L-HL22 表示普通液压油在 40℃时的运动黏度平均值为 $22mm^2/s$

③相对黏度又称条件黏度。相对黏度是在一定测量条件下测定的，中国、德国等都采用恩氏黏度°E，美国用赛氏黏度 SSU，英国用雷氏黏度 R。

恩氏黏度用恩氏黏度计测定，将 200mL 温度为 t 的被测液体装入黏度计，在自身重力作用下流过黏度计下部直径为∅2.8mm 的小孔，测出液体流尽所需时间 t_1，与温度为 20℃的 200mL 蒸馏水在同一黏度计中流尽所需时间 t_0 标定值之比，称为恩氏黏度。即

$$^{\circ}E_t=\frac{t_1}{t_0} \tag{1-8}$$

一般以 20℃，50℃，100℃作为测定液体黏度的标准温度。

恩氏黏度与运动黏度间的换算关系为

$$\nu=\left(7.31^{\circ}E_t-\frac{6.31}{^{\circ}E_t}\right)\times10^{-6}\,m^2/s \tag{1-9}$$

（3）影响黏度的因素。油液对温度的变化十分敏感，温度升高，黏度降低。油液黏度随温度变化的性质称为黏温特性，如图 1-2 所示，几种典型液压油的黏温特性曲线。

黏温特性好的液压油，黏度随温度变化小。常采用黏度指数 VI 值衡量油液黏温特性好坏。黏度指数是黏度随温度变化程度与标准油黏度随温度变化程度进行比较所得的相对数值。

黏度指数越大，表示黏度随温度的变化率越小，黏温特性越好。一般液压油 VI 值要求在 90 以上。

液体所受压力增大，黏度增大。但对于一般液压系统，当压力低于 32MPa 时，压力对黏度影响不大，可以忽略不计。

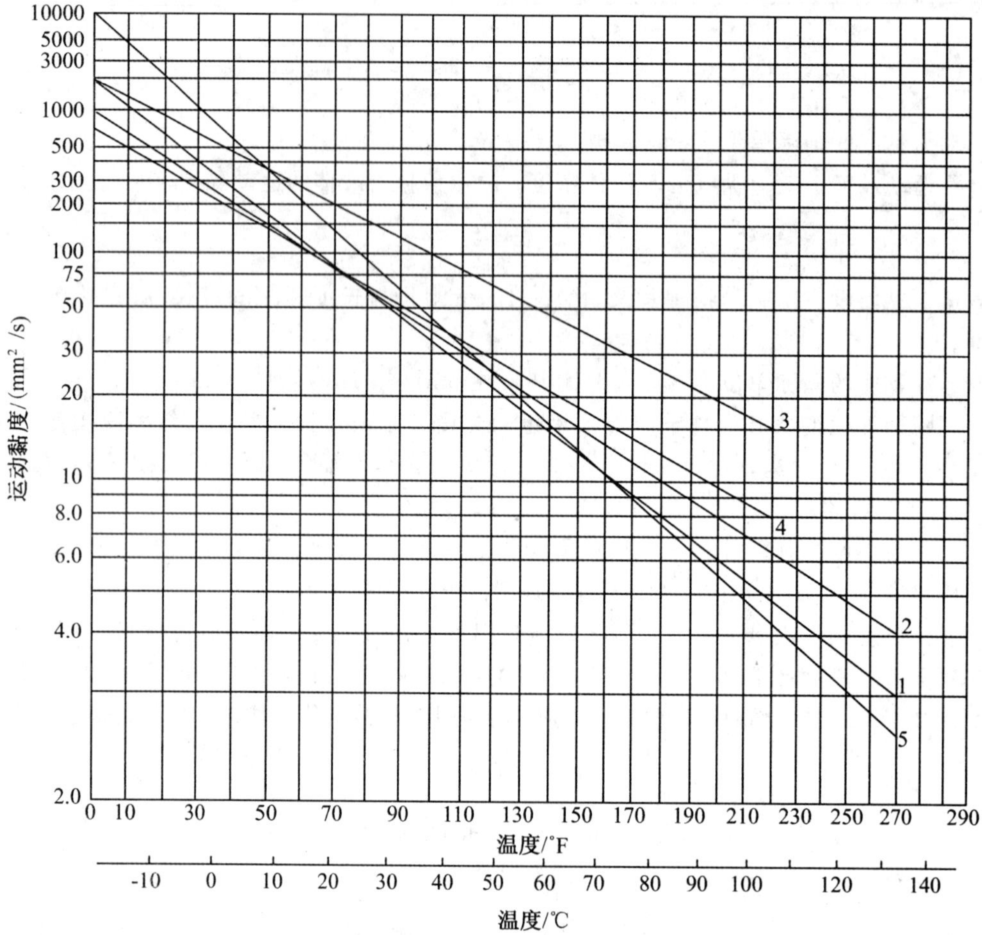

1-石油型普通液压油　2-石油型高黏度指数液压油

3-水包油乳化液　4-水-乙二醇液　5-磷酸酯液

图 1-2　典型液压油的黏度-温度曲线

三、液压油的选用

1. 液压油的使用要求

(1)黏度适当,黏温特性好。

(2)润滑性能好,防锈能力强。

(3)抗氧化稳定性好,不易变质。

(4)热膨胀系数小,比热容大。

(5)燃点高,凝点低。

(6)抗泡沫性、抗乳化性好。

2. 液压油的选用

根据液压系统对工作介质的要求选用合适的液压油品种,见表 1-1。当液压油品种确定后主要考虑液压油的黏度，进而选择油液的黏度等级及牌号。

选择黏度时主要考虑以下几种情况：

(1)工作压力。为减少泄漏，工作压力较高的液压系统应选择黏度较大的液压油。

(2)运动速度。为减小摩擦损失，工作部件运动速度较高时，宜选用黏度较小的液压油。

(3)环境温度。为减少泄漏，环境温度较高时，宜选用黏度较大的液压油。

在液压系统所有元件中，以液压泵的转速最高，承受压力最大，工作时间最长，且温升高，因此，常根据液压泵的类型及其要求来选择液压油黏度。各类液压泵适用的黏度范围，如表 1-2 所示。

表 1-2　各种液压泵工作介质的黏度范围及推荐用油

液压泵类型	压　力	运动黏度 (40℃/mm^2/s)		适用品种和黏度等级
		5～40℃	40～80℃	
叶片泵	7MPa 以下	30～50	40～75	HM 油，32，46，68
	7MPa 以上	50～70	55～90	HM 油，46，68，100
螺杆泵		30～50	40～80	HL 油，32，46，68
齿轮泵		30～70	95～165	HL 油，(中高压用 HM)，32，46，68，100，150
径向柱塞泵		30～50	65～240	HL 油，(高压用 IIM)，32，46，68，100，150
轴向柱塞泵		40	70～150	HL 油，(高压用 HM)，32，46，68，100，150

四、液压油的污染及控制

液压油的污染是液压系统发生故障的主要原因。液压油污染严重影响液压系统的可靠性及液压元件的寿命。因此，对液压油的正确使用及污染控制是提高液压系统综合性能的重要手段。

1. 污染的原因

(1)残留污染。液压元件和液压系统装配中的残留物。如毛刺、切屑、型砂、棉纱等。

(2)侵入污染。液压系统运行中，由于密封不完善由系统外部侵入的污染物。如灰尘、水分等。

(3)生成污染。液压系统运行中本身生成的污染物。如腐蚀剥落的金属颗粒、油液老化后胶状生成物等。

2. 污染的危害

(1)固体颗粒及胶状物。造成缝隙堵塞，过滤器失效，泵运转困难，阀动作失灵，产生噪声。

(2)微小颗粒。加速零件磨损，擦伤密封件，泄漏增加。

(3)水分和空气。降低油液润滑能力，加快油液氧化变质，在元件表面产生气蚀，系统出现振动和爬行现象。

3. 污染度等级

液压油的污染度是指单位容积液体中固体颗粒污染物的含量。目前，常用的污染度等级标准有两个：一个是ISO4406国际标准，一个是美国NAS1638标准。

ISO4406国际标准用两个代号表示油液的污染度，如等级代号为19/16的液压油，前面的代号19表示1mL油液中尺寸大于5μm颗粒数的等级，颗粒数在2500～5000之间，后面的代号16表示1mL油液中尺寸大于15μm颗粒数的等级，颗粒数在320～640之间。污染度等级代号的含义，如表1-3所示。

表1-3　ISO4406污染度等级标准

1mL油液中的颗粒数	等级代号	1mL油液中的颗粒数	等级代号
>5000000	30	>80～160	14
>2500000～5000000	29	>40～80	13
>1300000～2500000	28	>20～40	12
>640000～1300000	27	>10～20	11
>320000～640000	26	>5～10	10
>160000～320000	25	>2.5～5	9
>80000～160000	24	>1.3～2.5	8
>40000～80000	23	>0.64～1.3	7
>20000～40000	22	>0.32～0.64	6
>10000～20000	21	>0.16～0.32	5
>5000～10000	20	>0.08～0.16	4
>2500～5000	19	>0.04～0.08	3
>1300～2500	18	>0.02～0.04	2
>640～1300	17	>0.01～0.02	1
>320～640	16	≤0.01	0
>160～320	15		

4. 污染的控制

为防止油液污染，在实际工作中应采取如下措施：

(1)液压系统在装配后、运转前必须用系统工作中使用的油液进行彻底清洗。

(2)液压油在工作中保持清洁。尽量防止工作中空气、水分和灰尘的侵入。

(3)采用合适的滤油器。并要定期检查和清洗滤油器和油箱。

(4)定期更换液压油。

(5)控制液压油的工作温度。一般液压系统的工作温度最好控制在65℃以下，机床液压系统则应控制在55℃以下。

第二节　液体静力学

液体静力学主要是讨论液体静止时的受力平衡规律以及这些规律的应用。所谓“静止”是指液体内部各质点间没有相对位移，也就是不呈现黏性，因此没有剪应力，只有静压力。

一、液体静压力及其性质

1. 静压力

作用在液体上的力有两种：质量力和表面力。质量力即液体自身重力；表面力可以是其他物体作用于液体上的力，也可以是一部分液体对另一部分液体的作用力。表面力又有法向力和切向力，当液体静止时，液体各质点间没有相对位移，没有切向力，只有法向力。静止液体内某处单位面积上所受的法向力称为静压力，即

$$p=\frac{F}{A} \tag{1-10}$$

压力的国际单位是：Pa(帕)或 N/m^2，工程上常用 MPa，bar，kgf/cm^2。

$$1MPa=10^6 Pa \quad 1bar=1.02kgf/cm^2=0.1MPa$$

2. 静压力的特性

(1)液体静压力垂直于受压面，方向和该面的内法线方向一致。

(2)静止液体内任一点所受的静压力在各方向上都相等。

二、液体静力学基本方程

如图 1-3 所示，静止液体表面受压力 p_0，自液面向下取高度为 h 的微小圆柱体，底面积为 A，对该圆柱体进行受力分析：上表面受力 p_0A、自身重力 ρghA、下表面受力 pA、侧面力，各力使圆柱体处于力学平衡状态，在垂直方向列出受力平衡方程式，则

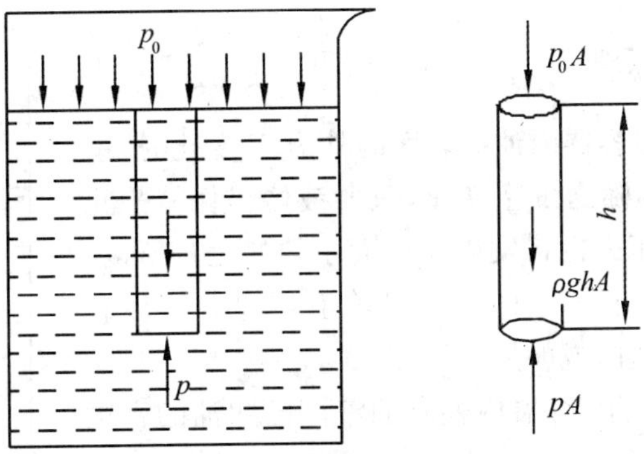

图 1-3　重力作用下压力分布

$$pA=p_0A+\rho ghA$$

简化后

$$p = p_0 + \rho g h \tag{1-11}$$

可见,静止液体的压力具有以下特征:

(1)静止液体内任一点处压力都由两部分组成。

(2)静止液体内压力随深度呈线性规律分布。

(3)深度相同的各点组成一水平等压面。

三、液体压力的表示方法

压力有两种表示方法:一种是以绝对真空为基准所表示的压力称为绝对压力;一种是以大气压作为基准所表示的压力称为相对压力。由于大多数测压仪表测得的压力都是相对压力,所以相对压力又称为表压力。

相对压力=绝对压力-大气压力

如果液体中某处绝对压力小于大气压,这时绝对压力比大气压小的那部分数值叫真空度,即

真空度=大气压-绝对压力

绝对压力、大气压、真空度之间的关系,如图 1-4 所示。

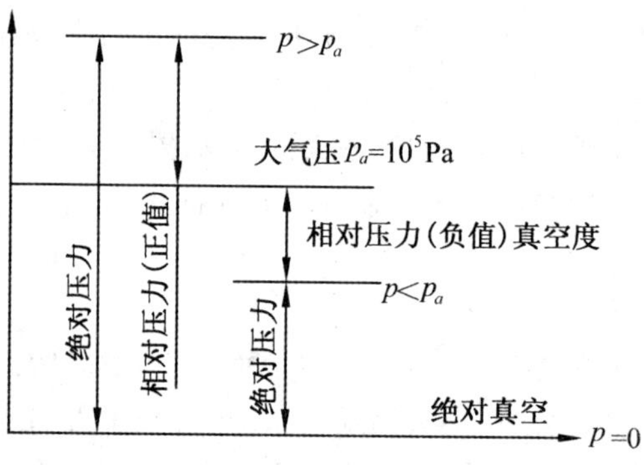

图 1-4　绝对压力、相对压力、真空度

四、液体静压传递原理

如图 1-5 所示,密闭容器内油液表面的外力 F 变化时,引起作用在表面的压力 p_0 随之发生变化,只要液体仍保持静止状态,液体中的任一点压力也将发生同样大小的变化。所以,施加于密闭容器内静止液体上的压力以等值传递到液体各点。这就是静压传递原理,或帕斯卡原理。

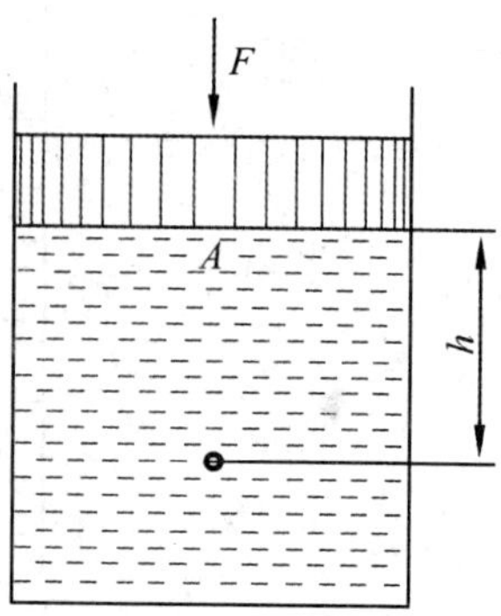

图 1-5　静压传递原理

【例 1-1】如图 1-5 所示,容器内盛有油液。已知油的密度 $\rho = 900\text{kg/m}^3$,作用在活塞上的力 $F = 2000\text{N}$,活塞面积 $A = 1\times10^{-3}\text{m}^2$。不计活塞重量,问活塞下 $h = 0.8\text{m}$ 处的压力是多少?

解:外力 F 作用在液体表面的压力

$$p_0=\frac{F}{A}=\frac{2000\text{N}}{1\times10^{-3}\text{m}^2}=2\times10^6\text{Pa}$$

深度为 h 处的液体压力为

$$p=p_0+\rho gh=2\times10^6\text{Pa}+900\times9.8\times0.8\text{Pa}=2.007056\times10^6\text{Pa}\approx2.0\times10^6\text{Pa}$$

实验表明，液体在受外界压力作用下，由液体自重所产生的压力 ρgh 相对很少，在液压系统中可以忽略不计，近似认为整个液体内部的压力是相等的，等于液体表面的压力。根据帕斯卡原理，液体内的压力是由外界负载作用形成的，即压力决定于负载，这是液压传动中一个重要的概念。

【例 1-2】如图绪-1，作用在手柄上 A 点的力 $T=200\text{N}$，$AO=50\text{cm}$，$BO=10\text{cm}$，小活塞面积 $A_1=5\times10^{-4}\text{m}^2$，大活塞面积 $A_2=100\times10^{-4}\text{m}^2$，不计活塞重量，问大活塞能顶起多重的物体？

解：由杠杆原理，作用在小活塞上的力 F_1

$$F_1=\frac{AO}{BO}\times T=\frac{50}{10}\times200=1000(\text{N})$$

通过小活塞作用在小缸内液体表面的压力 p

$$p=\frac{F_1}{A_1}=\frac{1000}{5\times10^{-4}}=2\times10^6(\text{Pa})$$

不计油液自重产生压力，由静压传递原理，作用在大活塞底部油液作用力 F_2 与物体重力 G 相平衡，即

$$G=F_2=pA_2=2\times10^6\times100\times10^{-4}=20000(\text{N})$$

这就是液压千斤顶等液压机械的工作原理。

五、液体作用于固体壁面上的力

忽略液体自重产生的压力，则作用在固体壁面上的压力是均匀分布的，液体作用在固体壁面的力为静压作用力的总和。

如果固体壁面为一平面，液体在该平面的作用力 F 为液体压力 p 与该平面面积 A 的乘积。

$$F=pA$$

如果固体壁面为一曲面，液体在该曲面某一方向 x 上作用力 F_x 等于液压力 p 与曲面在该方向上投影面积 A_x 的乘积。

$$F_x=pA_x$$

第三节　液体动力学

液体动力学主要讨论液体的流动状态、运动规律、能量转换以及流动液体与壁面的作用力等问题，这是液压技术中分析问题和设计计算的理论依据。

一、基本概念

1. 理想液体和稳定流动

研究液体流动必须考虑黏性和压缩性的影响，但由于问题复杂，可以假设液体是没有黏性和不可压缩的，然后通过实验验证的方法在理想结论的基础上进行修正。这种假设液体称为理想液体。

液体流动时，若液体中任一点处压力、速度、密度都不随时间而变化，这种流动称为稳定流动。反之，只要压力、速度、密度有一个随时间变化就称为非稳定流动。如图 1-6 所示。

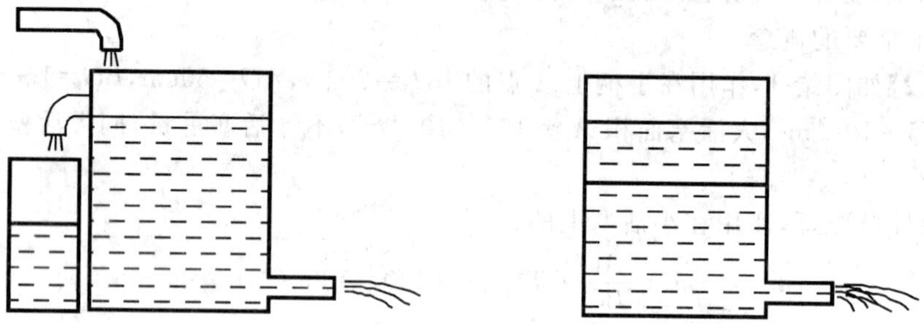

图 1-6　稳定流动和非稳定流动

2. 流量、过流断面和平均流速

过流断面：液体在管道内流动，垂直于液流方向的截面。

流量：单位时间内流过某一过流断面的液体体积。用 q_V 表示，单位为 m^3/s 或 L/min。

假设理想液体在一直管内作稳定流动，管道截面积为 A，在过流断面上各质点流速 u 相等，则时间 t 内流过某一过流断面的液体体积 $V=Aut$，所以流量为

$$q_V=\frac{V}{t}=\frac{Aut}{t}=Au \tag{1-12}$$

对于实际液体流动，如图 1-7 所示，液流在微小过流断面 $\mathrm{d}A$ 上，各点流速认为是相等的。所以流过该微小断面的微小流量为

$$\mathrm{d}q=u\mathrm{d}A$$

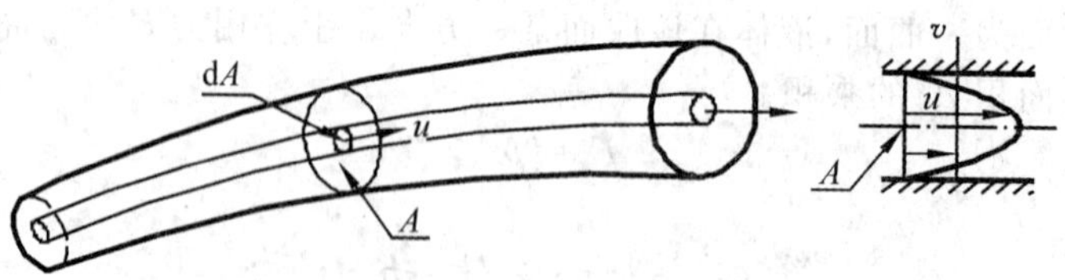

图 1-7　流量和平均流速

那么整个过流断面 A 的流量为

$$q_V=\int_A \mathrm{d}q=\int_A u\mathrm{d}A \tag{1-13}$$

由于油液的黏性，在过流断面上各点的速度并不相等，也难以确定，因此上式计算流量并不方便。为此，提出了平均流速的概念，用 v 表示，即假设过流断面上各点流速均匀

分布，且有如下流量关系式

$$q_V = \int_A u\,\mathrm{d}A = vA$$

从而得出过流断面上的平均流速为

$$v = \frac{q_V}{A} \tag{1-14}$$

在液压缸工作时，活塞的运动速度等于缸内液体的平均流速。因此，活塞运动速度 $v_{活}$ 与液压缸有效面积 A 与流量 q_V 之间的关系为

$$v_{活} = \frac{q_V}{A} \tag{1-15}$$

当液压缸有效面积一定时，活塞运动速度决定于进入液压缸的流量。

3. 层流、紊流、雷诺数

实际液体流动时具有两种状态，即层流和紊流。可以通过雷诺实验观察这两种现象。

实验装置，如图 1-8 所示，实验时保持水箱中水位恒定，然后将阀门 A 微微开启，使少量水流流经玻璃管，玻璃管内平均流速 v 很小。这时，如将红色水容器的阀门 B 开启，使红色水流入玻璃管内，在玻璃管内看到一条明显的红色直线流，不论红色水放在玻璃管内的什么位置，它都呈直线状，这说明管中红色水和周围的液体没有混杂，管中水流是分层的，层与层之间互不干扰，这种流动状态就是层流。如果把 A 阀缓慢开大，管中液流平均流速 v 增加至某一数值，红色流开始弯曲颤动，这说明玻璃管内液体层流被破坏，液流紊乱。如果 A 阀继续开大，平均流速 v 进一步加大，红色水完全与周围液体混合，红线完全消失，这时流动状态称为紊流。

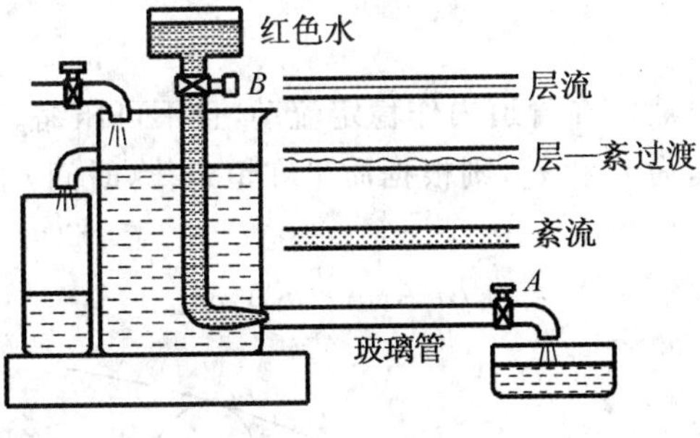

图 1-8　雷诺实验

如果将阀门 A 逐渐减小，则玻璃管中流动状态又从紊流向层流转变，但转变时阀口面积要比由层流向紊流转变时要小。

实验证明，液体在圆管中流动状态不仅与管内平均流速 v 有关，还与管径 d 和液体的运动黏度 ν 关，三个参数组成了一个判定液体流动状态的无量刚数，即雷诺数 Re

$$Re = \frac{vd}{\nu} \tag{1-16}$$

液流由层流向紊流转变时雷诺数为上界雷诺数，由紊流向层流转变时雷诺数为下界雷诺数，下界雷诺数小于上界雷诺数，一般用下界雷诺数作为判断液流状态的依据，称为

临界雷诺数，记为 Rec，当实际雷诺数小于 Rec 时为层流，反之为紊流。常见液流管道的临界雷诺数，如表 1-4 所示。

表 1-4　　常见液流管道的临界雷诺数

管道形状	Rec	管道形状	Rec
光滑金属圆管	2320	带环槽的同心环状缝隙	700
橡胶软管	1600～2000	带环槽的偏心环状缝隙	400
光滑同心环状缝隙	1100	圆柱形滑阀阀口	260
光滑偏心环状缝隙	1000	锥阀阀口	20～100

雷诺数相同，流动状态相同。

雷诺数的物理意义：雷诺数是液流惯性力与黏性力的比值。当雷诺数较大时，惯性力起主导作用，为紊流；当雷诺数较小时，黏性力起主导作用，为层流。

【例 1-3】液体在光滑钢管中的流速为 $v=4\text{m/s}$，管道内径 $d=80\text{mm}$，油液的运动黏度 $\nu=40\text{mm}^2/\text{s}$，试判定液体的流动状态。若要保证为层流，其流速应为多少？取 $Rec=2320$。

解：由雷诺数公式

$$Re=\frac{vd}{\nu}=\frac{4\times1000\times80}{40}=8000>Rec$$

所以液体流动状态为紊流。

若保证层流时，流速为 v

$$v=\frac{Rec\nu}{d}=\frac{2320\times40}{80}=1160(\text{mm/s})=1.16\text{m/s}$$

二、连续性方程

如图 1-9 所示，假设液体在管道内作稳定流动，且不可压缩。任设两过流断面面积为 A_1，A_2，液体的平均流速为 v_1 和 v_2，则根据质量守恒定律，时间 t 内流过 A_1 和 A_2 两截面的液体质量相等，即

$$tv_1A_1\rho=tv_2A_2\rho$$

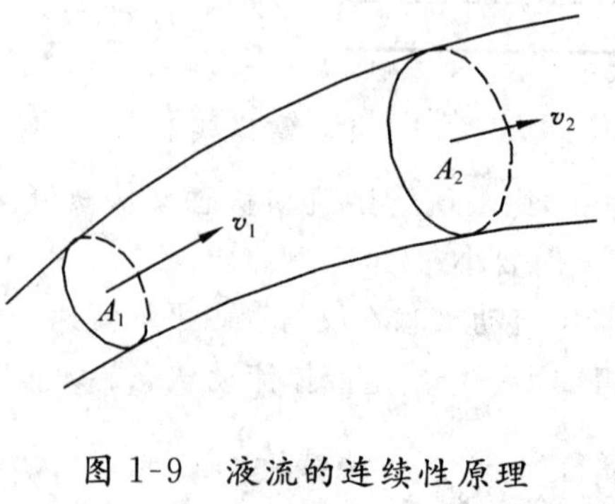

图 1-9　液流的连续性原理

整理

$$v_1A_1=v_2A_2=q_V=\text{常数} \tag{1-17}$$

这就是不可压缩液体作稳定流动的连续性方程。它说明：

(1)通过无分支管道任一过流断面的流量相等。

(2)液体的平均流速与管道过流断面积成反比。

三、伯努利方程

1. 理想液体的伯努利方程

如图 1-10 所示，假设管道内液体为理想液体，并作稳定流动。任取一段液流 ab 作为研究对象，设两断面中心到基准面 $O-O$ 的高度分别为 h_1 和 h_2，两过流断面面积分别为 A_1 和 A_2，压力分别为 p_1 和 p_2。断面上流速均匀分布，分别为 v_1 和 v_2。设经过很短时间 Δt 后，ab 段液体移动到 $a'b'$ 位置。

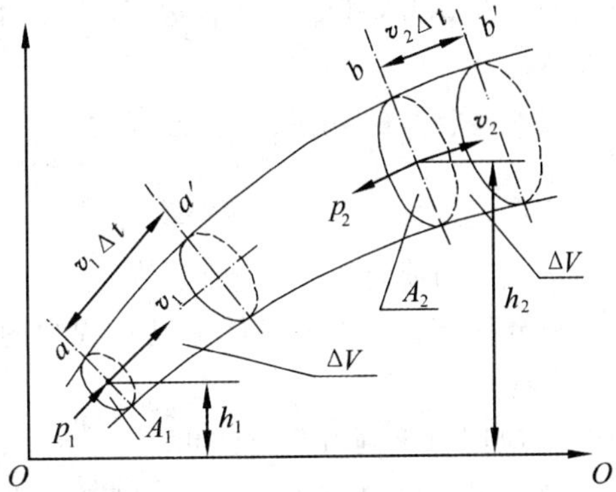

图 1-10 理想液体伯努利方程

根据能量守恒定律，外力对液体（ab 段）作的功等于液体能量的变化量。现分析该段液体的能量变化。

(1)外力所作的功 W。作用在 ab 段液体上的外力有两截面的压力、管道壁面作用力，因为理想液体无黏性，管道对液体无摩擦力，不作功，所以外力作功仅为两断面压力作功的代数和

$$W=p_1A_1v_1\Delta t-p_2A_2v_2\Delta t$$

由连续性方程

$$A_1v_1\Delta t=A_2v_2\Delta t=\Delta V$$

所以

$$W=(p_1-p_2)\Delta V$$

(2)液体能量的变化。因为理想液体作稳定流动，经过 Δt 时间后，中间段 $a'b$ 液体的能量没有任何变化，机械能变化仅表现在前后 aa'，bb' 两段液体上。由于前后两段液体有相同的质量

$$\Delta m=\rho_1v_1A_1\Delta t=\rho_2v_2A_2\Delta t=\rho\Delta A$$

所以两段液体的位能差 $\Delta E_{位}$ 和动能差 $\Delta E_{动}$ 分别为

$$\Delta E_{位}=\rho\Delta Vg(h_2-h_1)$$

$$\Delta E_{动}=\frac{1}{2}\rho\Delta V(v_2^2-v_1^2)$$

因为 $W=\Delta E_{位}+\Delta E_{动}$ 即

$$(p_1-p_2)\Delta V=\rho g\Delta V(h_2-h_1)+\frac{1}{2}\rho\Delta V(v_2^2-v_1^2)$$

整理后得出理想液体的伯努利方程

$$p_1+\rho gh_1+\frac{1}{2}\rho v_1^2=p_2+\rho gh_2+\frac{1}{2}\rho v_2^2 \tag{1-18}$$

理想液体伯努利方程的物理意义：在密闭管道内作稳定流动的理想液体具有压力能、位能和动能三种能量，在流动过程中，三种能量可以相互转化，但在任一过流断面上三种能量之和为定值。

2. 实际液体的伯努利方程

由于实际液体存在黏性，管道内过流断面上流速分布不均匀，用平均流速代替实际流速，存在动能误差，为此引入动能修正系数 α。又由于黏性，液体内各质点间存在内摩擦，与管壁存在摩擦，管道局部形状与尺寸变化等都要消耗能量，因此实际液体流动存在能量损失 Δp_W。

因此，实际液体的伯努利方程为

$$p_1+\rho g h_1+\frac{1}{2}\rho\alpha_1 v_1^2=p_2+\rho g h_2+\frac{1}{2}\rho\alpha_2 v_2^2+\Delta p_W \tag{1-19}$$

式中：α——动能修正系数，当紊流时 $\alpha=1$，层流时 $\alpha=2$。

伯努利方程反映了液体流动过程中的能量变化规律，是流体力学中一个特别重要的基本方程。

3. 应用伯努利方程时注事项

(1)两断面需顺流向选取，否则 Δp_W 为负值，且应选在缓变的过流断面上。

(2)选取适当的水平基准面，断面中心在基准面以上时，h 取正值，反之取负值。

(3)两断面的压力表示应相同，即同为相对压力或同为绝对压力。

【例 1-4】如图 1-11 所示，液压泵的安装高度为 $H=0.5\text{m}$，泵出口处流量为 $q_V=40\text{L/min}$，吸油管直径 $d=40\text{mm}$，设液压油运动黏度 $\nu=40\text{mm}^2/\text{s}$，密度 $\rho=900\text{kg/m}^3$，不计能量损失。

试计算液压泵吸油口处真空度。

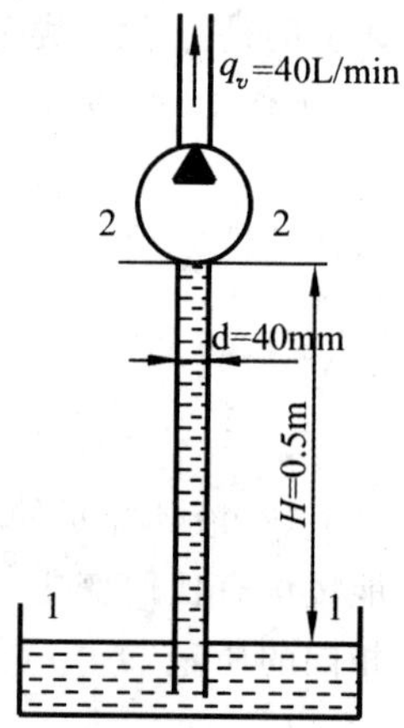

图 1-11

解：(1)计算吸油管内液体流速 v

$$v=\frac{q_V}{A}=\frac{\dfrac{40\times10^{-3}}{60}}{\dfrac{3.14\times(40\times10^{-3})^2}{4}}=0.53(\text{m/s})$$

(2)计算实际雷诺数 Re

$$Re=\frac{vd}{\nu}=\frac{0.53\times1000\times40}{40}=530<Rec$$

判断吸油管内液体为层流。

(3)取油箱液面 1—1、泵吸油口截面 2—2 并列伯努利方程

$$p_1+\rho g h_1+\frac{1}{2}\rho\alpha_1 v_1^2=p_2+\rho g h_2+\frac{1}{2}\rho\alpha_2 v_2^2+\Delta p_W$$

式中，取油箱液面为高度方向基准面，压力取相对压力，所以 $p_1=0, h_1=0, v_1\ll v_2, v_1\approx0$，$h_2=H, \alpha_2=2, \Delta p_W=0$，上式代入数值得

$$0+0+0=p_2+900\times9.8\times0.5+\frac{1}{2}\times900\times2\times0.53^2+0$$

$$p_2=-4663(\text{Pa})$$

液压泵吸油口处真空度为 4663Pa。

四、动量方程

液压传动中，计算液流作用在壁面上的力时，通常应用动量方程求解。

动量定理指出，作用在物体上的力的大小等于物体在力的作用方向上动量的变化率，即

$$\sum \vec{F}=\frac{m\vec{v_2}-m\vec{v_2}}{\Delta t}$$

对于作稳定流动的液体，忽略其可压缩性，则 $m=\rho q_V\Delta t$ 代入上式，同时考虑黏性对流速的影响，引入动量修正系数 β，所以作稳定流动液体的动量方程为

$$\sum \vec{F}=\rho q_V(\beta_2\vec{v_2}-\beta_1\vec{v_1}) \tag{1-20}$$

使用该动量方程要注意：

(1)该方程为矢量方程，式中，$\vec{F}$，$\vec{v_1}$，$\vec{v_2}$为矢量。具体应用时要将各矢量在指定方向进行投影，再列出该方向上动量方程进行求解。

(2) $\sum\vec{F}$ 为壁面作用在液体上外力的矢量和，与液体作用在壁面上的力$\vec{F'}$(称为稳态液动力)是一对大小相等方向相反的作用力与反作用力，即$\vec{F'}=-\sum\vec{F}$。

(3)动量修正系数 β，紊流时 $\beta=1$，层流时 $\beta=1.33$，为简化计算，通常均取 $\beta=1$。

(4)应用动量方程时应选取适当的控制体。

【例 1-5】如图 1-12，分析滑阀阀芯所受的轴向稳态液动力。

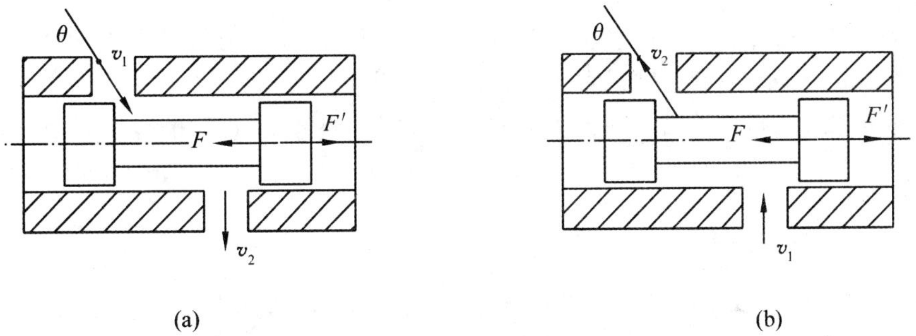

图 1-12　滑阀轴向稳态液动力

解：如图 1-12(a)所示，取进出口之间的液体为控制体积，列出控制体积在滑阀轴线方向上的动量方程

$$F=\rho q(v_2\cos 90^\circ-v_1\cos\theta)=-\rho q v_1\cos\theta$$

式中，F 为作用在控制液体上的轴向力

滑阀阀芯所受的稳态液动力 F' 为

$$F'=-F=\rho q v_1\cos\theta$$

F'的方向与 v_1 的方向一致，即阀芯上所受的稳态液动力有使滑阀阀口关闭的趋势。图 1-12(b)所示，滑阀在轴线上动量方程为

$$F=\rho q(v_2\cos\theta-v_1\cos 90^\circ)=\rho q v_2\cos\theta$$

滑阀阀芯所受的稳态液动力 F' 为

$$F'=-F=-\rho q v_2\cos\theta$$

F' 的方向与 v_2 的方向相反，同样说明阀芯上所受的稳态液动力有使滑阀阀口关闭的趋势。

由分析可知，一般情况下，稳态液动力都有使滑阀阀口关闭的趋势，流量越大，速度越大，则稳态液动力越大。

第四节　管道内压力损失

液压传动中，由于管路的障碍和液体的黏性，液压油流动时存在阻力，克服阻力要消耗能量，因此产生能量损失。能量损失主要表现为压力损失，即实际液体流动的伯努利方程中的 Δp_W。压力损失造成功率消耗增加，油液发热，泄漏增加，系统效率下降，性能变坏。

压力损失分为两类，一类是油液沿等径直管流动时，由于黏性引起的内外摩擦造成的，称为沿程压力损失；另一类是油液经过局部障碍（如弯头、接口、截面突变等）时，由于液流方向和速度变化，形成局部旋涡而消耗能量，称为局部压力损失。

一、沿程压力损失

沿程压力损失除与管道长度、内径和液体的流速、黏度等有关，还与液体的流动状态有关。液压传动中圆管内最常见的是层流，设计和使用时总是希望保持这种状态。

1. 层流时的沿程压力损失

(1)液流在过流断面上的速度分布。如图 1-13 所示，液体在一直径为 d 的圆管中作层流流动。取一轴线与管道轴线重合的自由微小圆柱体，长为 l，半径为 r，作用在小柱体两压力为 p_1 和 p_2，圆柱表面切应力为 τ，则在轴线方向上受力平衡方程为

$$(p_1-p_2)\pi r^2-2\pi r l\tau=0$$

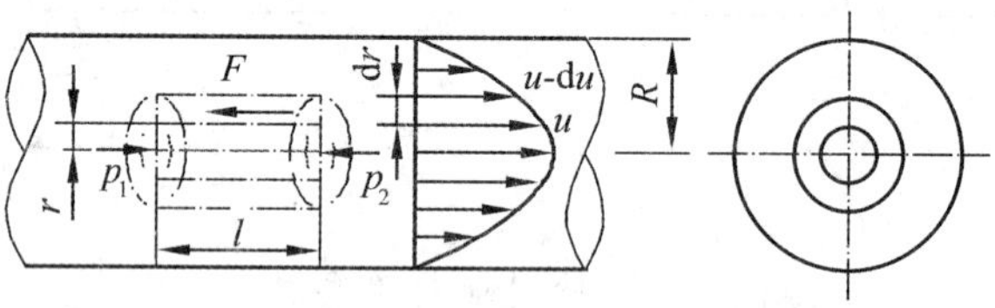

图 1-13　等径直管内层流时压力损失

由牛顿内摩擦定律可知，

$$\tau=-\mu\frac{\mathrm{d}u}{\mathrm{d}r}$$

式中，负号表示流速 u 随 r 的增大而减小。

代入上式，整理得

$$\mathrm{d}u=-\frac{\Delta p}{2\mu l}r\,\mathrm{d}r$$

式中，$\Delta p=p_1-p_2$。

对上式积分,并应用边界条件,当 $r=R$ 时,$u=0$,得

$$u=\frac{\Delta p}{4\mu l}(R^2-r^2) \tag{1-21}$$

可见,管内液体流速沿半径方向按抛物线规律分布。

最小流速在 $r=R$ 处,$u=0$;

最大流速在 $r=0$ 处,$u_{\max}=\frac{\Delta p}{4\mu l}R^2=\frac{\Delta p}{16\mu l}d^2$

(2)管道内流量。在半径 r 处取微小环形过流断面积 $\mathrm{d}A=2\pi r\mathrm{d}r$,通过该微小断面的流量为

$$\mathrm{d}q_V=u\mathrm{d}A=2\pi u r\mathrm{d}r=2\pi\frac{\Delta p}{4\mu l}(R^2-r^2)r\mathrm{d}r$$

对上式在[0,R]上进行积分可得

$$q_V=\int_0^R 2\pi\frac{\Delta p}{4\mu l}(R^2-r^2)r\mathrm{d}r=\frac{\pi R^4}{8\mu l}\Delta p=\frac{\pi d^4}{128\mu l}\Delta p \tag{1-22}$$

(3)管道内平均流速。根据平均流速的定义,得

$$v=\frac{q_V}{A}=\frac{\frac{\pi d^4}{128\mu l}\Delta p}{\frac{\pi d^2}{4}}=\frac{d^2}{32\mu l}\Delta p \tag{1-23}$$

可见,平均流速为最大流速的一半。

(4)沿程压力损失。根据伯努利方程,长为 l 的等径直管内沿程压力损失 $\Delta p_\lambda=\Delta p$,即

$$\Delta p_\lambda=\frac{32\mu l v}{d^2}$$

可见,直管中液体为层流时,沿程压力损失与管长、流速、动力黏度成正比,与管径的平方成反比。

对上式进一步整理,有

$$\Delta p_\lambda=\frac{32\mu l v}{d^2}=\frac{64\nu}{dv}\frac{l}{d}\frac{\rho v^2}{2}=\frac{64}{Re}\frac{l}{d}\frac{\rho v^2}{2}=\lambda\frac{l}{d}\frac{\rho v^2}{2}$$

即

$$\Delta p_\lambda=\lambda\frac{l}{d}\frac{\rho v^2}{2} \tag{1-24}$$

式中,λ——沿程阻力系数,对于圆管层流,理论值 $\lambda=\frac{64}{Re}$,由于实际液流靠近管壁处的冷却作用,黏度增加,流动阻力增大,因此,对金属圆管内层流时常取 $\lambda=\frac{75}{Re}$,而橡胶管常取 $\lambda=\frac{80}{Re}$。

2. 紊流时的沿程压力损失

由于紊流现象很复杂,计算时仍按层流公式,但式中阻力系数 λ 除与 Re 有关外,还与管壁相对表面粗糙度有关。

对于光滑管，当 $2320 \leqslant Re < 10^5$ 时，$\lambda = 0.3164 Re^{-0.25}$

对于粗糙管，λ 可以从 Re 和相对表面粗糙度关系曲线(图 1-14)中查取。

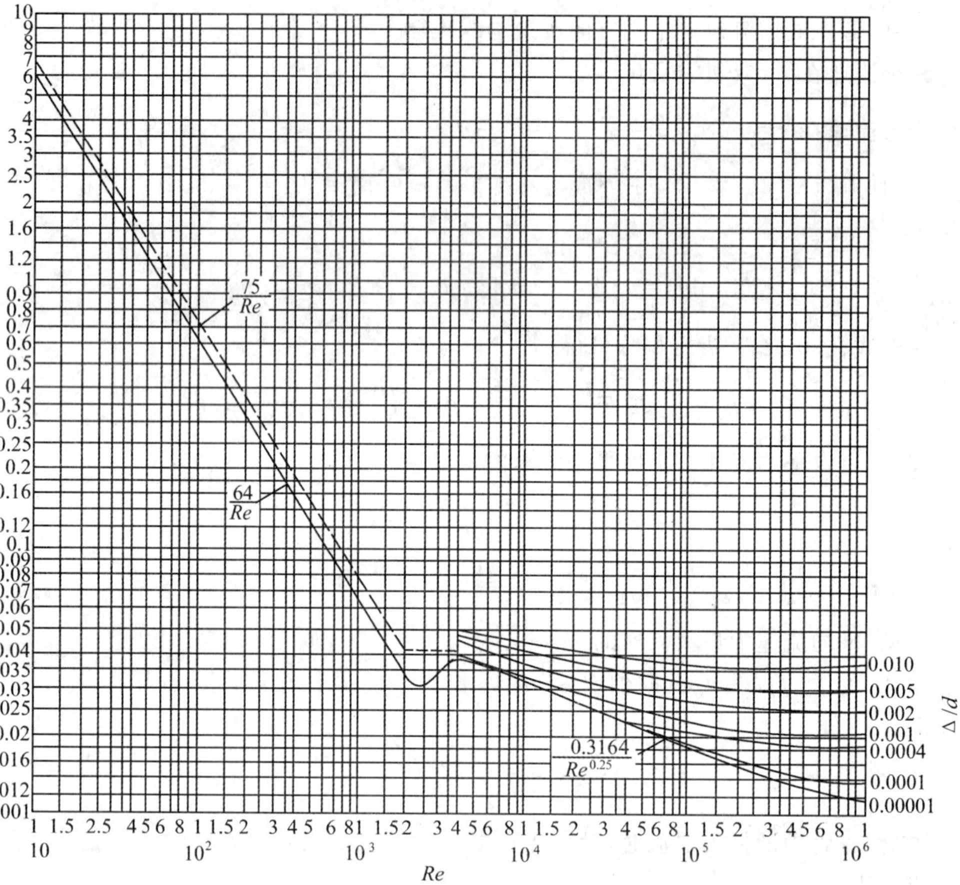

图 1-14　沿程阻力系数 λ 曲线图

二、局部压力损失

局部压力损失是液体流经管道弯头、接口、阀口、滤网、截面突变处等局部位置时，产生旋涡，并发生强烈紊动造成的。由于上述流动情况极为复杂，影响因素很多，局部压力损失不易从理论上进行分析计算，常用如下公式。

$$\Delta p_{\zeta} = \zeta \frac{\rho v^2}{2} \tag{1-25}$$

式中，ζ——局部阻力系数，可查阅有关手册。

三、总压力损失

管路中总压力损失等于所有直管中沿程压力损失和局部压力损失之和，即

$$\sum \Delta p = \sum \Delta p_{\lambda} + \sum \Delta p_{\zeta} \tag{1-26}$$

液压系统中，绝大部分压力损失转变为热能，使液压油温度升高，泄漏增大，影响液压系统的工作性能。通过上述分析，减小流速，缩短管长，减少管道截面突变，提高管道内壁加工质量等，都可以减小压力损失，其中以流速的影响最大，所以液体在管道内流速不宜过高。

【例 1-6】如图 1-15 所示，液压系统中，已知泵的流量 $q_V=1.5\times10^{-3}\,\mathrm{m^3/s}$，液压缸内径 $D=100\mathrm{mm}$，负载 $F=40\mathrm{kN}$，回油腔压力为零，液压缸进油管是内径 $d=20\mathrm{mm}$ 的钢管，总长为垂直高度 $H=5\mathrm{m}$，进油路总局部阻力系数 $\zeta=7.2$，液压油密度 $\rho=900\mathrm{kg/m^3}$，工作温度下运动黏度 $\nu=50\mathrm{mm^2/s}$。

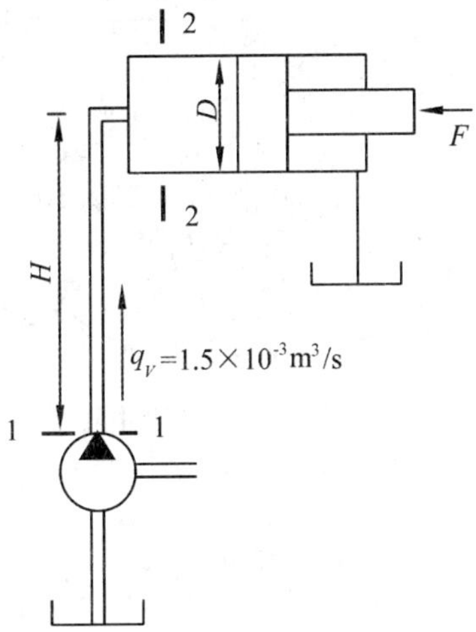

图 1-15

试求：进油路的压力损失及液压泵的供油压力。

解：

(1)计算进油管内流速

$$v_1=\frac{q_V}{\frac{\pi d^2}{4}}=\frac{1.5\times10^{-3}}{\frac{3.14\times(20\times10^{-3})^2}{4}}=4.77(\mathrm{m/s})$$

(2)计算雷诺数

$$Re=\frac{v_1 d}{\nu}=\frac{4.77\times1000\times20}{50}=1908<2320$$

进油管内液体为层流

(3)沿程阻力系数

$$\lambda=\frac{75}{Re}=\frac{75}{1908}=0.039$$

(4)计算进油路总压力损失

$$\Delta p=\Delta p_\lambda+\Delta p_\zeta=\lambda\frac{l}{d}\frac{\rho v^2}{2}+\zeta\frac{\rho v^2}{2}$$

$$\Delta p=0.039\times\frac{5\times10^3}{20}\times\frac{900\times4.77^2}{2}+7.2\times\frac{900\times4.77^2}{2}$$

$$\Delta p=0.173548\times10^6(\mathrm{Pa})=0.174\mathrm{MPa}$$

(5)液压缸工作压力及缸内油液平均流速

$$p_2=\frac{F}{\frac{\pi D^2}{4}}=\frac{40000}{\frac{\pi\times(100\times10^{-3})^2}{4}}=5.0955\times10^6(\mathrm{Pa})$$

$$v_2=\frac{q_V}{\frac{\pi D^2}{4}}=\frac{1.5\times10^{-3}}{\frac{3.14\times(100\times10^{-3})^2}{4}}=0.19(\mathrm{m/s})$$

$$Re=\frac{v_2 D}{\nu}=\frac{0.19\times1000\times100}{50}=380<2320$$

缸内为层流

(6)求泵的供油压力

取液压泵出口油管断面 1—1(基准面)、液压缸进口后断面 2—2,列出伯努利方程

$$p_1+\rho g h_1+\frac{1}{2}\rho\alpha_1 v_1^2=p_2+\rho g h_2+\frac{1}{2}\rho\alpha_2 v_2^2+\Delta p_w$$

式中 $h_1=0,h_2=H,\alpha_1=\alpha_2=2$ 代入数值后得

$$p_1+0+\frac{1}{2}\times 900\times 2\times 4.77^2$$

$$=5.09\times 10^6+900\times 9.8\times 5+\frac{1}{2}\times 900\times 2\times 0.19^2+0.174\times 10^6$$

$$p_1=5.29\times 10^6(\mathrm{Pa})$$

第五节　小孔与缝隙流量

液压系统中,常利用小孔对流量和压力进行调节和控制,而缝隙造成液压元件和系统泄漏。本节主要介绍小孔和缝隙的流量计算方法。

一、小孔流量

1. 小孔分类

根据孔长 l 与孔径 d 的比值,小孔分为三种:

$l/d\leqslant 0.5$ 时,称为薄壁孔;

$0.5<l/d\leqslant 4$ 时,称为粗短孔;

$l/d>4$ 时,称为细长孔。

2. 薄壁孔流量

如图 1-16 所示,通过薄壁圆孔的液流,在靠近孔口后方出现收缩最大的过流断面 2—2。当孔前通道直径 D 与小孔直径 d 之比 $D/d\geqslant 7$ 时,流束收缩不受孔前通道的影响,称为完全收缩;当 $D/d<7$ 时,孔前通道对液流进入小孔起导向作用,称为不完全收缩。

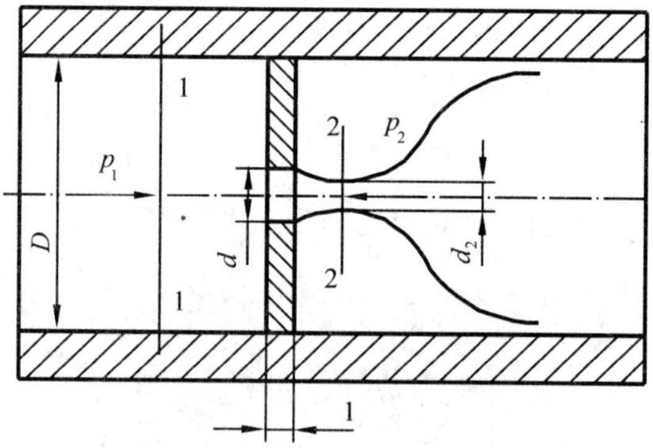

图 1-16　薄壁孔流量

现对孔前通道截面 1—1 和收缩断面 2—2 列伯努利方程

$$p_1+\rho g h_1+\frac{1}{2}\rho\alpha_1 v_1^2=p_2+\rho g h_2+\frac{1}{2}\rho\alpha_2 v_2^2+\Delta p_W$$

式中,$h_1=h_2$,$D\gg d$,v_1 可以忽略不计,2—2 断面为紊流,$\alpha_2=1$,Δp_W 仅为局部压力损失,即 $\Delta p_{局}=\zeta\frac{\rho v^2}{2}$。代入上式后得收缩断面的平均流速 v_2

$$v_2=\frac{1}{\sqrt{1+\zeta}}\sqrt{\frac{2}{\rho}(p_1-p_2)}=c_v\sqrt{\frac{2}{\rho}\Delta p}$$

设$\frac{A_2}{A_T}=c_c$，A_T为小孔过流断面积，A_2为收缩断面积。

则通过薄壁孔的流量为

$$q_V=A_2v_2=c_vc_cA_T\sqrt{\frac{2}{\rho}\Delta p}=c_qA_T\sqrt{\frac{2}{\rho}\Delta p} \tag{1-27}$$

式中，$c_q=c_vc_c$，流量系数。

当液流完全收缩时，$c_q=0.6\sim0.62$，当不完全收缩时，$c_q=0.7\sim0.8$。

粗短孔的流量公式同于薄壁孔公式，但流量系数取 $c_q=0.82$。

3. 细长孔流量

液流流过细长孔时一般为层流，可用式(1-22)计算，即

$$q_V=\frac{\pi d^4}{128\mu l}\Delta p$$

比较薄壁孔与细长孔流量公式，细长孔流量与压差 Δp 成正比，与黏度有关，流程长，油温变化时，黏度变化，流量随之变化，常用作控制阀中的阻尼孔。而薄壁孔流量与压差 Δp 的平方根成正比，与黏度无关，流程短，油温变化较小，因此常用作节流阀口的理想选择。

为便于分析小孔的流量及特性，现将以上两个公式归纳成一个通用公式。

$$q_V=CA\Delta p^m \tag{1-28}$$

式中：C——流量系数，薄壁孔 $C=C_q\sqrt{\frac{2}{\rho}}$，细长孔 $C=\frac{d^2}{32\mu l}$。

A——孔口过流断面面积。

Δp——孔前后压力差。

m——由孔口形状决定的指数，薄壁孔 $m=0.5$，细长孔 $m=1$。

二、缝隙流量

液压元件中零件之间，特别是相对运动面之间都有一定的配合间隙，即缝隙。油液在两配合面相对运动作用下形成剪切流动，在缝隙两端压力差作用下形成压差流动，从而产生缝隙流量，即泄漏。泄漏造成液压系统流量损失，功率损耗加大，油温升高，效率降低。

由于配合间隙很小，一般在几微米到几十微米之间，所以缝隙内的流动通常为层流。

现将各种缝隙的流量公式汇总如下，以便计算时选用。

1. 固定平行平板间压差流量

$$q=\frac{b\delta^3}{12\mu l}\Delta p \tag{1-29}$$

式中：b——平板宽度。

δ——平板间距离。

l——平板缝隙长度。

Δp——缝隙两端压力差。

上式表明：在压力差作用下，流过固定平行平板缝隙的流量与缝隙厚度 δ 的三次方成正比，说明液压元件内缝隙大小对泄漏量的影响很大。

2. 相对运动平行平板间剪切流量

设一平板固定，另一平板以速度 u 作相对运动，因板间为层流，平均流速是最大流速 u 的一半，所以平板间相对运动时剪切流量为

$$q=\frac{u}{2}b\delta \tag{1-30}$$

一般情况下，相对运动平行平板间缝隙中既有压差流动，又有剪切流量，因此缝隙流量应为两者代数和，即

$$q_V=\frac{b\delta^3}{12\mu l}\Delta p\pm\frac{u}{2}b\delta \tag{1-31}$$

式中，当长板相对于短板移动方向和压差方向相同时取“+”号，相反时取“−”号。

3. 同心圆环缝隙流量

在液压元件中，液压缸的活塞和缸孔之间，液压阀阀心和阀孔之间都存在圆环缝隙。圆环缝隙有同心圆环和偏心圆环两种，对于同心圆环缝隙相当于沿圆周方向展开形成的平行平板缝隙。宽度 b 为圆周长 πd，缝隙厚度 δ 为内外圆环半径之差。因此有

$$q_V=\frac{\pi d\delta^3}{12\mu l}\Delta p\pm\frac{u}{2}\pi d\delta \tag{1-32}$$

4. 偏心圆环缝隙流量

设圆环内外圆环偏心距为 e（最大偏心距为两外内圆环半径之差，即同心环缝隙厚度 δ），取偏心距 e 与同心环缝隙厚度 δ 的比值为相对偏心率，即 $\varepsilon=\frac{e}{\delta}$，则其流量公式为

$$q_V=\frac{\pi d\delta^3}{12\mu l}\Delta p(1+1.5\varepsilon^2)\pm\frac{u}{2}\pi d\delta \tag{1-33}$$

可见，当 $\varepsilon=0$ 时，为同心圆环，当 $\varepsilon=1$ 时，有最大偏心。最大偏心时，泄漏量最大。所以为减小圆环缝隙泄漏，相互配合的零件应尽量处于同心状态。

【例 1-7】某液压缸活塞直径 $d=100\text{mm}$，长 $l=80\text{mm}$，活塞与缸体内壁同心时缝隙厚度 $\delta=0.1\text{mm}$，活塞两端压力差 $\Delta p=50\times10^5\text{Pa}$，活塞运动速度 $v=60\text{mm/min}$，方向与压差方向相同。液压油的运动黏度 $\nu=20\text{mm}^2/\text{s}$，密度 $\rho=900\text{kg/m}^3$。

试求：活塞与缸体内壁处于最大偏心时的缝隙泄漏量有多大？

解：已知缸体内壁相对于活塞运动方向与压差方向相反，所以剪切流量与压差流量相反，公式中取负号。

(1)同心环时的压差流量

$$q=\frac{\pi d\delta^3}{12\mu l}\Delta\rho=\frac{3.14\times100\times10^{-3}\times(0.1\times10^{-3})^3\times50\times10^5}{12\times20\times10^{-6}\times900\times80\times10^{-3}}=0.9085\times10^{-4}\text{m}^3/\text{s}$$

(2)剪切流量

$$q'=\frac{u}{2}\pi d\delta=\frac{60\times10^{-3}\times3.14\times100\times10^{-3}\times0.1\times10^{-3}}{2\times60}=1.57\times10^{-8}\text{m}^3/\text{s}$$

(3)活塞与缸体内壁处于最大偏心时的缝隙泄漏量 q_{max}

$$q_{max}=\frac{\pi d\delta^3}{12\mu l}\Delta p(1+1.5\varepsilon^2)-\frac{u}{2}\pi d\delta$$

$$q_{max}=0.9085\times10^{-4}\times(1+1.5)-1.57\times10^{-8}\approx2.5\times0.9085\times10^{-4}=2.4625\times10^{-4}\text{m}^3/\text{s}$$

可见，在缝隙两表面相对运动速度不大的情况下，由剪切流动产生的泄漏量很小，可忽略不计。

第六节　液压冲击和气穴现象

液压系统中，由于某种原因，液体压力在一瞬间突然急剧上升，产生很高的压力峰值，这种现象称为液压冲击。

一、液压冲击产生的原因

1. 阀门突然关闭引起液压冲击

如图 1-17 所示，有一较大的容腔与在另一端装有阀门的管道相连，由于容腔的容积很大，其中的压力视为恒定。阀门开启时，管道内液体平均流速为 v。

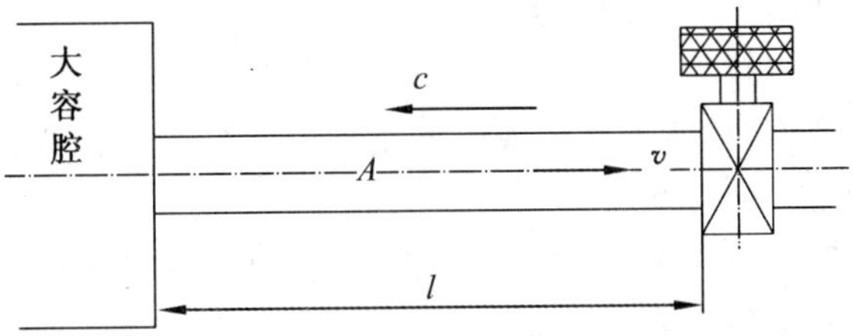

图 1-17　液压冲击

当阀门突然关闭，在靠近阀门处的液流立即停止运动，液体的动能开始从阀门向大容腔逐层转换为压力能，产生压力冲击波，以波速 c 由阀门向大容腔传播，直至管道内液流全部静止，此时，管内压力大于容腔内压力。然后从靠近容腔的一端开始，管道内压力能从管道口处向阀门逐层转化为动能，此时液体反向流动，最后在阀门处形成一定真空，迫使油液又从阀门处开始将动能转变为低压能，直到管内液体再次停止，管内压力现在低于容腔压力，为负压。接着容腔内油液依次向阀门方向流动，直到在阀门处受阻，动能再次转换为压力能，形成第二波冲击，如此反复下去。但由于液体有黏性，管道有弹性，液压冲击波在传播过程中不断消耗能量，最后衰减而趋于稳定。

2. 运动部件制动

质量很大的运动部件如活塞带动工作台，当突然关闭回油口，回油腔内液体被封闭，由于运动部件的惯性而使腔内液体受压，引起回油腔压力急剧升高。运动部件因受到液体压力作用而制动。

二、液压冲击的危害

液压系统中出现液压冲击时，瞬间压力峰值通常比正常工作压力高出好多倍。液压冲击会损坏液压元件、密封装置、管道等，引起系统振动，产生噪声。对进行压力控制的液压元件，如压力继电器、顺序阀等容易发出错误信号，产生误动作，影响系统正常工作。

三、减小液压冲击的措施

1. 延长阀门关闭和运动部件制动的换向时间。实践证明，运动部件制动换向时间若能大于 0.2 秒，冲击将大为减轻。为此，液压系统中常利用换向时间可调的换向阀。

2. 限制管道内流速和运动部件的速度。管道内流速限制在 4.5m/s 以下，运动部件一般不超过 10m/min。

3. 适当加大管道内径，尽量缩短管长。加大管道内径可以降低流速，减小压力冲击波速度；缩短管长可以减小压力波的传播时间。

4. 安装蓄能器等吸收压力脉动装置。

5. 采用软管，增加系统弹性。

四、气穴现象

1. 空气的分离压和饱和蒸气压

空气在液压油中的溶解度与液体的绝对压力成正比。在一定温度下，当液压油压力(绝对压力)低于某一数值时，溶解在油液中的空气会迅速分离出来，产生大量气泡，形成气穴。这个压力称为空气的分离压。

当液压油的压力继续下降至低于一定数值时，油液本身便迅速汽化，产生大量蒸气，这个压力为油液的饱和蒸气压。

一般来说，油液的饱和蒸气压比空气分离压小很多。

2. 气穴的产生及危害

当液压油流过过流断面积收缩较小的阀口时，流速会很高，根据伯努利方程，该处的压力会很低，如果压力低于空气的分离压或饱和蒸气压，就会出现气穴现象。在液压泵的吸油过程中，如果泵安装位置过高，吸油管太细，滤网堵塞，泵转速过快，将会使吸油腔压力低于空气分离压。

大量的气泡破坏了液流的连续性，造成流量脉动，噪声增大。当气泡随油液进入高压区时，受周围高压作用，迅速破灭，使局部产生极高的温度(1000℃以上)和冲击压力(几百MPa)。导致金属表面受变质的油液腐蚀而剥落，产生气蚀，严重影响液压元件的工作性能。

3. 减少气穴的措施

减少气穴的措施，是避免液压系统中压力过低。

(1)减小小孔前后的压力差，压力比控制在$\frac{p_1}{p_2}<3.5$。

(2)降低泵安装高度，适当加大吸油管内径，限制吸油管内流速。

思考与练习

1-1　液压油在液压传动中有何作用?

1-2　液压系统中常用液压油有哪几类? 其中哪种油在大多数液压系统中采用? 其

主要优缺点是什么?

1-3　什么是液体的体积弹性模量?

1-4　什么是液体的黏性?黏度有哪几种表示方法?说明它们的国际单位。牌号L-HL22的含义是什么?

1-5　温度和压力如何影响液体的黏度?

1-6　使用液压油有哪些要求?

1-7　液压油品种选好后如何选择液压油的黏度?使用中常根据哪类元件选择黏度?

1-8　液压油污染原因有哪些?污染有何危害?怎样控制污染?污染度等级代号19/16 的含义是什么?

1-9　液体静压力有何特点?压力的单位是什么?

1-10　由静力学基本方程可以得出哪些结论?

1-11　压力有哪几种表示方法?什么是真空度?

1-12　什么是静压传递原理?

1-13　理想液体是一种怎样的液体?什么是稳定流动?

1-14　什么是流量?什么是平均流速?说明单位。

1-15　什么实验可以观察液体流动状态?影响流态的因素有哪些?如何判断层流或紊流?

1-16　雷诺数的物理意义是什么?写出雷诺数公式。

1-17　理想液体伯努利方程的物理意义是什么?

1-18　应用伯努利方程时要注意哪些问题?

1-19　应用动量方程时要注意哪些问题?

1-20　压力损失有哪两类?如何减小压力损失?

1-21　小孔有哪几类?薄壁孔与细长孔在影响流量因素上有哪些不同?

1-22　缝隙流量有哪两种?两种流量存在时如何计算?

1-23　哪些动作可以引起液压冲击?液压冲击有何危害?如何减小液压冲击?

1-24　什么是空气的分离压?什么是饱和蒸气压?

1-25　气穴是如何产生的?气穴有何危害?减少气穴的措施有哪些?

1-26　某液压油在大气压下的体积是 $50\times10^{-3}\,m^3$,当压力升高后,体积减小到 $49.9\times10^{-3}\,m^3$,取液压油体积模量 $K=700MPa$,求压力升高值。

1-27　已知某油液在 20℃时运动黏度 $\nu_{20}=80mm^2/s$,在 80℃时 $\nu_{80}=10mm^2/s$,试求温度为 60℃时的运动黏度。提示:黏温特性曲线。

1-28　用恩氏黏度计测得某液压油($\rho=900kg/m^3$)200mL 流过的时间 $t_1=153s$,20℃时的蒸馏水流过的时间为 $t_0=51s$,求该液压油的恩氏黏度°E、运动黏度 ν 和动力黏度 μ。

1-29　如图 1-18 所示,液压装置,$d_1=20mm$,$D_1=80mm$,$d_2=40mm$,$D_2=120mm$,$q_1=25L/min$,试求 v_1,v_2,q_2 各为多少。

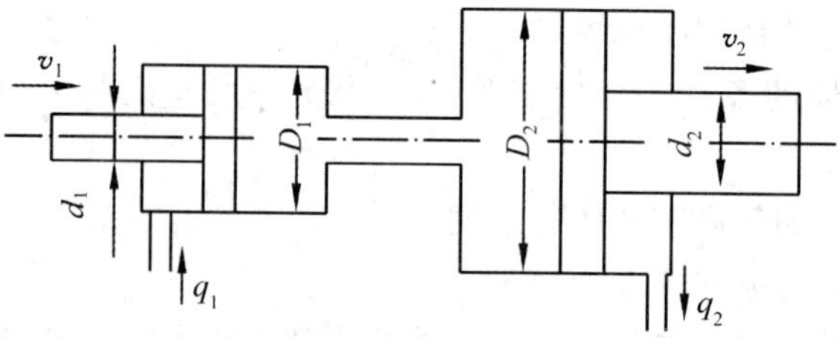

图 1-18

1-30 液压油在钢管中流动，已知管道直径 $D=50$mm，液压油运动黏度$\nu=40\text{mm}^2/\text{s}$，取 $Rec=2320$，如果液流为层流，求管内的平均流速 v 和通过的最大流量 q_{max}。

1-31 如图 1-19 所示，已知泵的输出流量 $q=25$L/min，吸油管直径 $d=25$mm，泵吸油口距油箱液面高度 $H=0.5$m，油运动黏度 $\nu=20\text{mm}^2/\text{s}$，密度 $\rho=900\text{kg/m}^3$。不计压力损失，试计算液压泵吸油口处的真空度。

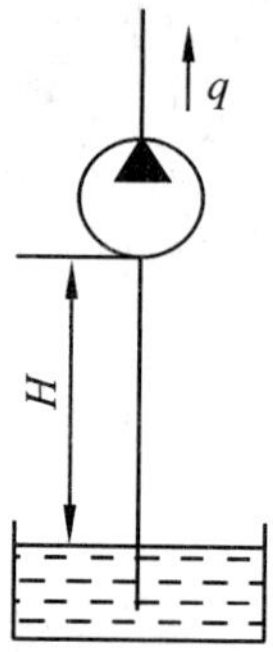

图 1-19

1-32 如图 1-20 所示，液压油在喷管中流动速度 $v_1=6$m/s，喷管直径$d=5$mm，密度 $\rho=900\text{kg/m}^3$，在喷管前设置一挡板，在图 1-20 中，求两种情况下，射流对挡板壁面的作用力 F。

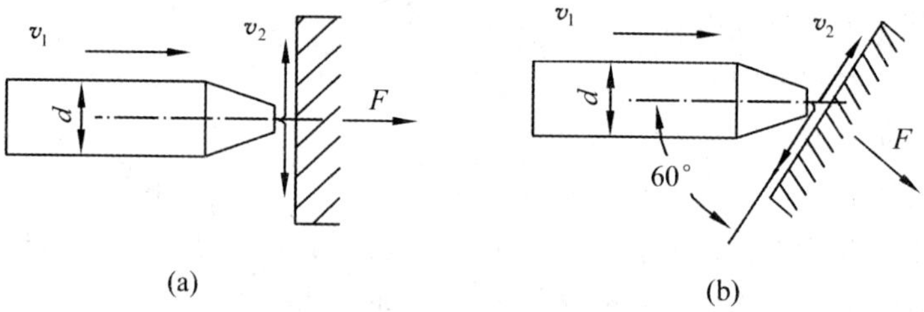

图 1-20

1-33 内径 $d=1$mm 的阻尼管内有 $q=0.4$L/min 的流量流过，液压油运动黏度 $\nu=20\text{mm}^2/\text{s}$，密度 $\rho=900\text{kg/m}^3$，欲使管内两端保持 1MPa 的压力差，试计算阻尼管的长度。

1-34 如图 1-21 所示，液压泵流量 $q=60$L/min，吸油管直径$d=25$mm，管长为 $l=3$m，泵吸油管弯头处局部阻力系数 $\zeta=0.2$，过滤器压力降 $\Delta p_\zeta=0.01$MPa（不计其他局部压力损失）。液压油室温时运动黏度 $\nu=120\text{mm}^2/\text{s}$，密度 $\rho=900\text{kg/m}^3$，空气分离压 $p_b=0.04$MPa。求液压泵的最大安装高度 H_{max}。

1-35 节流阀口为一薄壁小孔，通过流量 $q=25$L/min，前后压力损失 $\Delta p=0.3$MPa，设流量系数 $C=0.61$，油的密度 $\rho=900\text{kg/m}^3$，试求节流阀口的流通面积。

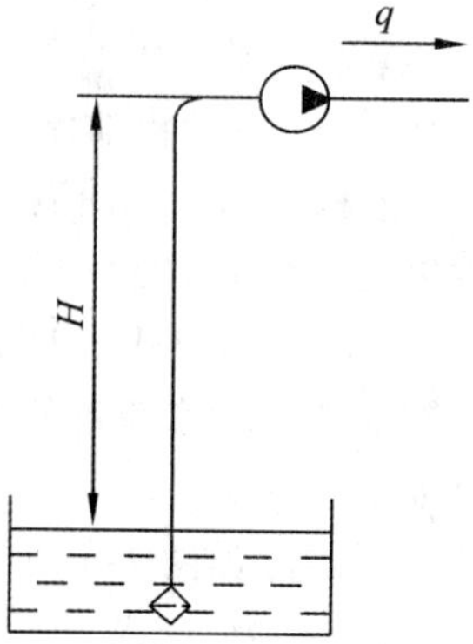

图 1-21

1-36 如图 1-22 所示，圆柱形滑阀，已知阀芯直径 $d=20\text{mm}$，进口油压 $p_1=10\text{MPa}$，出口油压为 $p_2=9.2\text{MPa}$，流量系数 $C=0.65$，油的密度 $\rho=900\text{kg/m}^3$，求阀口开度为 $x=2\text{mm}$ 时，通过阀口的流量 q。

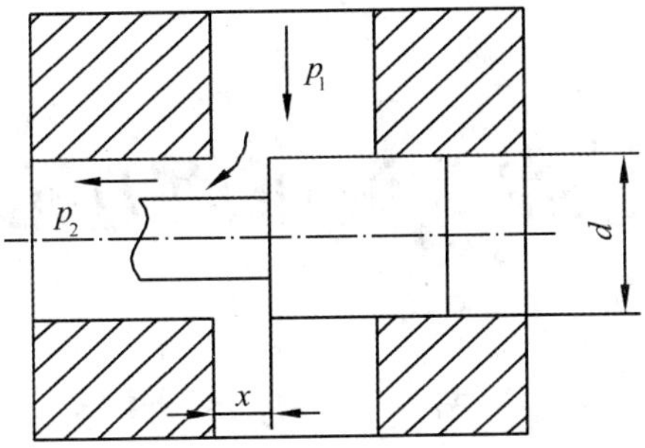

图 1-22

1-37 如图 1-23 所示，液压泵输出流量 q 可调节，当 $q_1=25\text{L/min}$ 时，测得阻尼孔 R 前的压力 $p_1=0.5\text{MPa}$；若流量增加到 $q_2=50\text{L/min}$，阻尼孔 R 前的压力将是多大？（阻尼孔分别按细长孔和薄壁孔考虑）

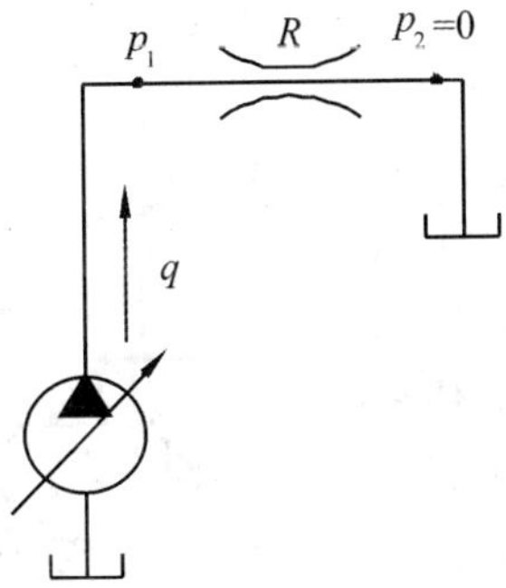

图 1-23

第二章 液压动力元件

第一节 液压泵概述

一、液压泵的工作原理和分类

任何工作系统都需要动力驱动。液压系统则是以液压泵作为向系统提供一定流量和压力的动力元件。液压泵由电动机带动将液压油从油箱中吸出，并以一定的压力输送到系统，驱动执行元件运动作功。液压泵性能的好坏将直接影响到液压系统的工作性能和可靠性。

图 2-1 所示为液压泵的工作原理图。柱塞 2 装在缸体 3 内，并做左右移动，在弹簧 4 的作用下，柱塞紧压在偏心轮 1 的外表面上，当电动机带动偏心轮 1 旋转时，偏心轮即推动柱塞 2 左右运动，从而使密封容积 a 的空间大小发生周期性的变化。当容积由小到大变化时，a 腔形成部分真空，油箱中的油液在大气压的作用下，经吸油管道顶开单向阀 6 进入油腔 a 实现吸油过程；反之，当容积由大到小变化时，a 腔中的油液将在压力的作用下，顶开单向阀 5 进入液压系统实现压油过程。电动机带动偏心轮连续旋转，液压泵就不断地吸油和压油。液压泵是依靠工作腔的容积变化进行吸油和排油，故又称为容积泵。

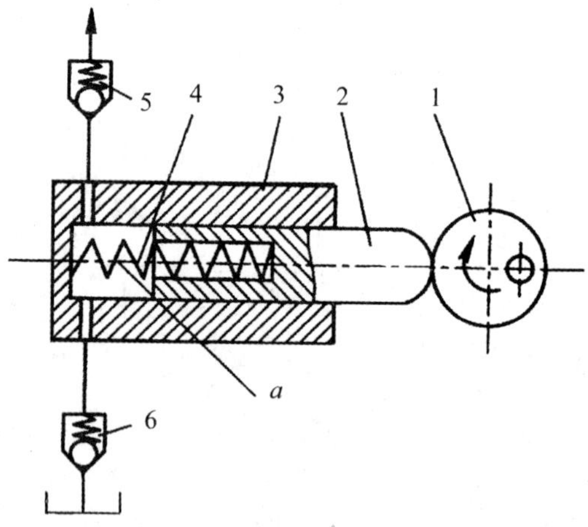

1-偏心轮 2-柱塞 3-缸体
4-弹簧 5,6-单向阀
图 2-1 液压泵工作原理图

构成容积泵的基本条件是：

(1)结构上能形成具有密封性的工作腔。

(2)工作腔能周期性的增大或减小。

(3)应有配流装置，使吸油口与压油口不能相通。

(4)油箱不能做成真空结构。

从液压泵的基本条件推论,液压泵具有以下基本性能:

①液压泵在每一工作周期中吸入或排出的液体容积,只取决于工作构件的几何尺寸。因此如不计泄漏,液压泵每转一转排出的液体容积——排量是恒定的。

②液压泵的理论流量与泵的转速成正比。如不计泄漏,理论流量是转速与排量的乘积,即 $q_t=nV$。

③不计泄漏及液体的压缩,液压泵的流量与工作压力无关。因为不管压力高低,在每一个工作周期中,被泵强迫排出的液体容积是不变的。

液压泵的常用类型有:齿轮泵、叶片泵、柱塞泵、螺杆泵等。每一类中又有不同的结构型式。其工作腔几何参数固定不变,在每一工作周期中,吸入、排出的液体体积恒定,这种泵称为定量泵。有些结构型式是变量型的,即可以通过某种结构措施改变工作腔的容积。液压泵的分类如下:

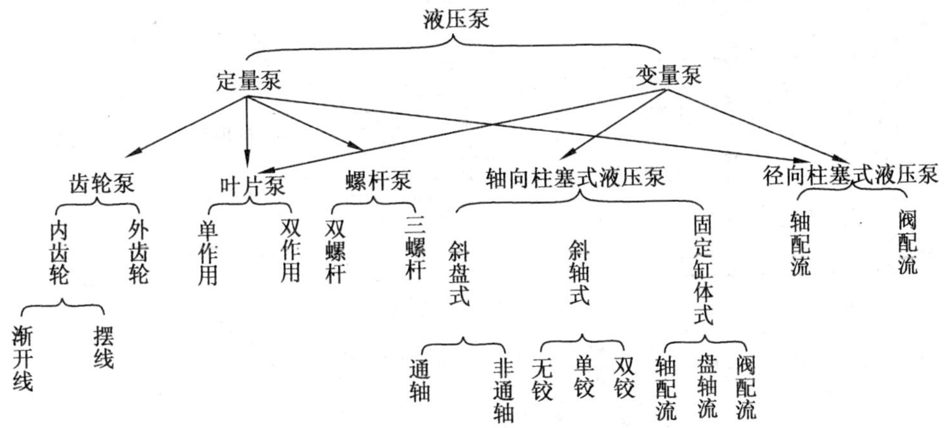

液压泵的职能符号见图 2-2。

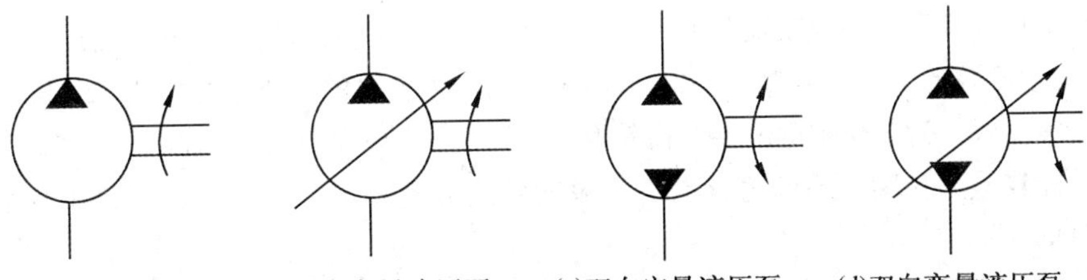

(a)单向定量液压泵　(b)单向变量液压泵　(c)双向定量液压泵　(d)双向变量液压泵

图 2-2　液压泵的职能符号

二、液压泵性能参数

液压泵的性能参数很多,表 2-1,列举了液压泵的部分性能参数,其中排量 V 是专门用于液压泵的参数。

表 2-1　　　**液压泵的性能参数**

名　称	常用符号	国际制单位	工程制单位	含　义
额定压力	p_a	Pa	bar	根据试验结果推荐的允许连续运行的最高压力
工作压力	p	Pa	bar	液压泵实际工作时的输出压力，决定于负载
排量	V	m^3/r	mL/r L/r	不考虑泄漏的情况下，液压泵转一转所排出的液体体积，由液压泵几何尺寸决定的密封容积的变化计算而得
额定流量	q_n	m^3/s	L/min	根据试验结果推荐的允许连续运行的流量
理论流量	q_t	m^3/s	L/min	根据几何排量所得的流量 $q_t=nV$
实际流量	q_V	m^3/s	L/min	实际运行时进入（马达）或排出（泵）的流量
额定转速 （额定角速度）	n ω	r/min rad/s	r/min	根据试验结果推荐的允许连续运行的转速（角速度）
最高转速	n_{max}	r/min	r/min	为保证使用性能和使用寿命所允许的最大转速
最低转速	n_{min}	r/min	r/min	为保证使用性能所允许的最小转速
容积效率	η_v			泵输出实际流量 q_V 与理论流量 q_t 之比值
机械效率	η_m			泵的理论转矩与实际输入转矩之比值
总效率	η			输出功率与输入功率之比值

第二节　齿轮泵

齿轮泵是一种常用的液压泵。主要特点是：结构简单、工艺性好、体积小、重量轻、价格低、自吸性能好、对油的污染不敏感、工作可靠，由于齿轮泵是轴对称的旋转体，允许有较高的转速。但流量脉动和困油现象较严重，噪声大，排量不可变。低压齿轮泵的工作压力为 2.5MPa；中、高压齿轮泵的工作压力为 16～20MPa；某些高压齿轮泵的工作压力可达 32MPa。齿轮泵的最高转速一般可达 3000r/min，某些齿轮泵（如飞机用齿轮泵）最高转速可达 8000r/min。但其低速性能较差，一般不适于低速运行。当泵的转速低于 200～300r/min 时，容积效率将降到不能允许的地步。

齿轮泵是利用一对齿轮的啮合运动，造成吸、排油腔的容积变化进行工作的。啮合的齿轮为其核心零件。按其啮合形式可分为外啮合齿轮泵和内啮合齿轮泵。外啮合齿轮泵一般采用一对齿数相同的渐开线直齿圆柱齿轮啮合，内啮合齿轮泵除采用渐开线齿轮外，也可采用摆线齿轮。

一、外啮合齿轮泵

1. 工作原理及结构图

图 2-3 所示为外啮合齿轮泵的工作原理图。齿轮泵由壳体、端盖和齿轮的各个齿间槽组成了许多密封工作腔，当齿轮转向如图所示时，左侧吸油腔由于相互啮合的轮齿逐渐脱开，密封工作腔容积逐渐增大，形成部分真空，油箱中的油液被吸入泵体，将齿间槽充满，并随着齿轮旋转，把油液带到右侧压油腔中。在压油腔一侧，由于齿轮逐渐进入啮合，密封工作腔容积不断减少，油液被挤压出去。吸油区和压油区是由相互啮合的轮齿以及泵体分隔开的。

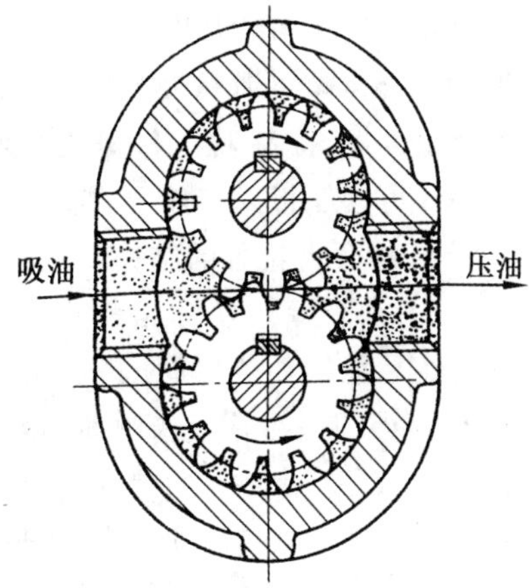

图 2-3 外啮合齿轮泵的工作原理图

图 2-4 所示为 CB-B 型齿轮泵结构图。

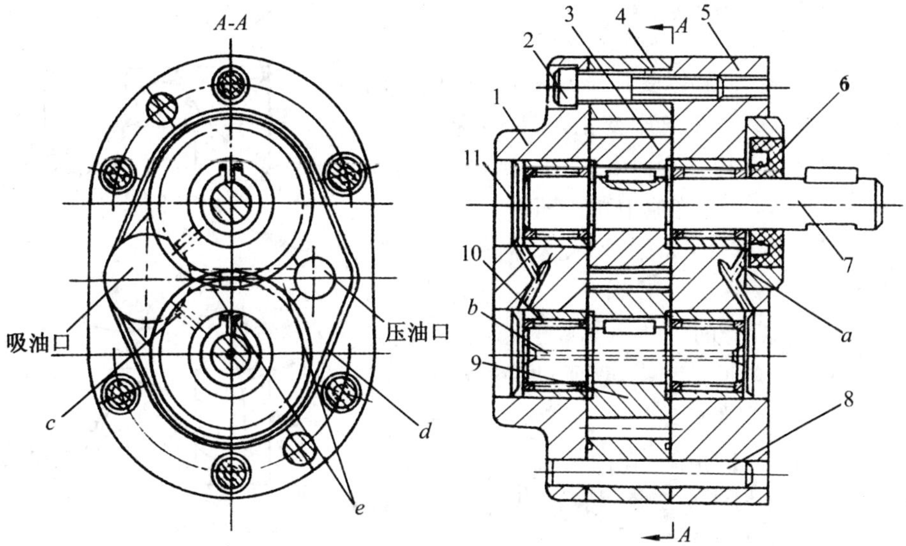

1-后端盖 2-螺栓 3-主动轮 4-泵体 5-前端盖
6-密封圈 7-传动轴 8-销钉 9-从动轮 10-滚针轴承 11-轴承盖
a,b,c-孔道 d-卸荷槽 e-困油卸荷槽

图 2-4 CB-B 型齿轮泵结构图

装在泵体 4 中的一对齿轮由传动轴 7 驱动，泵体 4 的两端面各铣有卸荷槽 d，经泵体 4 端面泄漏的油液由卸荷槽 d 流回吸油腔，从而降低泵体与端盖接合面上的油压对端盖造成的推力，减少螺钉所受载荷。泵前后端盖上开有困油卸荷槽 e，以消除工作时的困油现象。孔道 a,b,c 可以将流入轴承腔的泄漏油排入吸油腔。故传动轴的旋转密封圈处于低压，泵不需要设置单独的外泄漏油管。这种结构的泵其吸油腔不能承受高压，故泵的

吸、排油腔不能互换，泵不能反向工作。

外啮合齿轮运转时泄漏原因有：一是齿顶与泵体内壁的间隙；二是齿轮端面与端盖之间的间隙。当压力增加时，齿顶与泵体内壁之间的间隙不会改变，但侧板的挠度会增加，成为外啮合齿轮泵泄漏最主要的原因。故齿轮泵不适合做高压泵。为解决外啮合齿轮泵的内泄漏问题，提高其工作压力，现已开发出固定侧板式齿轮泵，其最高压力可达 7～10MPa。可动侧板式齿轮泵在高压时侧板被往里推，其最高压力可达 14～17MPa。

2. 外啮合齿轮泵的结构特点

(1)困油现象。实际工作中，为保证齿轮泵连续不断地平稳供油，必须使齿轮啮合的重叠系数 ε 略大于 1，即前一对轮齿未脱离啮合之前，后一对轮齿已进入啮合。齿的啮合是使泵的高、低压油腔隔开的必要条件。从齿轮泵工作原理来看，也必须保证在任何时刻至少有一对齿轮处于啮合状态。当两对齿同时啮合时，由于齿轮的端面间隙很小，因此这两对轮齿之间的油液与泵的吸、排油腔互不相通，形成一个封闭容积。齿轮转动时，封闭容积会发生变化，使其中的液体受压缩或膨胀，造成封闭容积内液体的压力发生急剧变化，这种现象称为困油现象。如封闭容积减少[图 2-5(a)到(b)]，会使被困油液受挤压，并从缝隙中挤出而产生很高的压力，油液发热，使机件(如轴承)受到额外的负载。如封闭容积增大[图 2-5(b)到(c)]，又会造成局部真空，使油液中溶解的气体分离，产生气穴。这将引起泵产生强烈的振动和噪声，所以困油现象对齿轮泵的正常工作非常有害。

消除困油现象的措施：在两侧盖板上开卸荷槽(见图 2-5 中双点划线)，使封闭腔容积减小时，通过左边的卸荷槽与压油腔相通，封闭容积增大时，通过右边的卸荷槽与吸油腔相通。

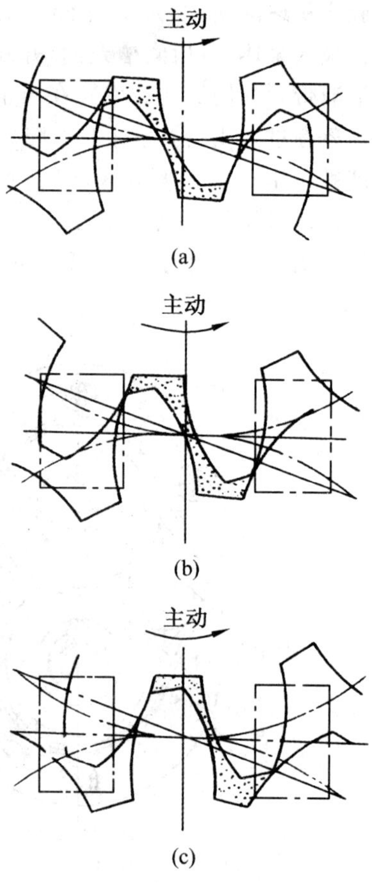

图 2-5　困油现象

(2)外啮合齿轮泵的径向力。齿轮泵(特别是中、高压齿轮泵)的轴承磨损是影响泵寿命的主要原因之一，因此对齿轮泵的齿轮受径向作用力的分析有重要意义。齿轮泵产生径向力不平衡的原因有三方面：一是液体压力产生的径向力，这是因为齿轮泵工作时排油腔的油压高于吸油腔的油压，并且齿顶圆与泵体内表面之间存在径向间隙，油液会通过间隙泄漏。因此从排油腔起，沿齿轮外缘至吸油腔的每个齿间内的油压不同，压力依次递减，其分布情况，如图 2-6 所示。二是齿轮传递力矩时产生的径向力，径向力的方向通过齿轮的啮合线，使主动齿轮所受合力减小，被动齿轮所受合力增大。三是困油现象产生的径向力，致使齿轮泵径向力不平衡现象加剧。齿轮泵由于径向力不平衡，把齿轮压向一侧，使齿轮轴受到弯曲作用，影响轴承寿命，同时还会使吸油腔的齿轮径向间隙减小，从而使齿轮与泵体内腔产生摩擦或卡死，影响泵的正常工作。

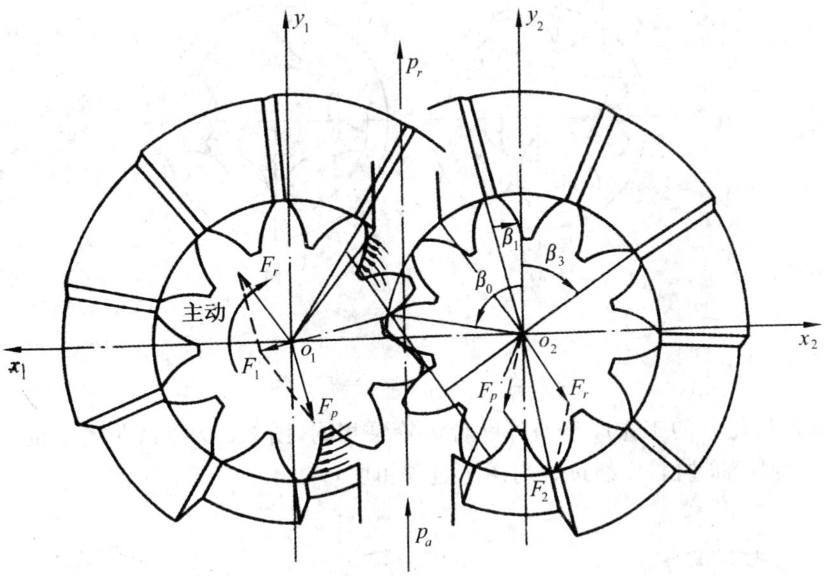

图 2-6　径向不平衡

减小径向力不平衡的措施：一是缩小排油口直径，使高压仅作用在 1～2 个轮齿的范围内，这样使压力油作用于齿轮上的面积减小，因此径向力也相应减小。二是开压力平衡槽，在相关零件（通常在轴承座圈）上开出四个接通齿间的压力平衡槽，使其中两个与排油腔相通，另两个与吸油腔相通，这种方法可使作用在齿轮上的径向力大致平衡，但同时也会使泵的高、低压油区更加接近，增加泄漏和降低容积效率。三是改善结构，如将结构改造成“三齿轮”形式，如图 2-7 所示，其中间齿轮为主动轮，比二齿轮泵仅多了一个齿轮，形成两个吸油腔和两个压油腔。流量虽增加近一倍，但体积、重量增加不大，而且径向力平衡，泵的使用寿命长。

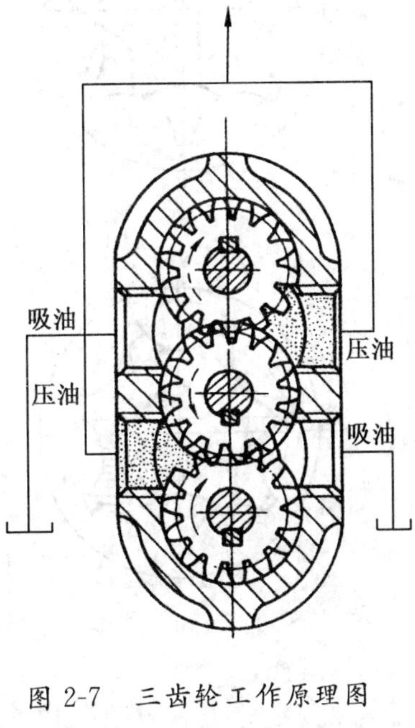

图 2-7　三齿轮工作原理图

二、内啮合齿轮泵

内啮合齿轮泵有渐开线齿轮泵和摆线齿轮泵两种，如图 2-8 所示。在渐开线齿形的内啮合齿轮泵中，小齿轮和内齿轮之间要装一块隔板 3，将吸油腔 1 与压油腔 2 隔开，如图 2-8(a)所示。在摆线齿形的内啮合齿轮泵中，小齿轮与内齿轮只相差一个齿，不设置隔板，如图 2-8(b)所示。内啮合齿轮泵中的小齿轮是主动轮。

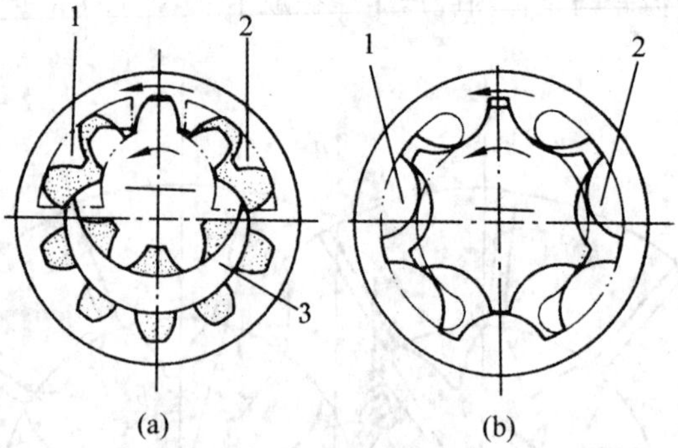

1-吸油腔　2-压油腔　3-隔板

图 2-8　内啮合齿轮泵

内啮合齿轮泵的工作原理与外啮合齿轮泵相同,图 2-9 为摆线齿轮泵的工作原理图(图中所示为吸油过程,压油过程与图示过程相反)。

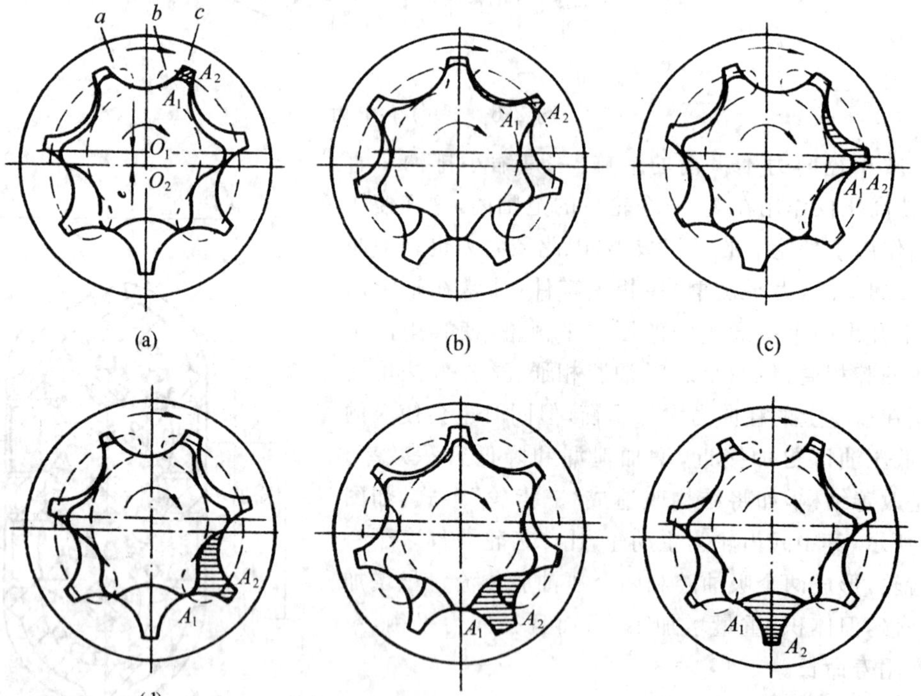

图 2-9　摆线齿轮泵的工作原理图

内啮合齿轮泵结构紧凑,尺寸小、重量轻,由于齿轮转向相同,相对滑动速度小,磨损小,使用寿命长,流量脉动比外啮合齿轮泵小,故压力脉动和噪声都较小。内啮合齿轮泵还允许使用高转速(高转速下的离心力使油液更好地充入密封工作腔),可获得较大的容积效率。其中摆线内啮合齿轮泵结构更简单,啮合的重叠系数大,传动平稳,吸油条件更为良好。内啮合齿轮泵的缺点是齿形复杂、加工精度要求高,需要专门的制造设备,造价较贵。

三、螺杆泵

螺杆泵依靠旋转的螺杆输送液体,实质上是一种外啮合的摆线齿轮泵。泵内的螺杆可以有两个,也可以有三个。图 2-10 所示为常用的三螺杆泵工作原理图,壳体内有三根轴线平行的螺杆。在凸螺杆两边各有一根凹螺杆与之啮合,啮合线把螺旋槽分成若干密封腔。当主动螺杆 3(凸螺杆)带动从动螺杆 1(凹螺杆)按图示方向转动时,被密封的容积带动液体沿轴向向右移动。螺杆泵按图示方向吸油、排油。螺杆泵的螺杆直径愈大,螺旋槽愈深,排量就愈大;螺杆愈长,吸油口 2 与排油口 4 之间的密封层次愈多,密封就愈好,泵的额定压力就愈高。

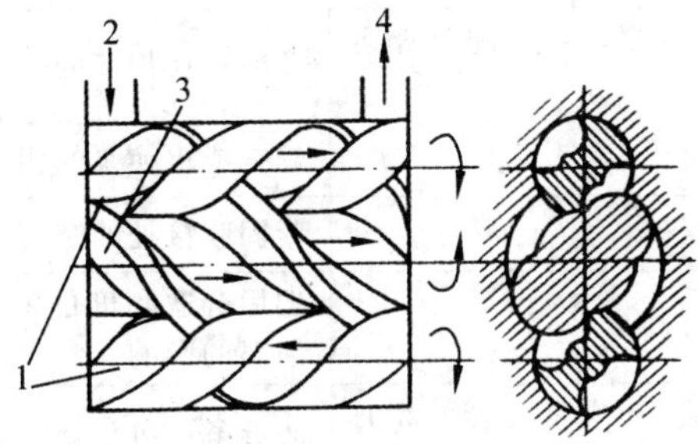

1-从动螺杆 2-吸油口 3-主动螺杆 4-压油口

图 2-10 螺杆泵工作原理图

螺杆泵的结构简单、紧凑,体积小,重量轻,运转平稳,输油均匀,噪声小。由于螺杆是一个轴对称的旋转体,允许在高转速(一般为 1500～3000r/min,有时可达 10000r/min)下运行,容积效率较高(90％～95％),对油液污染不敏感,不会产生困油现象,但是压缩量较小,不适合高压场合。多用于精密机床、舰船等液压系统,还可用来输送黏度较大或具有悬浮颗粒的液体,故在石油、化工、食品工业中也有应用。但螺杆泵的螺杆形状复杂,加工较困难,不易保证精度。

四、齿轮泵的常见故障、原因和排除

齿轮泵使用中常见故障主要有噪声、压力波动、供油不足或不均等。产生故障的原因及排除方法,如表 2-2 所示。

表 2-2　　齿轮泵的常见故障、原因及排除方法

故障	原因	排除方法
噪声大或压力波动严重	滤油器被污物阻塞或吸油管贴近滤油器底面	清除滤油器铜网上的污物；吸油管不得贴近滤油器底面
	油管露出油面，伸入油箱较浅，或吸油位置太高	吸油管应伸入油箱内 2/3 深，吸油位置不得超过 500mm
	油箱中的油液不足	按油标规定线加注油液量
	CB 型齿轮泵的泵体与泵盖是硬性接触（不加垫圈），若泵体与泵盖的平面度不好，泵工作时会吸入空气；泵密封不良、接触面或管接头处有泄漏，也会造成空气的侵入	泵体与泵盖的平面度不好，可在平板上用金刚砂研磨，使平面度不超过 5μm（同时注意保证垂直度的要求）；紧固各联接件，严防泄漏的发生
	泵和电动机的联轴器碰撞	装配时注意保证同轴度的要求；联轴器中的垫圈损坏应及时更换
	轮齿的齿形精度不好	调换齿轮或修整齿形
	CB 型齿轮泵骨架式油封损坏或装配时骨架油封内弹簧脱落	及时更换损坏的骨架油封
输油量不足或压力不能保证	轴向间隙与径向间隙过大	修复或更换泵的相关机件
	联接处有泄漏，混入空气	紧固联接处的螺钉
	油液黏度太高或油温过高	选用合适黏度的液压油，并注意温度变化对油温的影响
	电动机旋转方向不正确，造成泵无法正常工作；在泵吸油口处有大量气泡	改变电动机旋转方向
	滤油器或管道堵塞	清除污物，定期更换油液
	压力阀中的阀芯在阀体中移动不灵活	检查压力阀，使阀芯在阀体中能灵活移动
泵旋转不良或卡死	轴向间隙或径向间隙过小	修复或更换泵的机件
	装配不良	按照“修复后的齿轮泵装配注意事项”进行装配
	压力阀失灵	检查压力阀中的弹簧是否失灵、阀上小孔是否堵塞、阀芯在阀体孔中移动是否灵活等，并及时调整或修复
	泵和电动机的联轴器同轴度不好	调整两者的同轴度在规定范围内
	油液中杂质被吸入泵体内	注意环境整洁，严防周围灰尘、铁屑及切削液进入油箱
CB 型泵的压盖或骨架油封遭冲击	压盖堵塞了前后盖板的回油通道，造成回油不通畅，产生很高的压力	将压盖取出重新压进，并注意不要堵塞回油通道
	骨架油封与泵的前盖配合较松	调整骨架油封外圈与泵的前盖配合间隙，骨架油封应压入泵的前盖；若间隙过大，应更换新的骨架油封
	装配时将进、出油口装反，使出油口接通卸荷槽，形成压力，冲击骨架油封	纠正泵体的装配方向
	泄漏通道被污物堵塞	清除泄漏通道上的污物

第三节　叶片泵

叶片泵具有流量均匀，运转平稳，噪声低，体积小，结构紧凑，寿命长等优点，但与齿轮泵相比对油液污染较敏感，油液中杂质较多时，叶片易出现卡死现象；结构较复杂。中、低压叶片泵的工作压力一般为 8MPa，中、高压叶片泵的工作压力可达 25～32MPa。泵的转速范围为 600～2500r/min。多用于机械制造中的专用机床、自动线。

叶片泵可分为单作用(转子每转完成吸、排油各一次)和双作用(转子每转完成吸、排油各两次)两种型式。双作用叶片泵与单作用式相比，其流量均匀性好，转子体所受的径向力基本平衡。双作用叶片泵是定量泵，单作用叶片泵一般设计成可以无级调节排量的变量泵。

一、单作用叶片泵

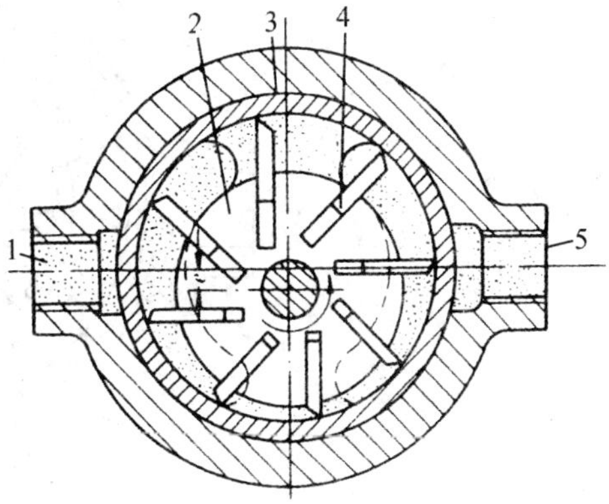

1-压油口　2-转子　3-定子
4-叶片　5-吸油口

图 2-11　单作用式叶片泵工作原理

图 2-11 所示为单作用叶片泵的工作原理。定子的内表面是圆柱形孔，转子 2 与定子 3 之间有一偏心，叶片 4 在转子的槽内可灵活滑动，在转子转动的离心力和通入叶片根部压力油的作用下，叶片顶部贴紧在定子内表面上，使两相邻叶片、配油盘、定子和转子之间形成了一个密封的工作腔。当转子转动时，右侧的叶片向外伸出，密封工作腔容积逐渐增大，产生真空，此时由吸油口 5 和配油盘上窗口将油吸入。而图的左侧，叶片向里缩回，密封腔容积逐渐减小，将油液由配油盘的另一窗口和压油口 1 压入系统中。这种泵在转子每转一转中，吸、排油各一次，故称单作用式。同齿轮泵相似，其转子上也会受到单方向的径向液压不平衡作用力，又称为非平衡泵，其轴承所受负载较大，使泵的工作压力受到限制。改变定子和转子之间的偏心方向和大小，可改变泵的进、出油方向和排量，故又称为双向变量泵。

单作用式叶片泵为防止吸、排油腔的相通，配流盘的吸、排油窗口间的密封角稍大于相邻两叶片间的夹角。因定子与转子不是同心圆，当密封容积变化时，则产生类似齿轮泵的困油现象。这时可将配流盘排油窗口边缘开三角形卸荷槽来消除。有时让密封容积中的油液被压缩至接近额定工作压力，再与排油腔相通，这样可减少和排油腔相通时的压力差，降低冲击和噪声。

为使叶片工作时易甩出，叶片槽常做成后倾结构。为使叶片能始终贴紧在定子内表面上，应在排油区叶片底部通高压油，在吸油腔叶片底部通低压油。

二、双作用式叶片泵

图 2-12 所示为双作用式叶片泵的结构简图。定子 1 的内表面由两段长半径圆弧、两段短半径圆弧和四段过渡曲线组成，定子 1 与转子 3 同心。如按图示转动时，密封容积在左上角和右下角处逐渐增大，是吸油区；在左下角和右上角处逐渐减小，是排油区；吸、排油区之间有一段封油区将两者隔开。这种泵转子每转一转时，每个密封工作腔完成吸、排油两次，故称为双作用式叶片泵。吸油区与排油区在结构上是径向对称的，作用于转子上的液压力径向平衡，故又称为平衡式叶片泵。

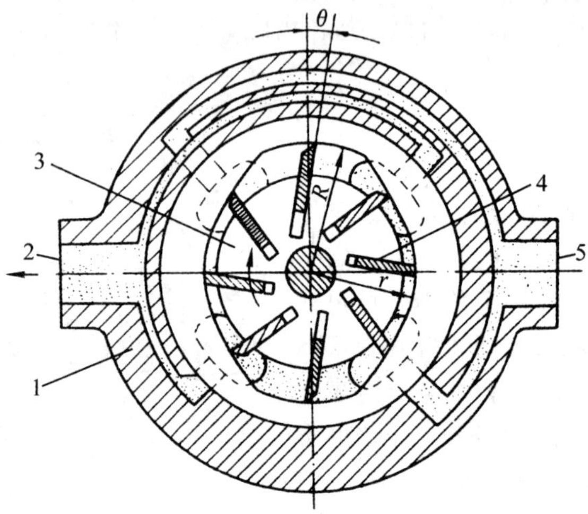

1-定子　2-压油口　3-转子

4-叶片　5-吸油口

图 2-12　双作用式叶片泵工作原理

图 2-13 所示为配流盘和定子曲线相对位置关系的示意图，图中的点画线是定子内表面曲线（定子曲线），β_1 和 β_2 分别为大圆弧段与小圆弧段所对应的中心角；α_1 和 α_2 是大圆弧区与小圆弧区的吸、排油槽之间的封油角；吸、排油槽开在转子两侧的配流盘上。假定泵的叶片数为 z，为保证吸、排油腔间的密封，应使 $\alpha_l \geqslant 2\pi/z$，$\alpha_2 \geqslant 2\pi/z$。为避免发生困油现象，应使两封油叶片之间的密封腔在 α_1 和 α_2 角度范围内移动时，其容积大、小保持不变，即保证圆弧段的包角 $\beta_1 \geqslant \alpha_1$，$\beta_2 \geqslant \alpha_2$。配流盘上排油槽端部的三角槽可减少液压冲击，起消振作用。若转子顺时针转动，当两相邻叶片间的油腔从吸油区进入大圆弧区时，油腔中的压力保持为低压。当此油腔转至与排油区接通，进入小圆弧区时，油腔中的油液受压缩，压力骤升，这个过程将发生压力冲击，并产生噪声。为解决此问题，一般采用设置减振槽的方法，使高、低压油逐渐接通，高压油进入密闭容积时受到节流阻尼作用，从而减缓了压力冲击的现象。图 2-13 中的环形槽 a 通过配流盘背面的沟槽（虚线所示）和排油区接通。此环形槽的位置与转子的叶片槽底部相对应，将高压油引入叶片底部，产生使叶片向外紧贴定子内表面的压紧力。由于叶片底部与高压油相接通，高压区叶片头部与根部的液压力基本平衡，这时只有叶片随转子作圆周运动的离心力和叶片在叶片槽内径向运动

的惯性力、摩擦力的共同作用，并产生一定的力使叶片紧贴定子内表面。在低压区叶片头部为低压油，而叶片根部为高压油，因此叶片以相当大的压紧力贴紧在定子内表面上，工作时叶片头部又以很高的相对速度在定子内表面上滑动，因此工作条件较差。

提高叶片泵寿命的核心问题是解决磨损问题，常采用的措施有：

(1)叶片与定子。采用耐磨材料——定子一般多用 38CrMoAl 合金钢进行渗氮处理，使其内表面的耐磨性比较好，而叶片多采用 W18Cr4V。

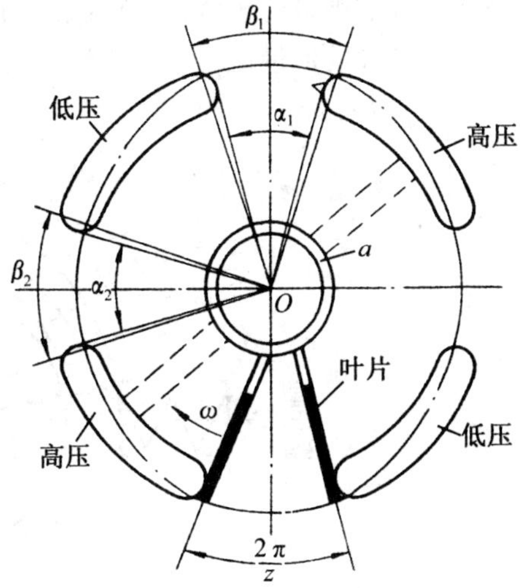

图 2-13　叶片泵定子曲线角度分配

减少低压区叶片对定子内表面的压紧力——减薄叶片厚度，可以减少压紧力，但叶片太薄，其刚度和强度都会受到影响，制造工艺较复杂，给叶片及叶片槽的加工带来困难。一般按结构及工艺要求，叶片厚度为 1.8～2.2mm。同时为改善叶片的受力情况，要求叶片留在槽内的最短长度不小于其总长度的 2/3。

(2)转子。转子是叶片泵的关键零件之一。损坏形式主要是转子体两相邻叶片槽根部的断裂。为提高转子的抗冲击强度，又保证叶片槽有足够的硬度以防止槽磨损，转子体一般采用冲击韧性较好的 40Cr 淬火处理。叶片数增加使相邻叶片槽底部的距离缩短，转子体的强度减弱。为保证转子体的强度，一般叶片泵的叶片数不超过 16 个，常用 12 个叶片。

(3)叶片的安装角。叶片沿定子曲线滑动时，其端部受到定子内表面的反作用推力和与滑动方向相反的摩擦力的作用，它们的合力可分解为沿叶片槽方向的分力和垂直于叶片的分力。叶片与定子曲线的接触压力角越大，垂直分力也越大。为避免接触压力角过大而造成叶片在槽中滑动困难或被卡住(自锁)，结构上将叶片槽相对转子半径沿转动方向前倾一角度 θ，以减少接触压力角，一般取 $\theta=13°$。

三、限压式变量叶片泵

限压式变量叶片泵在负荷小时，泵输出流量大，可实现快速移动；当负荷增加时，泵输出流量减少，输出压力增加，运动速度降低。此特性可减少能量消耗，避免油温升高。限压式变量叶片泵有内反馈式和外反馈式两种。

1. 内反馈式变量叶片泵

这种泵的操纵力来自泵本身的排出压力，其工作原理，如图 2-14 所示。由于存在偏角 θ，排油压力对定子环的作用力可以分解为垂直于偏心距 O_1O_2 的分力 F_1 和与偏心距同向的调节分力 F_2。F_2 与调节弹簧的压缩力、定子运动的摩擦力相平衡。当泵的工作压力所形成的调节分力 F_2 小于弹簧预紧力时，泵的定子环对转子的偏心距保持在最大值，不随工作压力的变化而变化。当泵的工作压力超过设定值后，调节分力 F_2 大于弹簧预紧力，并随着工作压力的提高，F_2 力增大，使定子环向减小偏心距的方向移动，泵的排量开始下降。调节弹簧的预紧力，可调节其流量随压力的变化量。调节最大流量调节螺钉，可以调节其最大的流量值。

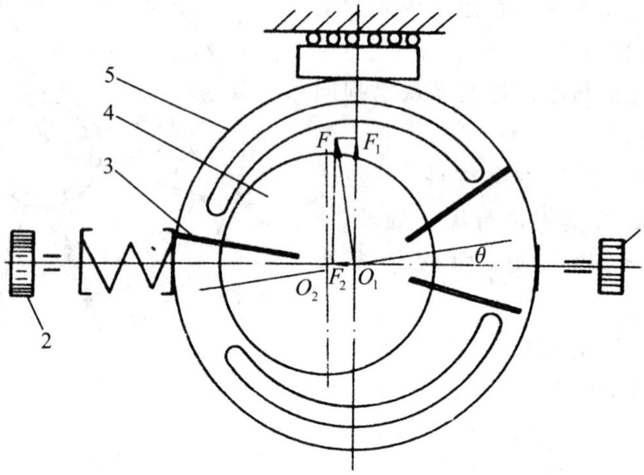

1-最大流量调节螺钉　2-弹簧预压缩量调节螺钉

3-叶片　4-转子　5-定子

图 2-14　内反馈式变量泵工作原理

2. 外反馈式变量叶片泵

外反馈式变量叶片泵是利用外来油源推动变量机构，改变转子与定子偏心距大小及方向，实现双向变量，如图 2-15 所示。由于采用外来油源，故控制油压稳定，对泵的变量稳定性有一定好处。缺点是需有一套专用油源。

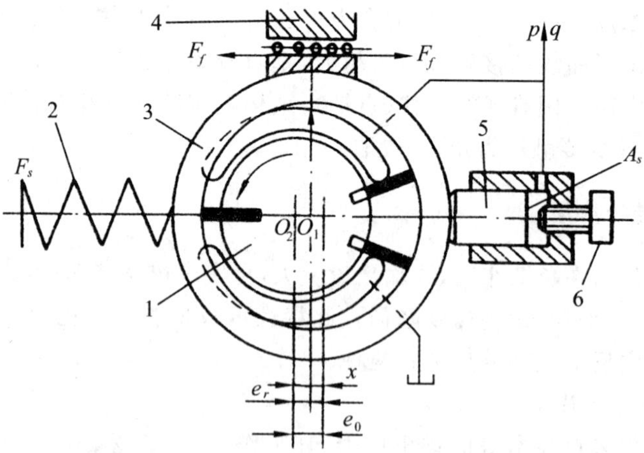

1-转子　2-弹簧　3-定子　4-滑块滚针支承

5-反馈柱塞　6-流量调节螺钉

图 2-15　外反馈限压式变量叶片泵

四、叶片泵的常见故障、原因及解决方法(见表 2-3)

表 2-3　叶片泵的常见故障、原因及排除方法

故　障	原　因	排除方法
油液吸不上来,压力无法建立	电动机转向不正确	纠正电动机的旋转方向
	油面过低,油液吸不上来	定期检查油箱的油液,按油标规定线及时补油
	叶片在转子槽内配合过紧	单独配叶片,使各叶片在所处的转子槽内移动灵活
	油液黏度过高,导致叶片移动不灵活	更换黏度合适的液压油
	泵体有砂眼,使高、低压油区互通	更换新的泵体
	配油盘在压力油作用下变形,配油盘与壳体接触不良	修整配油盘的接触面
输油量不足,压力提不高	各联接处密封不严,吸入空气	紧固各联接处的螺钉或更换垫片
	个别叶片移动不灵活	不灵活的叶片应单槽配研
	轴向间隙或径向间隙过大	修复或更换相关机件
	叶片和转子装反	纠正转子和叶片的方向
	配油盘内孔磨损	更换
	转子槽和叶片的间隙过大	根据转子叶片槽单配叶片
	叶片和定子内环曲面接触不良	定子磨损一般出现在吸油腔。对于双作用式叶片泵,可翻转 180°装配,在对称位置重新加工定位孔
	吸油不通畅	清洗滤油器,定期更换工作油液,并加油至油标规定线
噪声和振动严重	有空气侵入	详细检查吸油管路和油封的密封情况及油面的高度是否正常
	配油盘端面与内孔不垂直,或叶片本身垂直度不好	修磨配油盘端面和叶片侧面,使其垂直度在 10μm 之内
	配油盘上的三角形节流槽太短	用整形锉刀将其适当修长
	个别叶片过紧	详细检查,进行研配
	油液黏度过高	适当降低油液黏度
	联轴节的安装同轴度不好或松动	调节同轴度至要求范围内,并将螺钉紧固好
	叶片倒角太小或高度不一致	将原 0.5×45°倒角加大为 1×45°或加工成圆弧形;修磨或更换叶片,使其高度一致
	转速过高	适当降低转速
	轴的密封过紧(用手摸轴和轴盖有烫手现象)	适当调整密封圈,使之松紧适度
	吸油不畅,或油面过低	清理吸油油路,使之通畅,或加油至油面要求高度
	定子曲线面拉毛	抛光或修磨

第四节　柱塞泵

柱塞泵依靠柱塞在其缸体内往复运动时，密封工作腔的容积变化进行吸油和排油。由于缸体内孔与柱塞均为圆柱表面，易得到高精度的配合，这种泵的泄漏小，容积效率高，适用于高压、大流量、大功率场合。但其结构较复杂，制造困难、故在各类容积泵中，柱塞泵价格最贵，而且这类泵对油液的污染较敏感，对使用、维护的要求也较严格。

一、轴向柱塞泵

轴向柱塞泵有斜盘式和斜轴式两大类，图 2-16 所示为斜盘式轴向柱塞泵。斜盘 3 和配油盘 6 不动，传动轴 1 带动缸体 5、柱塞 4 一起转动，柱塞 4 紧靠在斜盘上。当传动轴 1 按图示旋转时，柱塞 4 在其自下而上回转的半周内逐渐伸出，缸体孔内密封工作腔容积逐渐增加；产生真空，将油液自配油盘 6 上的吸油窗口吸入；反之亦然。缸体每转一周，每个柱塞往复运动一次，完成一次吸油、排油过程。改变斜盘的倾角 γ，可改变柱塞行程的大小，从而改变泵的排量，改变斜盘的倾斜方向，可以改变泵输出油的方向，故柱塞泵为双向变量泵。

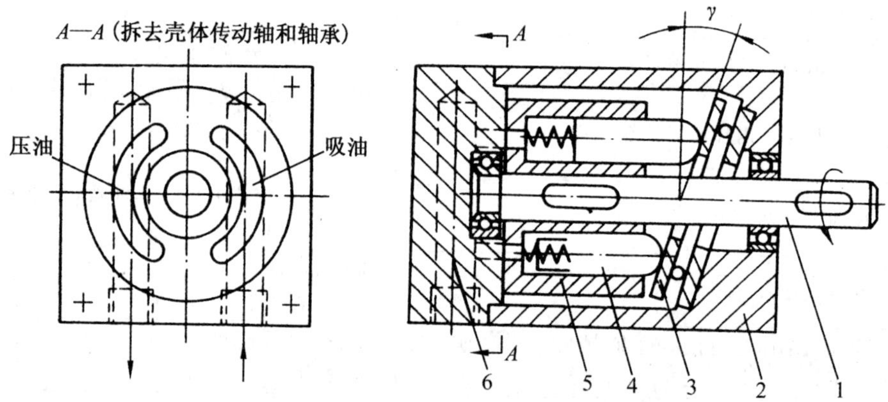

1-传动轴　2-壳体　3-斜盘　4-柱塞　5-缸体　6-配油盘

图 2-16　轴向柱塞泵工作原理图

斜盘式轴向柱塞泵的传动轴中心线与缸体中心线重合。柱塞与斜盘的接触情况，如图 2-17 所示。

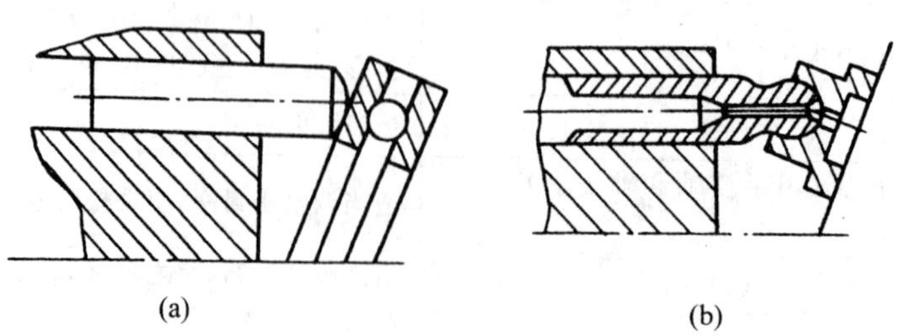

图 2-17　柱塞和斜盘的接触情况

点接触式如图 2-17(a)所示，接触应力较大，一般用于小流量和中低压场合。滑靴式如图2-17(b)所示，结构采用静压轴承原理，改善了接触情况，适用于大流量、高压的场合。

当泵的传动轴相对缸体中心线倾斜一个角度时，称为斜轴式柱塞泵，图 2-18 所示为其原理图。柱塞 2 的运动由连杆 4 来控制，工作原理与斜盘相似。改变传动轴与缸体间的夹角 γ，可改变泵的排量。这种泵的结构复杂，适用于排量要求大的场合。

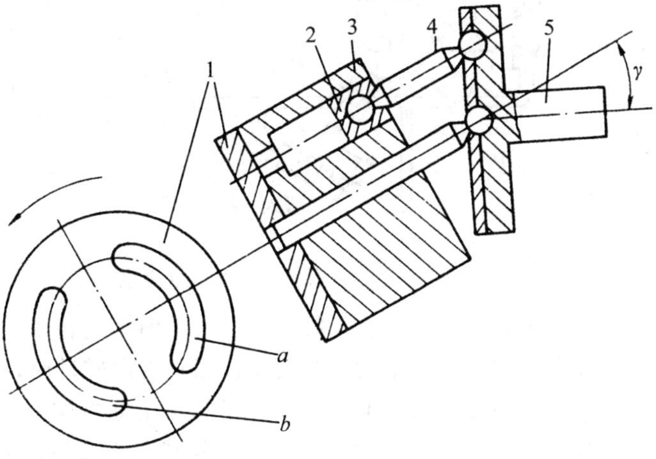

1-配油盘　2-柱塞　3-缸体　4-连杆

5-传动轴　a-吸油孔　b-压油孔

图 2-18　斜轴式轴向柱塞泵

轴向柱塞泵上可安装各种变量控制机构，用以调节泵的排量，如图 2-19 所示为伺服式手动变量机构实例。当用手柄使伺服阀 3 阀芯向下移动时，伺服阀上面的阀口打开，a 腔中的压力油经孔道 c 流向 b 腔，活塞 2 因上腔有效面积大于下腔而向下移动，活塞移动时又使伺服阀上面的阀口关闭，最终使活塞停止运动。泵上的斜盘 4 或缸体 1 通过机构与活塞下端相连，借活塞的上、下移动来改变其倾角。变量控制机构则依照伺服阀的动作实现其控制。

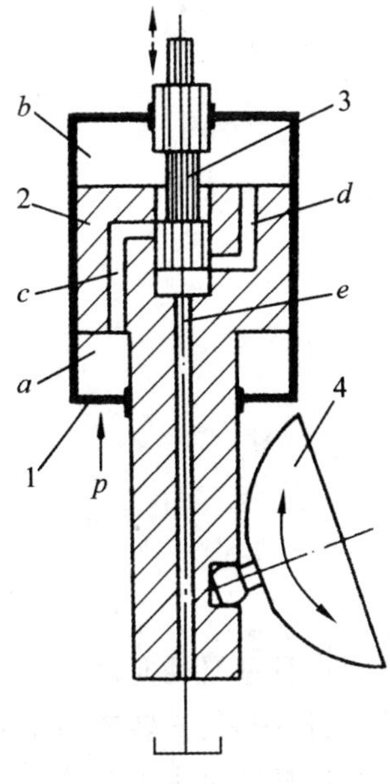

1-缸体　2-活塞　3-伺服阀　4-斜盘

a-缸体下腔　b-缸体上腔　c、d、e-孔道

图 2-19　伺服式手动变量机构

二、径向柱塞泵

径向柱塞泵可分为固定液压缸式和回转液压缸式两种。

图 2-20 所示为固定液压缸式径向柱塞泵。偏心轮旋转推动活塞产生往复运动，完成吸油、压油过程。偏心轮的偏心量固定，所以这种结构的固定液压缸式径向柱塞泵一般为定量泵，最高输出压力可

达 21MPa 以上。

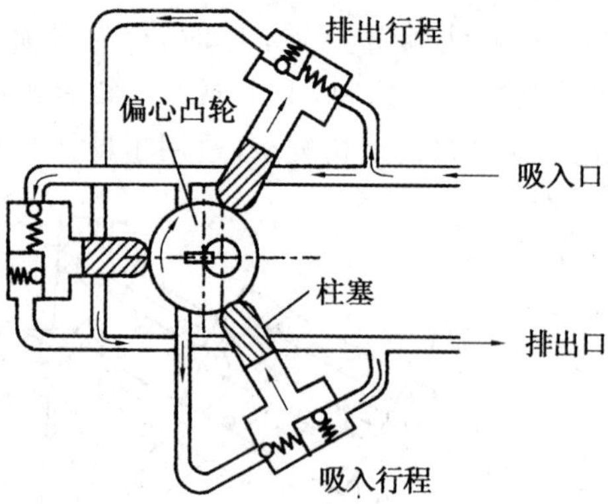

图 2-20　固定液压缸式径向柱塞泵

图 2-21 所示为回转液压缸式径向柱塞泵的工作原理图。其转子 2 孔内装有衬套 4，随转子一起旋转，衬套中的配油轴 3 不动。当转子按图示方向转动时，柱塞 5 和转子一起旋转，同时又靠离心力压紧在定子内壁上。由于转子和定子间有偏心 e，故转子在上半部分转动时柱塞向外伸出，径向孔内的密封工作腔容积逐渐增大，形成局部真空，将油箱中的油液经配油轴上的 a 腔吸入；转子转到下半周时，情况与此相反。转子每转一转，柱塞在每个径向孔内吸油、排油各一次。改变偏心距 e 可改变泵的排量。

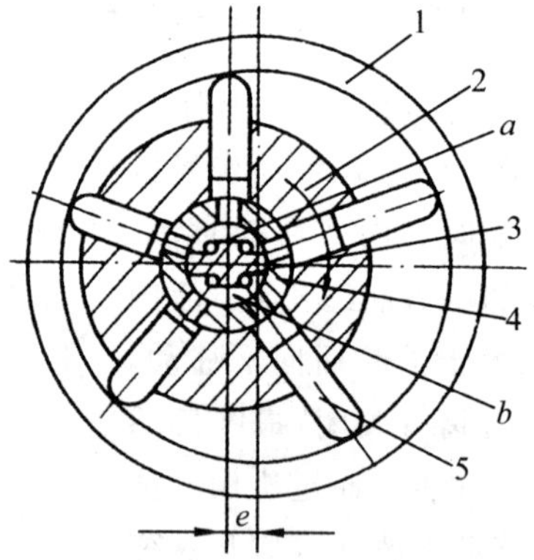

1-定子　2-转子　3-配油轴　4-衬套　5-柱塞

a-吸油腔　b-压油腔

图 2-21　径向柱塞泵工作原理图

径向柱塞泵径向尺寸大，结构复杂，自吸能力差，而且配油轴受径向不平衡液压力的作用，易磨损，使其转速和压力的提高受到限制。

径向柱塞泵也可安装各种变量控制机构，其形式与轴向柱塞泵相似。

第五节　液压泵的选用和使用注意事项

一、液压泵的选用

选择液压泵的主要原则是满足系统的工况要求，并以此为根据，确定泵的流量、工作压力和结构形式。

1. 确定泵的额定流量

泵的流量应满足执行元件最高速度的要求，故泵的输出流量 $q_{泵}$ 应根据系统所需的最大流量及泄漏量来确定。即

$$q_{泵} \geqslant K q_{max}$$

式中：K——系统泄漏系数(取 1.1～1.3，管路长且复杂时取大值)。

q_{max}——系统所需最大流量。

计算时应注意：当由单泵供给一个执行元件时，按执行元件的最高速度要求计算 $q_{泵}$；由双泵供油时，先按最快工进速度要求计算小流量泵的 $q_{泵}$，再按快进时的要求计算出总的 $q_{泵}$，从中减去小流量泵的 $q_{泵}$，剩下的即为大流量泵的 $q_{泵}$；由泵供给几个不同运动的执行元件时，应计算出各执行元件运动时所需流量，按最大流量定 $q_{泵}$；当多个执行元件同时动作时，应按同时动作的执行元件的最大流量之和确定 $q_{泵}$；如系统中有蓄能器时，泵的流量规格可定小些；回路中有节流阀调速时，确定 $q_{泵}$ 应加上溢流阀的最小溢流量(一般 $5\times10^{-5}\,m^3/s$)。求出 $q_{泵}$ 后，按产品样本选取 $q_{额} \geqslant q_{泵}$ 的液压泵。

2. 确定泵的额定压力

泵的工作压力由液压缸的最高工作压力确定。即：

$$p_{泵} \geqslant K p_{max}$$

式中：K——压力损失系数(取 1.3～1.5，管路长且复杂时取大值)。

p_{max}——工作时最大系统压力。

液压泵产品样本中，标明的是泵的额定压力和最高压力值。算出 $p_{泵}$ 后，应按额定压力来选泵，使 $p_{额} \geqslant p_{泵}$。如有短时过载场合，可按最高压力选取液压泵。

3. 确定液压泵的具体结构

一般负载小、功率小的机械设备中，多用齿轮泵、双作用叶片泵；精度较高的机械设备(如镜面磨床)可用螺杆泵、双作用叶片泵；负载较大又具有速度换接的机械设备(如组合机床)，可使用限压式变量叶片泵；负载大、功率大的机械设备(如龙门刨床)可使用柱塞泵；一些辅助装置，如送料、夹紧等不重要的地方，可使用齿轮泵。

具体选择时，可参考表 2-4。

表 2-4　**常用液压泵性能参数比较(表中数值仅供参考)**

项　目	齿轮泵(外啮合)	叶片泵	斜轴式轴向柱塞泵	斜盘式轴向柱塞泵	螺杆泵
排量(cm^3/r)	1～500 不能调节流量	平衡式 1～350 不能调节流量 非平衡式 10～230 可调节流量	100～1000 可调节流量	4～500 可调节流量	不能调节流量
输出压力	低压	中压	高压		低压
最高压力(MPa)	1～25	平衡式 3.5～40 非平衡式 3.5～14	21～40		
最高转速(r/min)	900～4000	平衡式 1200～3000 非平衡式 1200～1800	750～3600		10000
输出流量脉动	很大	平衡式:很小 非平衡式:一般	一般		最小
最高效率(%)	低 80%～91%	较高 80%～93%	较高 80%～92%		高 90%～95%
对污染敏感性	不易受污染影响,随齿轮的磨损,效率有所降低	对污染较敏感,叶片磨损时,效率降低到很小	对污染最敏感,配流盘受损伤时效率降低	对污染最敏感,配流盘滑靴磨损时效率降低	不易受污染影响
自吸性能	好。转速为 1800 r/min时,允许吸入真空度为 −26664.4～−54328.8Pa	较差。转速为 1800r/min 时,允许吸入真空度为 −13332.2～−26664.4Pa	差。转速为 1800r/min 时,允许吸入真空度为 −3.9997～0Pa		好
噪声(dB)	额定转速 300 r/min时,噪声 83dB	额定转速 1450～2400r/min 时,噪声 76dB	额定转速 1450～2400r/min 时,噪声 87dB	额定转速 1450～2400r/min 时,噪声 77dB	最小
对过滤精度要求	30～50μm	20～30μm	15～25μm		无要求
易出故障的部位	内部摩擦副:支承轴套端面、齿轮及轴颈磨损,引起橡胶密封损坏、泵体内孔及两侧板磨损	配油盘三角槽易堵塞,污染物侵入摩擦副,发生异常磨损,应注意油液清洁和吸油通畅,易出现突发性故障	连杆组件磨损,连杆球头从驱动轴球窝中脱出,功率调节弹簧失效,两对摩擦副磨损	摩擦副磨损几乎无磨损	

二、使用注意事项

影响液压泵的使用寿命因素很多，除了泵的自身设计、制造因素外，还和一些与泵使用相关元件（如联轴器）的选用、试车运行过程中的操作等也有关。

液压泵传动轴不能承受径向力和轴向力，因此不允许在轴端直接安装带轮、齿轮、链轮，通常用联轴器联接驱动轴和泵传动轴。如因制造原因，泵与联轴器同轴度超标，装配时又存在偏差，则随着泵的转速提高离心力加大联轴器变形，变形大使离心力加大，造成恶性循环，其结果产生振动噪声，从而影响泵的使用寿命。此外，还有如联轴器柱销松动未及时紧固、橡胶圈磨损未及时更换等影响因素。

刚性联轴器两轴的同轴度误差≤0.05mm；弹性联轴器两轴的同轴度误差≤0.1mm；两轴的角度误差<1°。

运行中的操作要求：

1. 运行前

(1)液压泵安装是否准确可靠，螺钉是否拧紧，联轴器安装是否符合要求；

(2)泵体内是否灌满油液；

(3)泵的转向是否与进出油口相符；

(4)液压系统的安全阀是否调到规定压力值。

2. 运行中

启动时不可急剧全速启动，应在系统卸荷状态下点动原动机开关数次后才能连续空载运转，目的是将管道中的空气尽可能排除干净，空载运转1～2min无异常现象后逐渐加载，加载过程中应无异常振动、噪声和泄漏，否则立即停机检查分析、排除故障。

3. 运行结束后

若泵长期不用应将泵内油液放出，再灌满含酸值较低的油液，外露加工面涂防锈油，各油口用螺堵头封好，以防污物进入。

三、液压泵故障分析实例

某型号液压泵故障分析实例

当液压泵出现故障时，须认真检查、分析，对症处理，避免盲目大拆大卸造成新的故障。

现以某型号液压泵为例，分析故障产生的原因及排除方法，如表2-5所示。

表 2-5　　液压泵故障的分析及排除实例

故障现象	分析原因	排除方法
泵体发热,工作效率低	(1)液压油的油质差、黏度低	应更换液压油,但不可混用 (1)该液压泵采用的是球面配流盘,当其与缸体配合面有轻微的拉痕时,可用研磨膏配研;当拉痕较深时,应先填平沟槽,再进行配研 安装时,须注意计算垫片的厚度,即在研磨前一定要测量配流盘和配流盘与缸体的总厚度,计算出被磨去的厚度,以便在芯轴的蝶形垫片中加调节垫片,补偿被磨去的厚度;当配流盘与缸体配合面磨损严重时,应立即更换新件
	(2)泵的部分零件接触面有损伤	(2)柱塞与缸体之间的标准间隙为 25～26μm。当其间隙超过 60μm 时,会加大柱塞与缸体的相互撞击,且泄漏量会增大,容积效率将降低,此时应进行修复和换件 还需注意的是:在更换铜套时最好采用经冷冻的铜套,或采用加热缸体的方法进行过盈装配,这样安装比较轻松,并且能避免因敲击而产生的损坏
	(3)液压油散热不良	(3)应检查液压油经过三热气的管路是否通畅,并检查散热器是否工作正常
系统管路剧烈抖动、噪声大,并伴有很细的尖叫声	(1)轴承损坏	(1)当轴承过渡磨损或损坏时,会引起振动和异响声,应及时更换轴承 现介绍拆卸轴承的一种通用方法:先拆下调节器壳体的固定螺栓,取下调节器壳体,并一次取出配流盘、泵体;再松掉液压泵壳体上副输入轴的工艺螺塞,并用一根与螺孔相当的圆钢敲击副输入轴的末端,使其推出泵体;最后拆下主输入轴上的卡簧,取出罩在轴上的端盖,再用铜棒敲击主轴末端、取出主轴即可 安装新轴承时,顺序与上述相反
	(2)液压油箱的油量少,泵吸空	(2)加入适量的液压油即可
	(3)液压泵有很细的尖叫声	(3)这种现象主要发生在海拔较高地区。如某台挖掘机,在平原地区其液压泵工作正常,但在新疆某地海拔 4500m 以上地区进行高原工程机械适应性试验时,液压泵就发出尖叫声,经多方查找,发现是泵的进油口压力偏小。后在此液压油箱口上加一个呼吸阀,使液压油箱内产生一定的预备压力,从而可提高泵进油口的压力,尖叫声即可被排除
	(4)液压泵吸油管路渗漏,导致空气进入	(4)应排除泵中的空气,锈蚀或更换泵的油管路
	(5)有异物进入液压泵,造成液压元件损坏	(5)应维修或更换原件,并查找异物的来源

续表

液压泵中的液压油变白、混浊、有气泡	(1)液压泵的连接管老化，接头松动。 (2)油箱的液压油油量不够 (3)吸油滤网堵塞 (4)液压油中有水混入	(1)应更换橡胶密封件，紧固接头 (2)应添加标准的液压油至规定值 (3)应更换滤网，清除异物 (4)应更换液压油，或将原液压油作除水处理
液压泵无压力输出	液压泵传动轴扭断、控制阀失灵	应调整或更换损坏的元件

思考与练习

2-1　构成容积泵的基本条件是什么？

2-2　液压泵的常用类型有哪些？哪些是定量泵？哪些是变量泵？其职能符号分别是什么？

2-3　试述外啮合齿轮泵的工作原理，并解释齿轮泵工作时径向力为何不平衡及其对泵工作的影响。

2-4　比较双作用叶片泵与单作用叶片泵在结构和工作原理方面的异同。

2-5　柱塞泵是怎样实现吸油和压油过程的？

2-6　如何确定液压泵的输油量、工作压力和结构类型？

2-7　已知某液压系统的两个液压缸 A 和 B，其最大流量分别为 $3.33\times10^{-4}\,\mathrm{m^3/s}$ 和 $3\times10^{-4}\,\mathrm{m^3/s}$，最高工作压力分别为 $2.8\times10^6\,\mathrm{Pa}$ 和 $3.2\times10^6\,\mathrm{Pa}$，系统管路较长并有较小的冲击。试求系统所需的 $q_{泵}$ 和 $p_{泵}$。

第三章　液压执行元件

第一节　液压马达

一、液压马达概述

1. 液压马达的特点与分类

从能量转换的性质来看，液压马达与液压泵的功能完全相反，但结构与液压泵类似，单向流动的液压泵不能作为液压马达使用。液压马达按结构分有齿轮式、叶片式、柱塞式几种，具体分类如下：

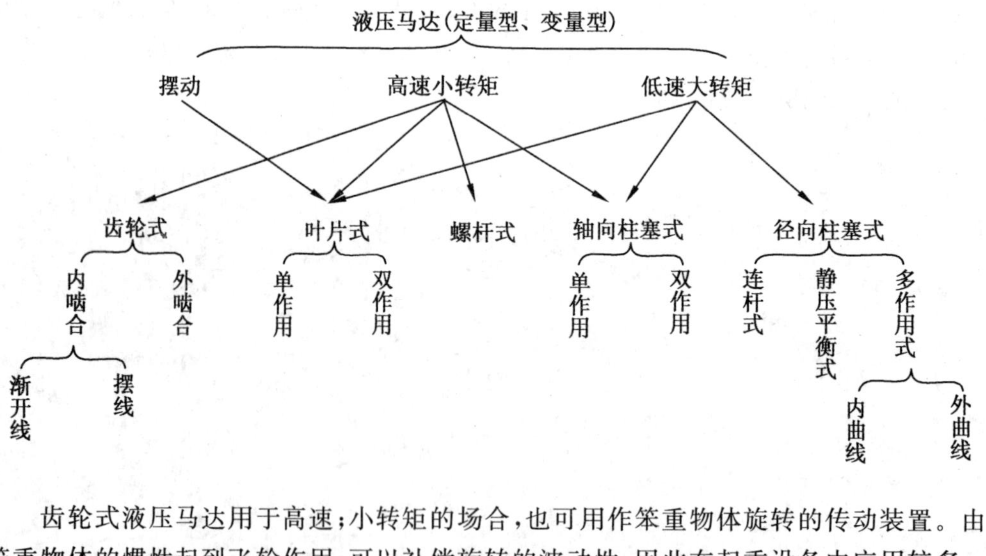

齿轮式液压马达用于高速；小转矩的场合，也可用作笨重物体旋转的传动装置。由于笨重物体的惯性起到飞轮作用，可以补偿旋转的波动性，因此在起重设备中应用较多。叶片式液压马达的特点是体积小、惯性小，因此动作灵敏，允许频繁换向，但工作时泄漏较大，机械特性较软，不适于低速下工作，调整范围较小，适用于高转速、小转矩和动作灵敏的场合。柱塞式液压马达排量较小，输出转矩不大，适用于高速、小转矩的场合。

一般认为，额定转速高于 500r/min 的属于高速马达；额定转速低于 500r/min 的属于低速马达。

液压马达职能符号见图 3-1。

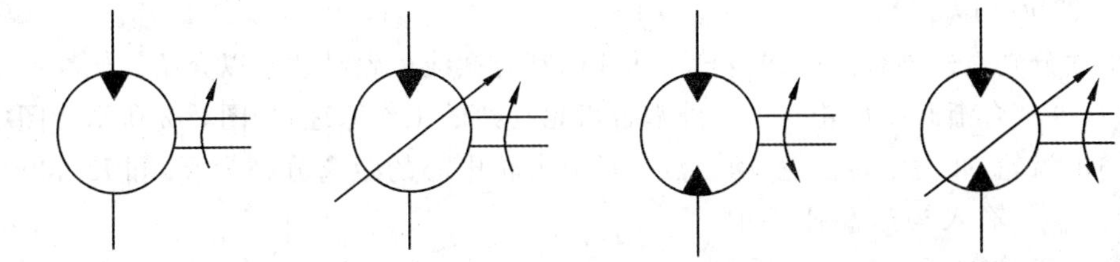

(a)单向定量液压马达　(b)单向变量液压马达　(c)双向定量液压马达　(d)双向变量液压马达

图 3-1　液压马达职能符号

2. 液压马达的主要性能参数

液压马达是以旋转运动的方式，将液压能转换成机械能的液压动力元件。是用来驱动各种工作机构运动的，因此其最重要的工作参数是输出转矩（扭矩）和转速。

(1)转矩。液压马达的平均理论转矩为

$$T_t=\frac{V_M \cdot \Delta p}{2\pi},$$

式中：V_M——马达的理论排量，即平均几何排量，单位为 m^3/r。

Δp——马达的进出口压差，单位为 Pa。

T_t——马达输出的平均理论转矩，单位为 N·m。

由于工作中存在各种机械损失，马达轴的实际输出转矩为

$$T=T_t \cdot \eta_m,$$

式中：η_m——马达的机械效率。

(2)转速。马达的转速一般是指平均转速，即

$$n=\frac{60q_{Mt}}{V_M}$$

式中：n——马达的平均转速，单位为r/min。

q_{Mt}——马达的理论流量，单位为 m^3/s。

V_M——马达的几何排量，单位为 m^3/r。

由于马达内部存在各种泄漏，所以输入马达的实际流量 q_V 与平均转速之间的关系为

$$n=\frac{60q_V\eta_V}{V_M}$$

式中：η_V 表示马达的容积效率。

二、高速马达

高速马达的基本形式有齿轮式、叶片式、轴向柱塞式等。它们的主要特点是转速高，转动惯量小，便于起动和制动，调节（调速及换向）灵敏度高。通常高速马达输出扭矩不大（仅几十牛顿米到几百牛顿米），故又称为高速小扭矩马达。

高速液压马达的结构与同类型的液压泵基本相同，但是由于马达工作时的一些特殊

要求(需要正、反转;反转时高、低压腔互换,起动时马达转速为零,……),所以同类型的马达与泵在具体的结构细节上仍有一些差别。

1. 齿轮马达

下面分别对外啮合渐开线齿轮马达和内啮合摆线齿轮马达予以介绍。

(1)外啮合渐开线齿轮马达。外啮合齿轮马达的工作原理,如图 3-2 所示。图中Ⅰ为转矩输出齿轮,Ⅱ为空转齿轮,啮合点 c 至两齿轮中心的距离分别为 R_{c1} 和 R_{c2},当高压油(压力为 p_g)输入马达高压腔时,处于高压腔内的所有轮齿都受到压力油的作用,由于 $R_{c1}<R_{e1}$,$R_{c2}<R_{e2}$,所以互相啮合的两个齿面只有一部分处于高压腔,这样就使两个轮齿上处于高压腔的两个齿面所受到的切向液压力,对各齿轮轴的力矩是不平衡的。两个齿轮各自受到的不平衡的切向液压力,分别形成了力矩;同理,处于低压腔的各齿面所受到的低压液压力也是不平衡的,对两齿轮轴分别形成了反方向的力矩。此时齿轮Ⅰ,Ⅱ上的不平衡力矩均为高压腔中所产生的力矩与低压腔产生力矩之差。所以在马达输出轴上产生了总转矩,从而克服负载力矩而按图中箭头所示方向旋转。随着齿轮的旋转,油液被带到低压腔排出。

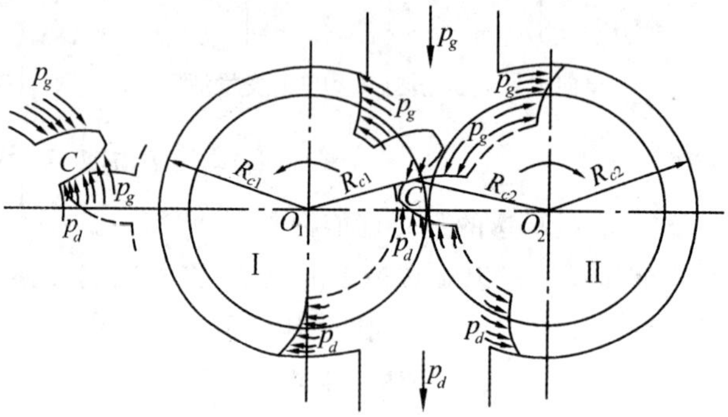

图 3-2 外啮合齿轮马达工作原理

图 3-3 所示为端面间隙可自动补偿的外啮合齿轮马达。在轴套 9,10 的外端对称地布置着 4 个密封圈 1,2,3,4,中心密封圈 l 紧紧地包围着两个轴套孔,形成一个中间收缩的 8 字形区域 A_1,因区域 A_1 通过两个轴承与泄漏油孔 14 相通,所以区域 A_1 内的压力与泄漏油腔的压力相等。侧边密封圈 2 和 3 对称地布置在密封圈 l 的两侧(密封圈 2 和 3 各有一段长度直接与密封圈 l 接触),分别形成菱形区域 A_2 和 A_3,A_2 经通道 5 与进油腔 6 相通,A_3 经通道 8 与回油腔 7 相通。外围密封圈 4 也布置成菱形,包围着密封圈 1,2 和 3(密封圈 4 上有两段长度分别与密封圈 2 和 3 直接接触),由于密封圈 2 和 3 的两测都分别与密封圈 l 和 4 直接接触,所以在密封圈 4 的包围圈内,又形成两个区域 A_4 和 A_5,由于渗漏和串油的原因,所以 A_4 和 A_5 内的压力很接近于高压腔压力。

为了简化加工和装配工艺,密封圈 4 夹在壳体 12 与前盖 11(后盖 13)之间,密封圈 1 夹在轴套和前盖(后盖)之间;而密封圈 2 和 3 与密封圈 4 相接近的部分保持在壳体和前盖(后盖)之间。所有密封圈都嵌在前盖(后盖)的凹槽中。各密封圈之间互相接近的部分,采用直接接触的办法,可简化工艺,降低成本。

当马达正转时,A_1 内的压力等于泄漏腔压力;A_2 内的压力等于高压腔压力;A_3 内的压力等于低压腔压力;A_4 和 A_5 内的压力是相等的,它们稍低于(很接近于)高压腔压力。

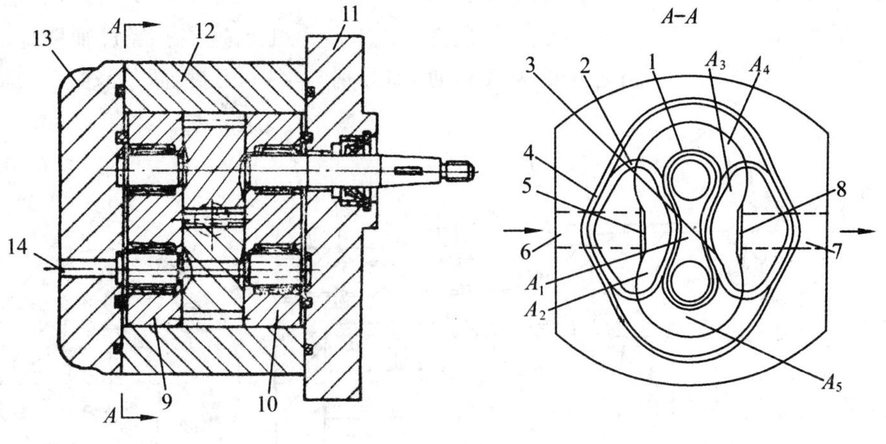

1-中心密封圈 2,3-侧边密封圈 4-外围密封圈 5,8-通道 6-进油腔
7-回油腔 9,10-轴套 11-前泵盖 12-壳体 13-后泵盖 4-泄油孔
A_1,A_2,A_3,A_4,A_5-被分隔开的密封区域

图 3-3 端面间隙可自动补偿的外啮合齿轮马达

当马达反转时,由于高低压腔交换位置,此时 A_2 内的压力就等于低压腔压力;A_3 内的压力等于高压腔的压力;而 A_1 内仍等于泄漏腔压力,A_4 和 A_5 仍然稍低于(很接近于)高压腔压力。所以轴套对齿轮总的压紧力和正转时相同。

这种齿轮马达与齿轮泵相比,具有以下特点:

①在结构上具有对称性(轴套端面由各密封圈围成的密封区域对称,高低压腔的卸荷槽对称,进出油口直径相等),使马达反转时性能不受影响;而齿轮泵一般是单方向旋转,没有这一要求。

②具有单独的泄漏油孔 14 将泄漏油引入油箱,而不像齿轮泵那样可将泄漏油引入低压腔。

③该齿轮马达的齿数取得比泵多,以减小转矩的脉动。轴向间隙补偿装置的压紧系数取得比泵小,以减小起动时的摩擦力影响。在起动的瞬间,A_4 和 A_5 还未来得及建立起压力,所以,此时轴套对齿轮的贴紧力很微弱,摩擦力矩很小,从而获得了较大的起动转矩。而当起动后转入正常运行时,A_4 和 A_5 的油压已经建立起来,使轴套对齿轮的压紧力增大,从而保证正常工作时有较高的容积效率。

④由于齿轮马达的速度范围很宽,若采用动压轴承,在低速时就不能可靠地形成润滑油膜。因此齿轮马达必须采用滚动轴承(或静压轴承);而齿轮泵转速高,并且转速变化很小,就没有这一限制。

齿轮马达具有结构简单、体积小、价格低、使用可靠性好等优点,但是输出扭矩的脉动性较大,机械效率较低,低速性能较差。

(2)内啮合摆线齿轮马达。如图 3-4 所示为行星转子型内啮合摆线齿轮马达。

具有 Z_1 个齿的摆线转子(即外齿小齿轮)14,与具有 Z_2 个圆弧齿形的定子(即内齿环)13 相啮合,形成 Z_2 个密封容积。配流轴(即输出轴)7 上的横槽盘 A,B 与进出油口相通,在配流轴表面有相间均布的两组纵向油槽共 $2Z_1$ 条，一组（Z_1 条）与 A 相通，另一组（Z_1 条）与 B 相通，如图 3-5 所示。在马达的壳体 6 中有 Z_2 个孔 c，这些孔经过辅助配流板 10 的相应的 Z_2 个孔 D 而分别与定子的齿底相通（即分别与 Z_2 个密封容积相通）。

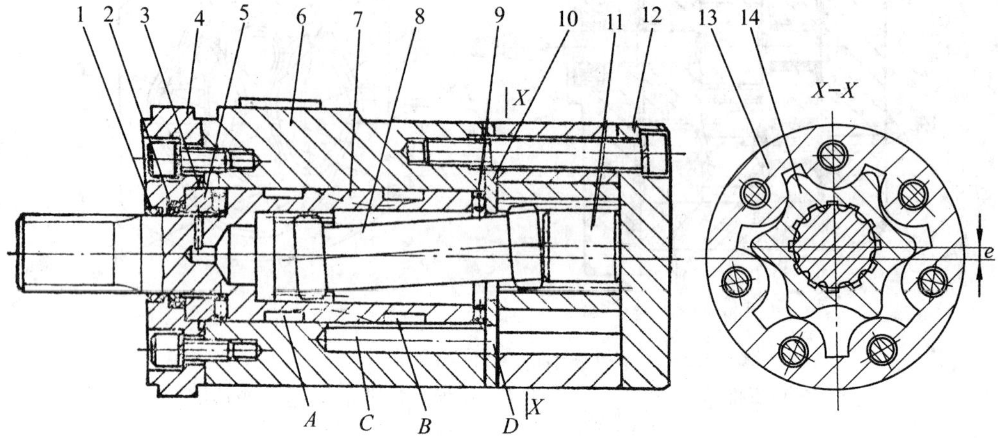

1,2,3-密封 4-前盖 5-止推环 6-壳体 7-配流轴（输出轴） 8-花键联轴器 9-推力轴承 10-辅助配流板 11-限制块 12-后盖 13-定子 14-摆线转子 A,B-横槽 C,D-孔

图 3-4 行星转子型内啮合摆线齿轮马达

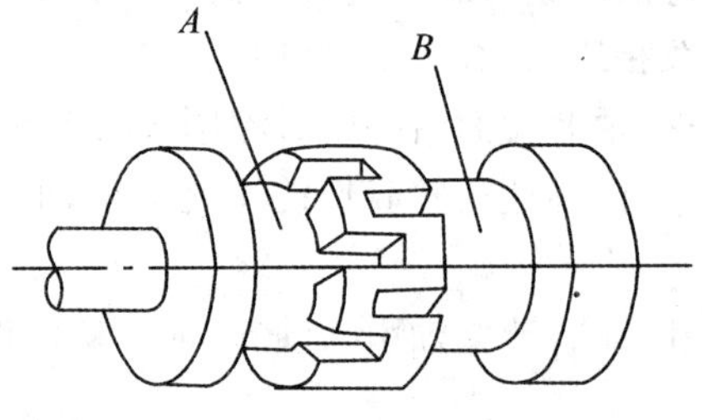

图 3-5 配流轴外形

配流轴上的纵向油槽起着配流作用，使上述 Z_2 个封闭容积中将近半数与压力油相通，而其余的与低压回油相通。

当压力油经 A 口输入时，高压油进入 5,6,7 腔，如图 3-6 所示。转子（小齿轮）在油压作用下，按使高压腔齿间容积增大的方向自转。由于定子是固定不动的，所以转子在绕自身轴线 o_1 作低速自转的同时，转子中心 o_1 还绕定子中心 o_2 作高速反向公转（当转子公转时，亦即转子沿定子滚动时，其吸、压油腔不断的改变，但是始终以连心线 o_1o_2 为界，分成两腔，一侧的齿间容积增大即为高压腔，另一侧的齿间容积缩小即为排油腔）。公转一周（此时，每个齿间容积完成一次进、回油循环），自转一个齿，即转子公转 Z_1 圈时才自转 1 周。公转与自转的速比为 $i=(-Z_1):1$。图 3-4 中花键联轴器 8 将转子的自转运动传递给输出油 7，即可驱动工作机构旋转。由于输出轴本身就是配流轴，配流轴的连续配流功能，使高压腔随连心线 o_1o_2 的旋转而同步旋转（当转子反时针自转 $1/Z_1$ 转，即自转一个齿时，高压腔按公转方向顺时针旋转一周），即高压腔按 $(5,6,7)\rightarrow(6,7,1)\rightarrow(7,1,2)\rightarrow$

(1,2,3)…→(5,6,7)的顺序循环下去,如图 3-6 所示。

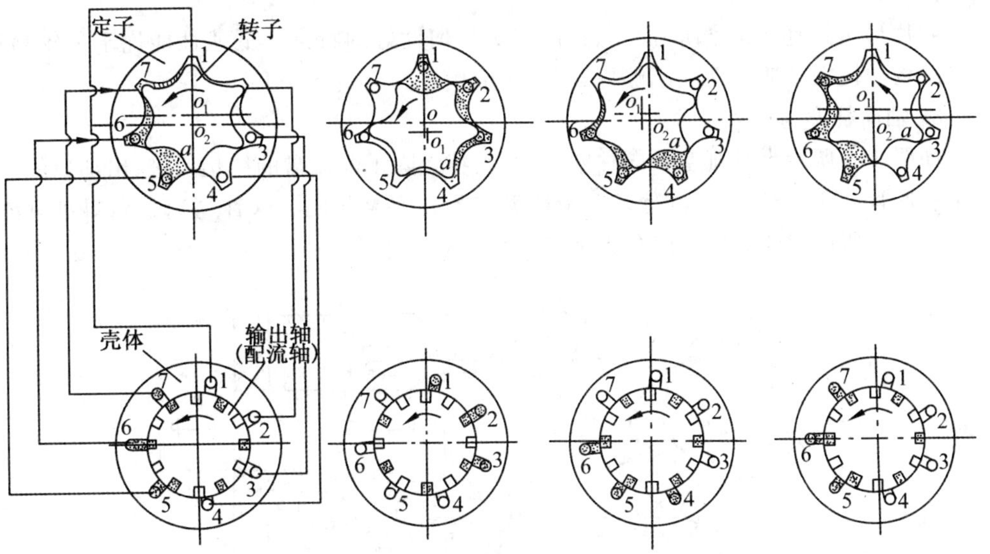

(a) 零位　　(b) 输出轴转1/14转　　(c) 输出轴转1/7转　　(d) 输出轴转1/6转

图 3-6　摆线马达工作原理

高压腔的连续旋转,就使得转子和输出轴连续旋转。如果改变马达进出油方向,则马达输出轴的旋转方向也改变。

由于花键联轴节的花键齿数 Z,与配流轴表面的配流槽数是相等的,而配流槽分布又是高低压互相交替,所以只要将配流轴与花键联轴节的花键安装位置错过一齿,在马达进出油口不变的情况下,马达输出轴的旋转方向就相反。

摆线马达的体积小、重量轻,输出转速和转矩的适应范围较宽,效率通常比齿轮马达高。

2. 叶片马达

如图 3-7 所示为双作用叶片马达,它与双作用叶片泵相比,具有以下特点:

(1)马达的叶片由燕式弹簧将其推出,保证起动时叶片顶部与定子的内表面紧密接触,以防起动时高低压腔串通。叶片泵是靠叶片与转子一起高速旋转而产生的离心力,使叶片贴紧定子起封油作用,而不需要弹簧。

(2)叶片在转子中沿径向布置,即安放角 $\theta=0$;叶片顶端对称倒角,以适应正、反转的要求。

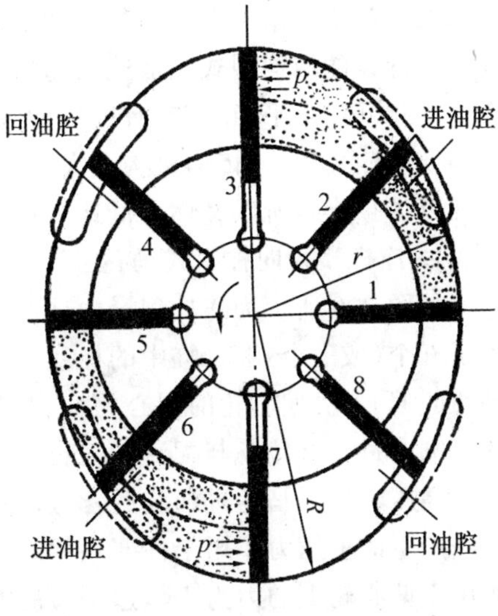

图 3-7　双作用叶片马达

(3)叶片底部通有高压油,将叶片压向定子,以保证可靠地接触(叶片顶部双向倒角,有反推油压）。为了保证变换进出油口（反转）时叶片底腔常通高压，使用了一组特殊结构的单向阀。

叶片马达具有结构紧凑、简单、输出转矩均匀性好的特点。低速性能优于齿轮马达，但是结构的抗振动冲击性能不够好，因此一般用于固定式装置上。

3. 轴向柱塞马达

如图 3-8 所示为滑靴型轴向柱塞马达，其特点除了配流盘的结构及进、出油口的流道大小和形状都完全对称外，其他均与滑靴型定量柱塞泵相同。这种马达是靠斜盘对滑靴的反作用力所产生的圆周切向分力来产生转矩而工作的。

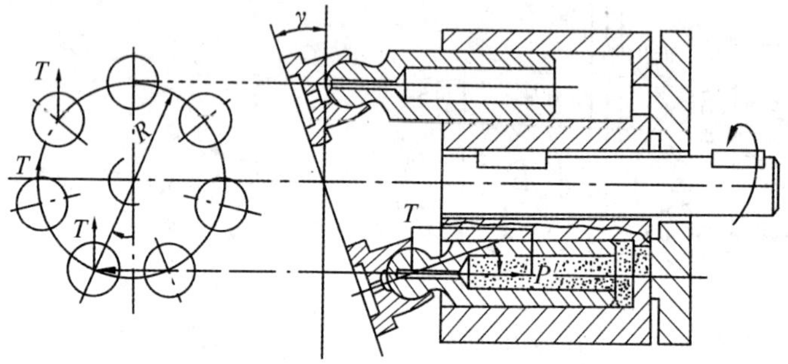

图 3-8　滑靴型轴向柱塞马达

轴向柱塞马达的结构形式很多，由于轴向柱塞马达的工作容积的密封性好，因此适用于工作压力较高的场合。

三、低速马达

低速马达的基本型式是径向柱塞式，例如，单作用连杆型、静压平衡型和多作用内曲线型等低速的结构型式。低速马达的主要特点是排量大、体积大、低速稳定性好（一般可在 10r/min 以下平稳运转，有的可低到 0.5r/min 以下），因此可以直接与工作机构连接，不需要减速装置，使传动机构大大简化。通常低速马达的输出转矩较大（可达几千牛顿米到几万牛顿米），所以又称为低速大扭矩马达。

1. 连杆型径向柱塞式马达

如图 3-9 所示为连杆型径向柱塞马达的结构原理图。在壳体 1 的圆周放射状均匀布置了五个（或七个）缸。缸中的柱塞 2 通过球铰与连杆 3 相连接。连杆端部的圆柱面与曲轴 4 的偏心轮（偏心轮的圆心为 o_1，它与曲轴旋转中心 o 的偏心距 $oo_1=e$）相接触。曲轴的一端通过十字接头与配流轴 5 相连。配流轴上“隔墙”两侧分别为进油腔和排油腔。

高压油进入马达进油腔后，经过壳体的槽①②③引到相应的柱塞缸①②③中去。高压油产生的液压力作用于柱塞顶部，并通过连杆传递到曲轴的偏心轮上。例如，柱塞缸②作用于偏心轮上的力为 F_N，这个力的方向沿着连杆的中心线，指向偏心轮的中心 o_l。作用力 F_N 可分解为两个力：法向力 F_f（力的作用线与连心线 oo_1 重合）和切向力 F_T。

切向力 F_T 对于曲轴的旋转中心 o 产生转矩，使曲轴绕中心 o 逆时针方向旋转。

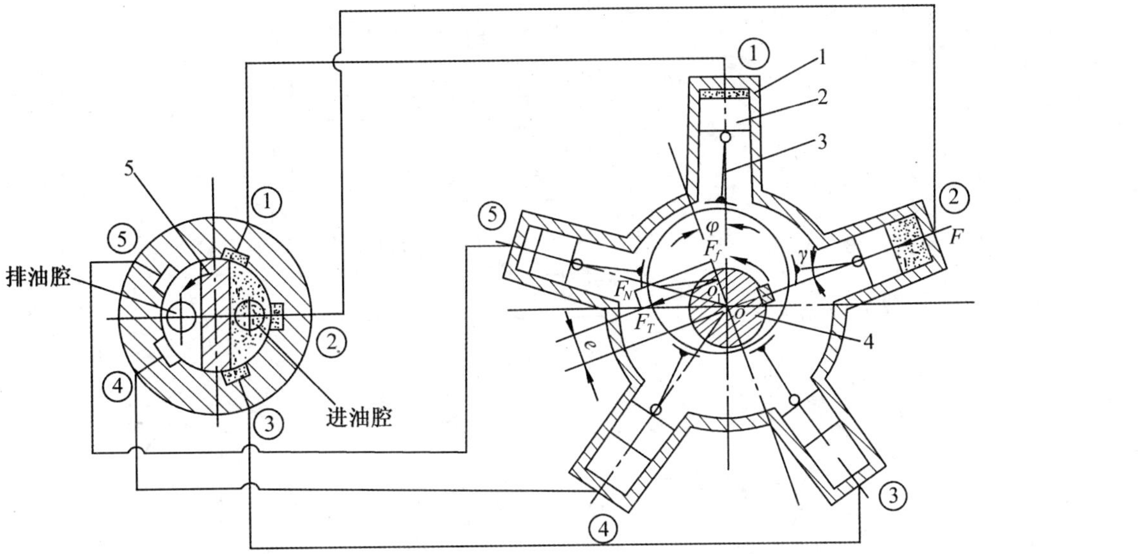

图 3-9　连杆型径向柱塞式马达结构原理

柱塞缸①和③也与此相似，只是由于它们相对于主轴的位置不同，所以产生转矩的大小与缸②不同。使曲轴旋转的总转矩，等于与高压腔相通的柱塞缸（在图示情况下为①、②和③）所产生的转矩之和。曲轴旋转时，缸①②③的容积增大，④⑤的容积变小，油液通过壳体油道④⑤经配油轴的排油腔排出。

当配流轴随马达转过一个角度后，配流轴“隔墙”封闭了油道③，此时缸③与高、低压腔均不相通，缸①、缸②通高压油，使马达产生转矩，缸④和缸⑤排油。由于配流轴随曲轴一起旋转，进油腔和排油腔分别依次地与各柱塞缸接通，从而保证曲轴连续旋转。

将马达进、排油口对换后，可实现马达的反转。

连杆型径向柱塞马达还可以作成可变量的结构。将偏心环与马达的轴分开，并采取措施使偏心距可以调节，就能达到改变马达排量的目的。

连杆型马达的配油轴的一侧为高压腔，另一侧为低压腔，所以配流轴在工作过程中受到很大的径向力，此径向力将配流轴推向一例，而使另一侧间隙加大，造成滑动表面的磨损和泄漏量的增加，致使效率下降。为了解决这个问题，可采用相应措施来平衡径向力：用开设对称平衡油槽的方法，使对应各槽及其所形成的沿轴向的压力场产生的液压力平衡，即实现配流轴的静压平衡。这种静压平衡的配流轴，由于径向力得到了平衡，所以摩擦力很小，提高了机械效率和起动机械效率；同时缩小了配流轴与配流套的径向间隙，减少了泄漏，提高了容积效率。在正常工作范围内，总效率在 85%～96%之间。

如图 3-10 所示为密封环密封的静压平衡配流轴的原理图。正中的 $C—C$ 窗孔是配流窗孔，$B—B$ 和 $D—D$ 上的环形槽分别是进油和回油窗孔，$A—A$ 和 $E—E$ 是静压平衡半圆环形槽。

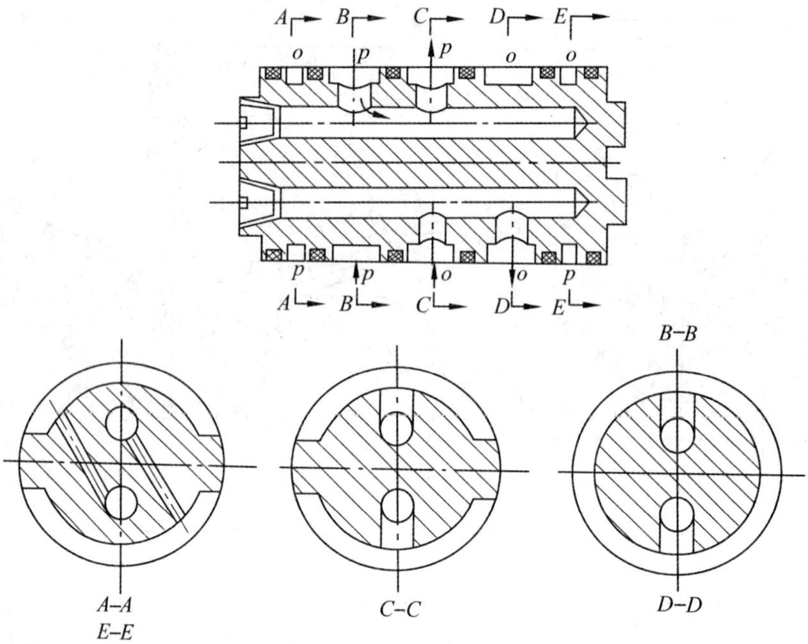

$A-A,E-E$—平衡油槽处的剖面　$C-C$—配流窗孔处的剖面

$B-B$—进油窗孔处的剖面　$D-D$—回油窗孔处的剖面

图 3-10　密封环密封的静压平衡配流轴

假定各密封环分别放置在密封带的正中。若进、出油方向如图 3-10 中的箭头所示，各孔标有符号“p”的都是高压腔，标有符号“O”的都是低压腔。可见，$B-B$ 和 $D-D$ 的圆周方向的压力都相同，没有径向力产生；$C-C$ 窗孔剖面的上腔与进油口相通，是高压侧，下腔与回油 3 相通，是低压侧，因此使配流轴受到很大的径向力。为了平衡这个径向力，在配流轴两端设置半圆平衡油槽 $A-A$ 和 $E-E$，使其上腔通低压油，下腔通高压油，为了减少泄漏，各腔之间设有密封环。

2. 静压平衡马达

如图 3-11 所示为静压平衡马达的结构图。壳体 4 上有五个沿径向均布的柱塞缸，五个柱塞 2 分别装在壳体的柱塞缸内，套装在曲轴 6 的偏心轮 l 上的五星轮 5 起着连杆的作用。五星轮的五个径向孔各嵌有一个压力环 7，压力环的上端面与柱塞底平面接触。五星轮平面、压力环和柱塞都开有对应的中间通孔。曲轴 6 支承在一对滚动轴承 8 上，其一端外伸，即为输出轴，另一端开有两个环形槽(C,D)分别与集流器 10 上的进、回油口 A,B 相通，在曲轴中间的偏心轮上加工出两个切槽，两切槽分别通过曲轴上的轴向孔(虚线所示)及环形槽而与进出油口 A,B 相通。

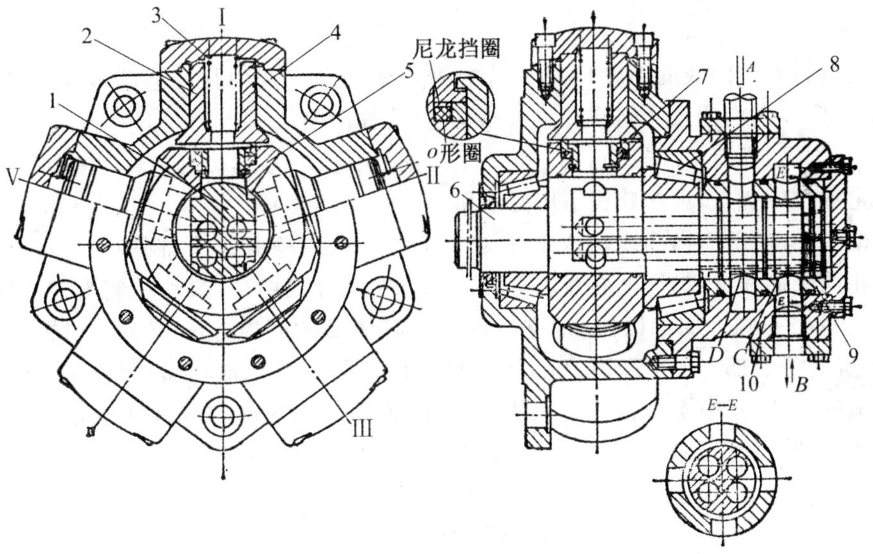

1-偏心轮 2-柱塞 3-弹簧 4-壳体 5-五星轮 6-曲轴 7-压力环
8-滚动轴承 9-配流器 10-集流器 A,B-进、回油口 C,D-环形槽

图 3-11 静压平衡马达

当高压油从 A 口进入集流器 10 后，经曲轴的环形槽 o、轴向孔、偏心轮左边配流腔，进入五星轮、压力环和柱塞中间的贯通孔，到达Ⅳ，Ⅴ号缸，形成高压液柱。此高压油液直接作用在曲轴的偏心轮上，其合力通过偏心轮中心（偏心距为 e），对曲轴旋转中心形成转矩，使曲轴顺时针旋转。转过一个角度后，Ⅰ号缸也与高压腔接通。就这样交替有两个或三个缸进高压油。在马达工作过程中，五星轮相对于柱塞作平面平行运动，柱塞则作上下往复运动。在起动或在空载时，靠空心柱塞中弹簧 3 的弹簧力，克服柱塞与缸壁间的摩擦力，使柱塞底面与压力环紧密接触。

改变进出口液流方向时，马达将反转。

这种马达既可设计成轴转，也可设计成壳转。壳转马达因曲轴固定不动，可省掉配流套 9，使结构大为简化，成本降低。双出轴的壳转马达，比单出轴的马达可承受更大的载荷。

为了增大转矩，还可制成双排柱塞（有两个偏心轮）的静压平衡马达，为了使曲轴所受的径向力能互相平衡，应使两个偏心轮的偏心方向相差 180°。

静压平衡马达与连杆型马达相比，有以下特点：

①偏心轮既具有传递动力的功能，又起配流轴的作用，缩小了马达的轴向尺寸。

②用五星轮取代了连杆，可简化结构工艺，并减小径向尺寸。但取消连杆带来的缺点是增大了柱塞与缸孔间的侧向力，五星轮作平移时与柱塞底面间，以及五星轮与偏心轮滑动表面间的相对运动摩擦损失很大，因此影响了马达的机械效率。

③压力油直接作用于曲轴的偏心轮上形成转矩而使曲轴旋转。这时柱塞、压力环和五星轮上的液压力接近于静压平衡，因此在工作中，柱塞、压力环和五星轮只起不使压力

油泄漏的密封作用，故称之为静压平衡马达。

3. 内曲线径向柱塞式液压马达

用具有特殊内曲线的凸轮环，使每个柱塞在轴每转一周中往复运动多次的径向柱塞马达，称为多作用内曲线径向柱塞式液压马达(简称内曲线马达)。

内曲线马达具有尺寸较小，径向受力平衡，扭矩脉动小，起动效率高，并能在很低的转速下稳定工作等优点，因此获得了广泛应用。

如图 3-12 所示为内曲线马达原理图，凸轮环 l 的内壁由 x 个(图中 $x=6$)均布的形状完全相同的曲线组成，每个曲线凹部的顶点将曲线分成两个区段，一侧为进油区段(即工作区段)，另一侧为回油区段(即空载区段)，缸体 2 的圆周方向有 Z 个均布的柱塞缸孔，每个缸孔的底部有一个配流窗孔，并与配流轴 4 的配流孔道相通。配流轴上有 $2x$ 个均布的配流窗孔，其中 x 个窗孔与高压油相通，另外 x 个窗孔与回油孔道相通，这 $2x$ 个配流窗孔分别与 x 个凸轮环曲面的进油区段和回油区段相对应。

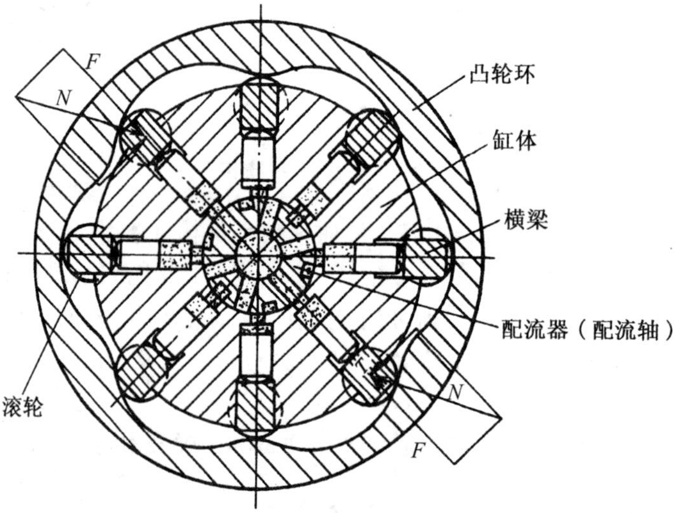

图 3-12　内曲线马达工作原理

当高压液体进入柱塞(如图中柱塞Ⅱ，Ⅳ)下部时，推动柱塞向外运动，将横梁 3 和滚轮 5 压向凸轮环曲面，面凸轮环曲面产生对滚轮的反作用力 N(N 作用在凸轮环曲面与滚轮接触处的公法面上)，反力 N 的径向分力 F 和液压作用力相平衡，而切向分力 F' ($F'=\dfrac{F}{\cos\gamma}$，γ——凸轮环曲线的压力角)通过横梁的侧面传递给缸体，产生使缸体转动的转矩。所以柱塞外伸的同时还随缸体一起旋转，当柱塞到达曲面的凹入顶点(即外死点)时，柱塞底部油孔被配流轴封闭，与高低压腔都不通(如图中柱塞Ⅴ所示)，当柱塞越过曲面的凹部顶点，进入凸轮环曲面的回油区段时，柱塞的径向油孔与配流轴回油通道相通，此时凸轮环曲面将柱塞压回，柱塞缸内容积缩小，将油液经配流轴排出。当柱塞运动到内死点(如图中柱塞Ⅲ，Ⅶ所示)时，柱塞底部油孔也被配流轴封闭而与高低压腔都不相通。

柱塞每经过一个曲面就往复运动一次。当有 x 个曲面时，马达的作用次数为 x，如图

3-12 所示为六作用内曲线马达。

当马达的进、出油换向时，马达将反转。这种马达既可做成轴转结构，也可做成壳转结构。

内曲线马达的结构形式很多，除了有轴转式、壳转式、定量式、变量(可调)式，以及单排、双排、多排之分外，不同型式的内曲线马达的结构特点主要表现在柱塞组上。按柱塞组传递切向力的方式来分，还可分为柱塞传递切向力的马达、横梁传递切向力的马达、滚轮传递切向力的马达、摇杆传递切向力的马达等，具体结构形式可参考有关资料。

四、液压马达常见故障及排除方法

液压马达常见故障及排除方法，如表 3-1 所示。

表 3-1　液压马达常见故障及排除方法

现　象	故障分析	排除方法
转速低，输出功率不足	(1)液压泵输出油量或压力不足 (2)内部泄漏严重 (3)外部泄漏严重 (4)零件磨损严重 (5)液压油黏度不适当	(1)查明原因，根据情况采取相应措施 (2)加强密封 (3)加强密封 (4)更换磨损的零件 (5)选用黏度适当的液压油
噪声大	(1)进油口堵塞 (2)进油口漏气 (3)油液不清洁，空气混入 (4)安装不良 (5)零件磨损	(1)排除污物 (2)拧紧接头 (3)加强过滤，排除气体 (4)重新安装 (5)更换磨损的零件
泄漏	(1)密封件损坏 (2)接合面螺钉未拧紧 (3)管接头未拧紧 (4)配油装置发生故障 (5)运动件间的间隙过大	(1)更换密封件 (2)拧紧螺钉 (3)拧紧管接头 (4)检修配油装置 (5)重新装配或调整间隙

第二节　液压缸

液压缸和液压马达是液压系统中的执行元件，以直线往复运动或回转摆动的形式，将液压能转变为机械能。液压缸结构简单，易制造，用来实现直线往复运动尤为方便，应用范围很广。

一、液压缸的分类及特点

液压缸按额定工作压力、结构形式和作用等不同归类方法分类，如表 3-2 所示。

表 3-2　　**液压缸的名称及工作特点**

分　类	名　称	工作特点
单作用式液压缸	单活塞杆液压缸	活塞仅单向运动,返回行程是利用自重或负荷将活塞推回
	柱塞式液压缸	柱塞仅单向运动,返回行程是利用自重或负荷将柱塞推回
	双活塞杆液压缸	活塞的两侧都装有活塞杆,只能向活塞一侧供给压力油,返回行程通常利用弹簧力、重力或外力
	伸缩式液压缸	用液压油由大到小逐节推出,靠外力由小到大逐节缩回
双作用式液压缸	单活塞杆液压缸	单边有杆,两向液压驱动,两向推力和速度不等
	双活塞杆液压缸	双边有杆,双向液压驱动,可实现等速往复运动
	伸缩式液压缸	双向液压驱动,由大到小逐节推出,由小到大逐节缩回
组合式液压缸	弹簧复位液压缸	单向液压驱动,由弹簧力复位
	串联液压缸	缸的直径受限制,但长度不受限制,可获得大的推力
	增压缸(增压器)	由低压力室 A 缸驱动,使 B 室获得高压油源
	齿条传动液压缸	活塞的往复运动经装在一起的齿条驱动齿轮,获得往复回转运动
摆动式液压缸		输出轴直接输出转矩,其往复回转的角度小于 360°

液压缸除了单个使用外,还可以组合或与其他机构相结合,实现某些特殊的功能。图 3-13 为液压缸应用的各种示例。

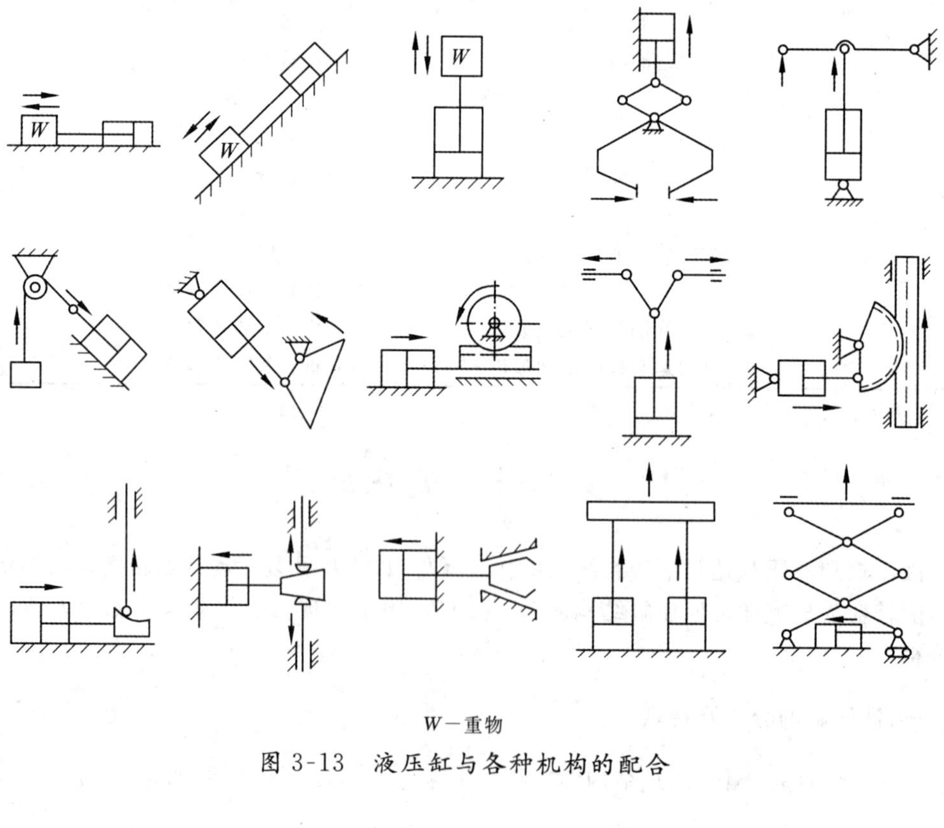

W—重物

图 3-13　液压缸与各种机构的配合

二、液压缸的工作特点

1. 双作用单活塞杆液压缸

图 3-14 所示为双作用单活塞杆液压缸，它的进、出油口的布置视其安装方式而定，可以缸筒固定，也可以活塞杆固定，工作台的移动范围都是活塞或缸筒的有效行程的两倍。液压缸的往复运动均由液压实现。单活塞杆液压缸只有一端有活塞杆伸出，两端作用面积不等。在输入相同流量时，两个方向的运动速度不同。

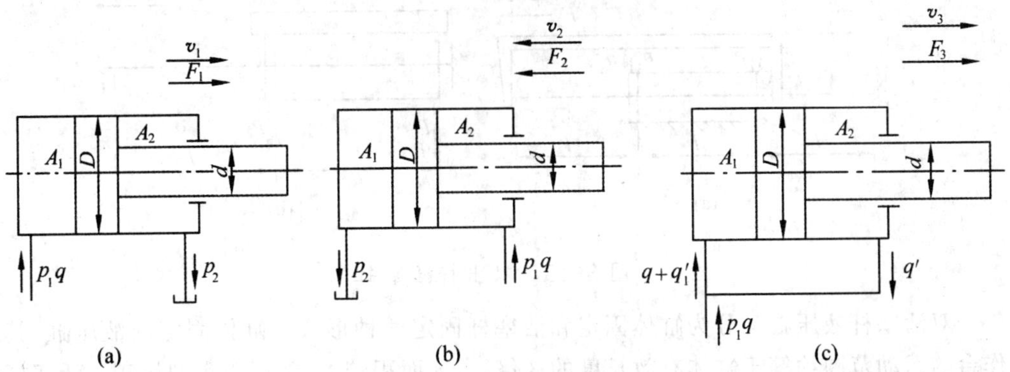

图 3-14　单杆活塞缸

图 3-14(a)：$v_1=\dfrac{q}{A_1}=\dfrac{4q}{\pi D^2}$

图 3-14(b)：$v_2=\dfrac{q}{A_2}=\dfrac{4q}{\pi(D^2-d^2)}$

比较两式可知：因为 $A_1>A_2$，所以 $v_2>v_1$。

液压缸往返运动的推力为：

图 3-14(a)：$F_1=p_1A_1=p_1\dfrac{\pi}{4}D^2$

图 3-14(b)：$F_2=p_1A_2=p_1\dfrac{\pi}{4}(D^2-d^2)$

因为 $A_1>A_2$，故 $F_1>F_2$，即无活塞杆端推力大，常用于工作端，v_1 为工作方向，活塞杆受压。

单活塞杆液压缸在其左右两腔同时接通压力油时，称做“差动连接”，这种连接形式的液压缸被称为“差动缸”如图 3-14(c)。差动连接时，活塞(或缸体)只能向一个方向运动，要使其反向运动，油路的连接应与非差动连接相同。差动连接时输出的速度和推力按下式计算：

$$v_{差}=\frac{q}{A_1-A_2}=\frac{4q}{\pi d^2}$$

$$F_{差}=p(A_1-A_2)=p\,\frac{\pi}{4}d^2$$

反向运动时，速度与推力由 v_2 和 F_2 确定。

如要求往返运动速度相等时，即 $v_2=v_{差}$，$\dfrac{4q}{\pi(D^2-d^2)}=\dfrac{4q}{\pi d^2}$，化简后得：$D^2=2d^2$。即

要保证差动连接时的往返速度相等，只要使活塞与活塞杆的直径保持 $D=\sqrt{2}d$。

2. 双作用双活塞杆液压缸

双作用双活塞杆液压缸如图 3-15 所示。两端有直径相同的活塞杆伸出，所以液压缸两端的有效作用面积相等。当输入的流量相等时，两个方向的运动速度相等；当输入的油压相等时，两个方向的推力相等。双活塞杆液压缸可以用于双向负荷基本相等的场合，如磨床液压系统。

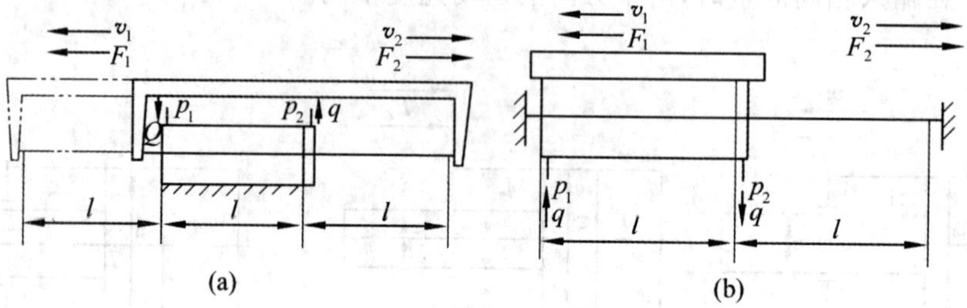

图 3-15　双出杆活塞缸

双活塞杆液压缸又分为缸体固定和活塞杆固定两种形式。缸体固定的液压缸，其工作台的运动范围约等于缸体有效长度的 3 倍，占地面积较大，常用于小型机床。活塞杆固定的液压缸，由缸体驱动工作机构运动，工作台的运动范围约等于活塞杆(或缸体)有效长度的 2 倍，占地面积小，常用于中型及大型机床。

3. 柱塞缸

图 3-16 所示为柱塞缸的工作原理图。可实现一个方向的运动，反向运动需靠外力见图 3-16(a)。为获得双向往复运动，柱塞缸常成对反向布置使用见图3-16(b)。柱塞缸中的柱塞与缸筒不接触，运动时由缸盖上的导向套来导向，因此缸筒的内壁不须精加工。柱塞特别适用于行程较长的场合。

柱塞缸输出的推力和速度为：

$$F=pA=p\,\frac{\pi}{4}d^2$$

$$v=\frac{q}{A}=\frac{4q}{\pi d^2}$$

式中：d——柱塞直径(mm)。

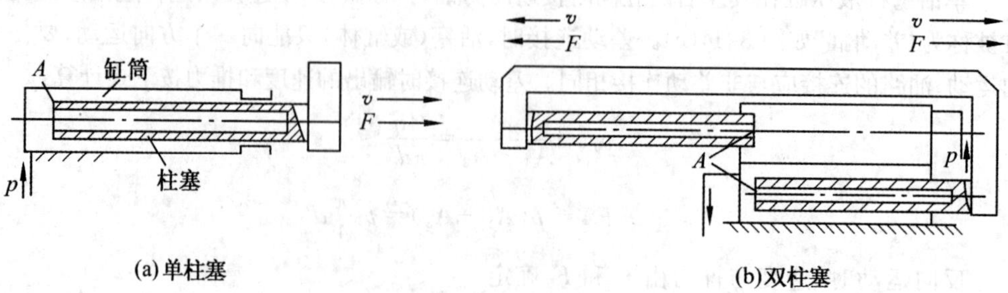

图 3-16　柱塞缸

4. 其他液压缸

(1)增压缸。增压缸又称增压器。在某些短时间或局部需要高压液体的液压系统中，常采用增压缸与低压大流量泵配合使用。增压缸有单作用式和双作用式两种，如图 3-17 所示。当低压 p_1 的液体推动增压缸的大活塞 D 时，大活塞推动与其连成一体的小活塞 d，输出压力为 p_2 的高压液体。增压原理为：

当 $F_{左}=F_{右}$，$p_1\frac{\pi}{4}D^2=p_2\frac{\pi}{4}d^2$

$$\frac{p_2}{p_1}=\frac{D^2}{d^2}=K$$

当 $v_{左}=v_{右}$ 时，$\frac{q_1}{\frac{\pi}{4}D^2}=\frac{q_2}{\frac{\pi}{4}d^2}$

$$\frac{q_2}{q_1}=\frac{d^2}{D^2}=\frac{1}{k}$$

式中 $K=\frac{D^2}{d^2}$ 为增压比，表示增压能力。增压缸的增压能力是在降低有效流量的基础上得到的，即仅仅增大输出的压力，并不能增大输出的能量。

单作用增压缸如图 3-17(a)所示，在小活塞运动到终点时，不能再输出高压液体，需将活塞退回左侧，再向右行时才能输出高压液体，即不能连续输出高压油液。为解决这一缺点，可采用双作用增压缸如图 3-17(b)所示，由两个高压端连续向系统提供高压液体。

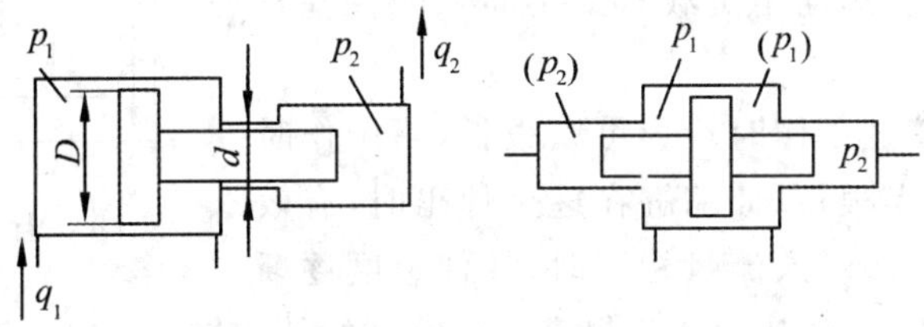

(a)单作用增压缸　　(b)双作用增压缸

图 3-17　增压缸

(2)伸缩液压缸。伸缩液压缸又称多级液压缸。当安装空间受到限制而行程要求很长时可采用这种液压缸，如起重机的吊臂缸。

伸缩缸可以是单作用式，也可以是双作用式；有活塞式，还有柱塞式。

图 3-18 所示为活塞式双作用伸缩缸。压力油由 A 口进入 B 腔，同时作用于第Ⅰ，Ⅱ级活塞上，油腔 E 中的油液经 F 口流回油箱。此时第Ⅰ，Ⅱ级活塞一起在较低的压力下克服负荷向外伸出如图 3-18(a)所示。当第Ⅰ级活塞运动到终点后如图 3-18(b)所示，第Ⅱ级活塞则在高压作用下继续外伸，直到行程终点如图 3-18(c)所示，这时油腔 C 中的油液经第Ⅰ级活塞的环形槽 D 经油口 F 回油箱。

如反向通油，则第Ⅱ级活塞先缩回，当与第Ⅰ级活塞杆接触后，两级活塞一起缩回。

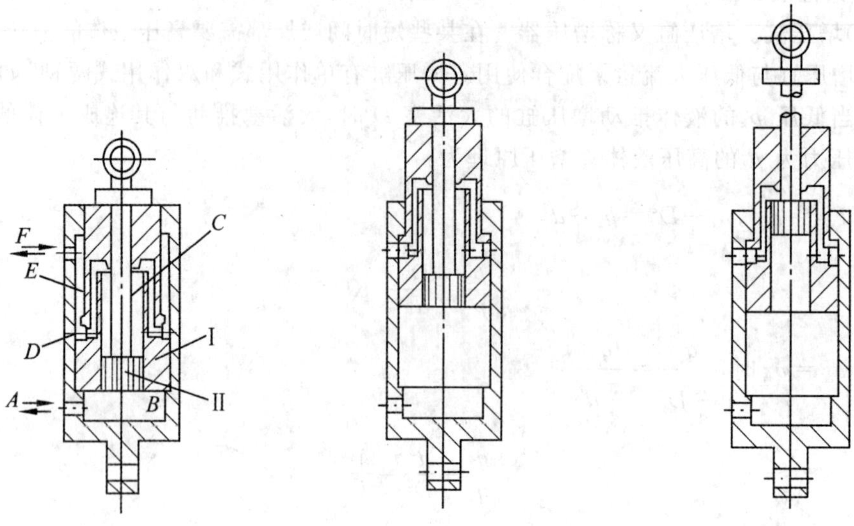

图 3-18　活塞式双作用伸缩缸

柱塞式单作用伸缩缸，如图 3-19 所示。它只有一个油口，通入压力油后，柱塞按面积由大到小依次伸出；当油口接油箱时，柱塞在外负荷或自重的作用下，由小到大依次缩回。运动中负载与最小面积的柱塞直接接触。

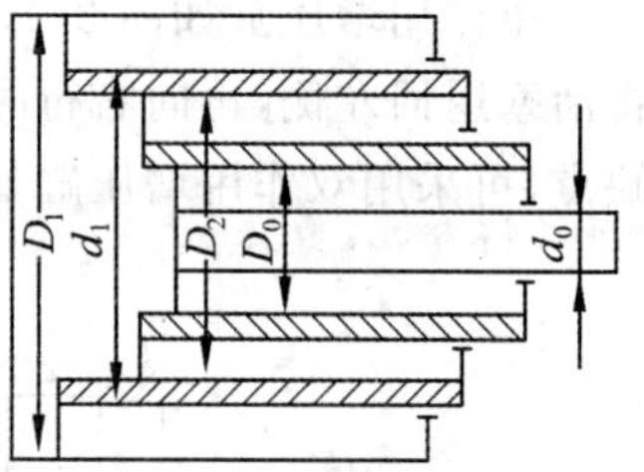

图 3-19　柱塞式单作用伸缩缸

综上所述，伸缩缸工作时行程可以很长，不工作时整个缸的长度可缩得很短；伸缩缸在逐个伸出时，有效工作面积依次减少，当输入流量相同时，外伸速度逐渐增大，当负载恒定时，工作压力逐步提高。伸缩缸的外伸靠油压，内缩靠自重或负荷作用。因此多用于缸倾斜或垂直放置的场合。

(3)齿轮液压缸。齿轮液压缸又称无杆液压缸，是由两个柱塞缸和一套齿轮、齿条传动装置组成的，如图 3-20 所示。柱塞的移动经齿轮、齿条传动装置变成齿轮的转动，用于实现工作部件的往复摆动或间歇进给运动。

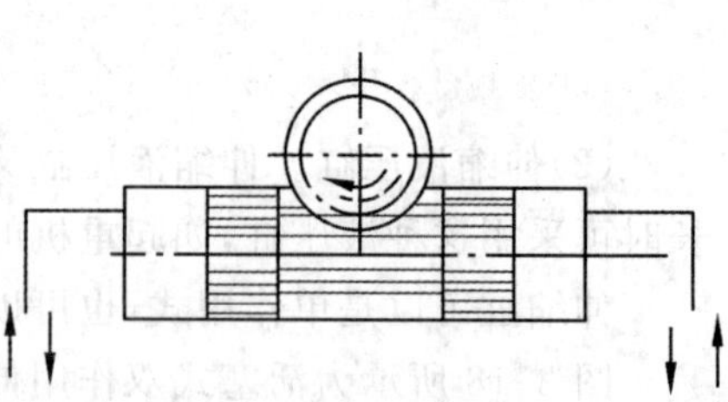

图 3-20　齿轮缸

(4)摆动液压缸。摆动液压缸又称为摆动液压马达，是一种输出轴能够直接输出转矩、往复回转角度小于 360°的回转式液压缸，如图 3-21 所示。常用的摆动式液压缸有单叶片式和双叶片式两种。摆动缸适用于中、低压的工作场合。

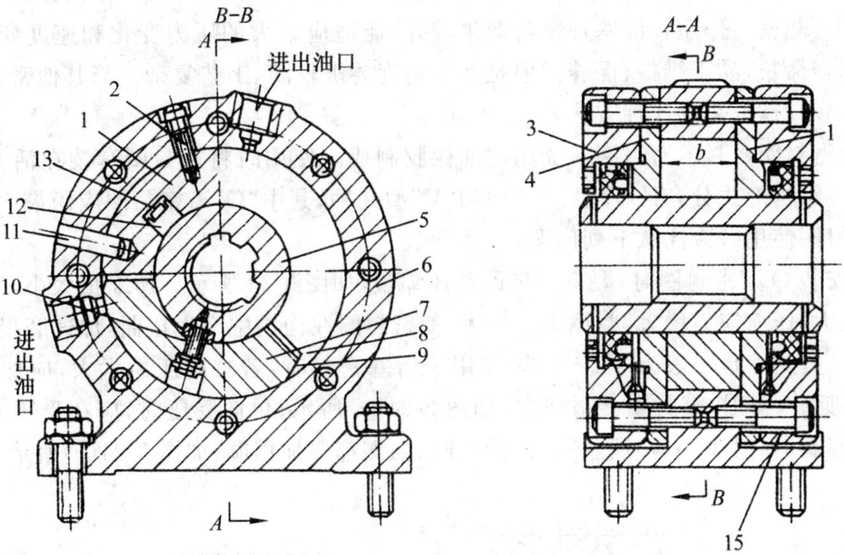

1-隔板　2,10-螺钉　3,15-端盖　4,13-支承盘　5-花键套　6-缸体
7-叶片　8-小槽　9-三角槽　11-圆柱销　12-小叶片　13-弹簧片

图 3-21　摆动液压缸结构图

三、液压缸的密封、缓冲和排气

1. 液压缸的密封

液压缸高压腔中的油液向低压腔泄漏称为内泄漏，缸内的油液向外部泄漏称为外泄漏。由于存在内、外泄漏，使液压缸的容积效率降低，影响液压缸的工作性能，严重时系统的压力上不去，甚至无法工作。另外，外泄漏还会污染环境。为防止泄漏，液压缸中需密封处应采取必要的措施。液压缸中需密封的部位有：活塞、活塞杆和端盖处。

常用的密封方法有：

(1)间隙密封。依靠两运动件配合面保持很小的间隙，使其产生液体摩擦阻力，用来防止泄漏。该密封方法适用于直径较小、压力较低的液压缸与活塞间的密封，如图3-22所示。

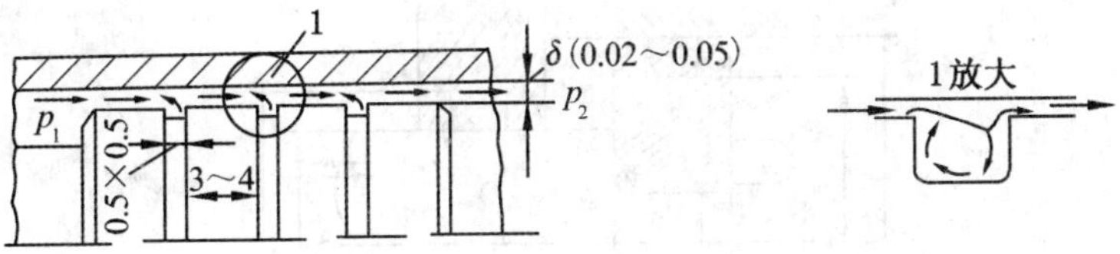

图 3-22　间隙密封

为了提高密封效果，可在活塞上开几条尺寸为 0.5mm×0.5mm 的环形槽，槽间距为 3～4mm，其作用有二：一是提高间隙密封效果，当油液自高压腔向低压腔泄漏时，由于油路截面突变，在小槽中形成游涡而产生阻力，使油液泄漏量减少；二是阻止活塞轴线的偏移，有利于保持配合间隙，保证润滑效果，减少活塞与缸壁的磨损，增加间隙密封性能。

(2)活塞环密封。活塞环是一个开口的金属环,依靠弹性变形所产生的张力压紧在缸体内壁上,起密封作用。活塞环密封效果较好,能适应较大的压力变化和速度变化,耐高温,使用寿命长,易于维护、保养。但是加工精度要求较高,工艺复杂。当其他密封方法不能满足要求时,可采用此种方法。

(3)密封圈密封。密封圈一般用耐油橡胶制成。使用时将密封圈套装在活塞或活塞杆上。按结构形式分,有"O"型、"Y"型和"V"型几种,其中"O"型密封圈应用最广泛。

密封圈使用时应注意下列问题:

①安装O型密封圈时,要有一定的预压缩量,如图3-23所示。压缩量太小,密封性能不好,太大,压缩应力增大,摩擦阻力变大,使密封圈在沟槽中产生扭曲,加速磨损,降低使用寿命。其压缩量一般为8%~25%。用于活塞密封时,若缸内压力太大,应加挡圈,如图3-24所示,否则,密封圈会被挤出,如图3-24(a)所示;单向受压时,应在受压力的对面加一个挡圈,如图3-24(b)所示;双向受压时,两侧都要加挡圈,如图3-24(c)所示。

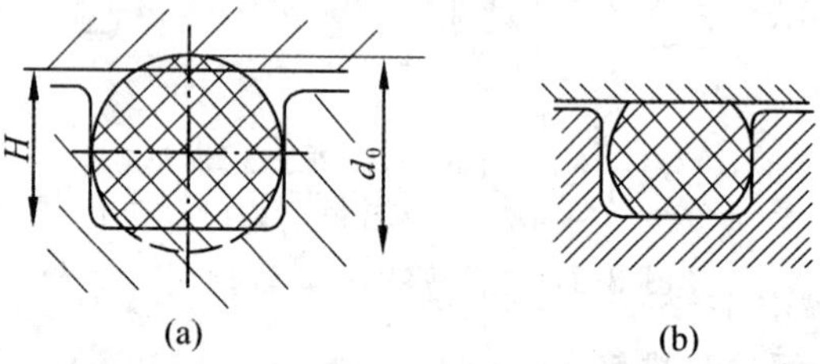

图3-23 O型密封圈预压缩

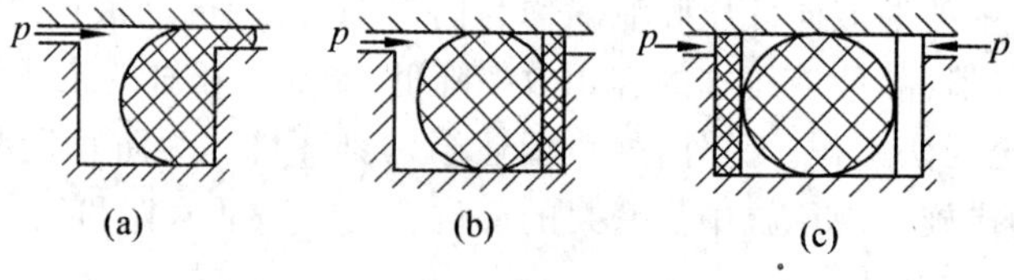

图3-24 O型密封圈保护挡圈的使用

O型密封圈的密封形式有动密封(见图3-25)和固定密封(见图3-26)。

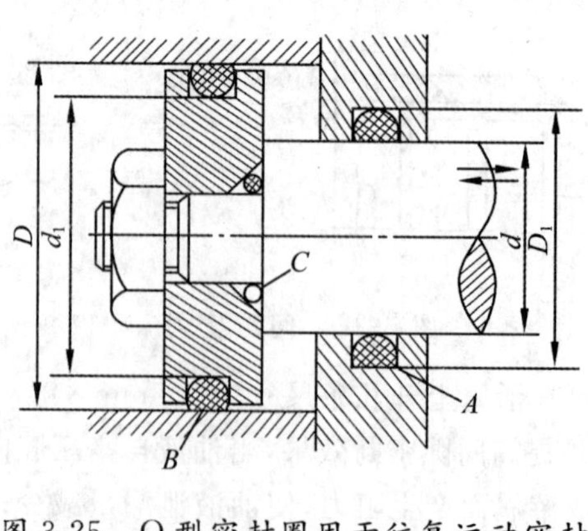

图3-25 O型密封圈用于往复运动密封

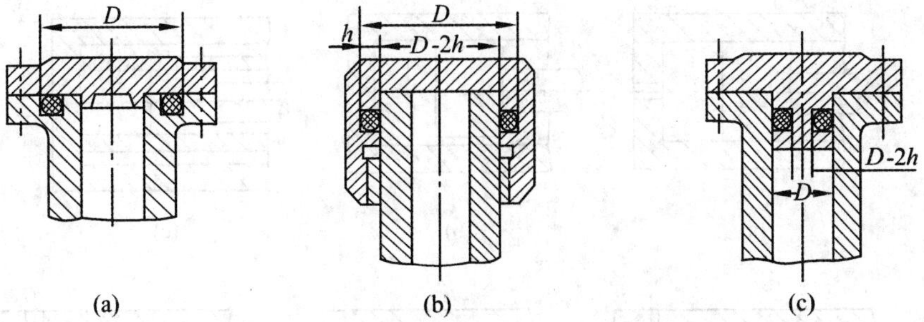

(a)端面密封　(b)圆柱形内径密封　(c)圆柱形外径密封

图 3-26　O 型密封圈用于固定密封

②Y 型密封圈使用时应注意安装方向，使唇边对着压力油腔。当压力变化较大，滑块速度较高时，应加支承环，如图 3-27 所示，以支承密封圈 3。支承环 2 上开有小孔 e，可使压力油同时作用在内、外唇边上，使唇边充分张开以减少泄漏，压力再高时应加保护挡圈 1。

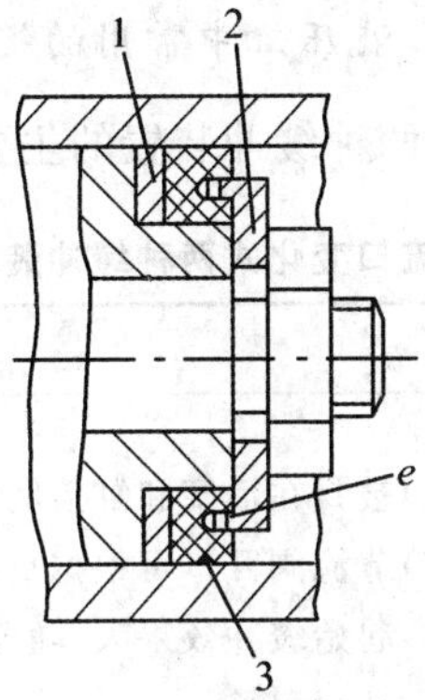

1-保护挡圈　2-支承环　3-密封圈　4-小孔

图 3-27　Y 型密封圈支承环的使用

③V 型密封圈安装时应注意方向，使唇边对着油压作用方向。当压力较小时，使用一套密封圈即可；当压力较高时，可增加中间密封环的数量。调整密封圈时，不能压得过紧，以不漏油为限度。

2. 液压缸的缓冲

当运动件的质量较大、运动速度较高（$v>12\text{m/min}$）时，由于较大的惯性力，活塞运动到缸筒的终端会与缸盖发生机械碰撞，产生很大的冲击和噪声，严重影响加工精度，甚至引起破坏性事故。所以，应设置缓冲装置，以使活塞在接近终端时增大回油阻力，减缓运动件的运动速度，避免撞击缸盖。

液压缸中常见缓冲装置的工作原理，如图 3-28 所示。最常用的是节流口可调式和节流口变化式两种。其中节流口可调式缓冲装置在节流口调定后，工作原理相当于一个单孔口式缓冲装置。

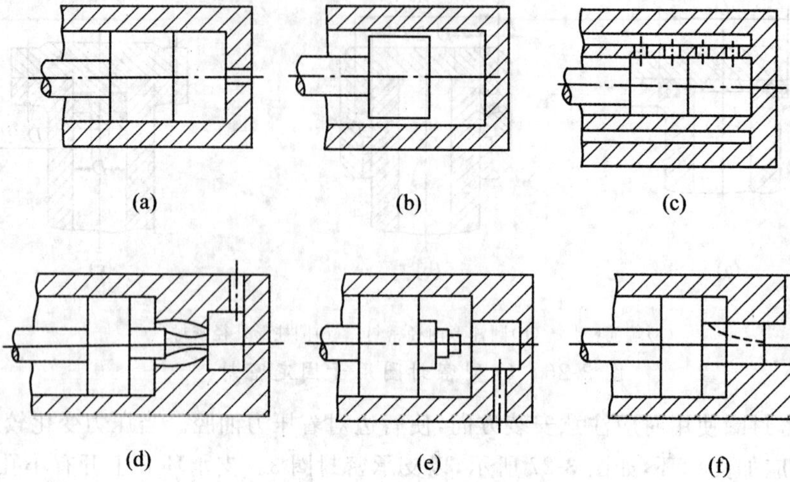

(a)单孔式　(b)环形缝隙式　(c)多孔口式

(d)锥形凸台式　(e)梯形凸台式　(f)可变节流口式

图 3-28　液压缸中常用的缓冲装置

节流口可调式和节流口变化式两种缓冲装置的主要性能特点见表 3-3。

表 3-3　　节流口可调式和节流口变化式两种缓冲装置的主要性能特点

名称和工作简图	特　点
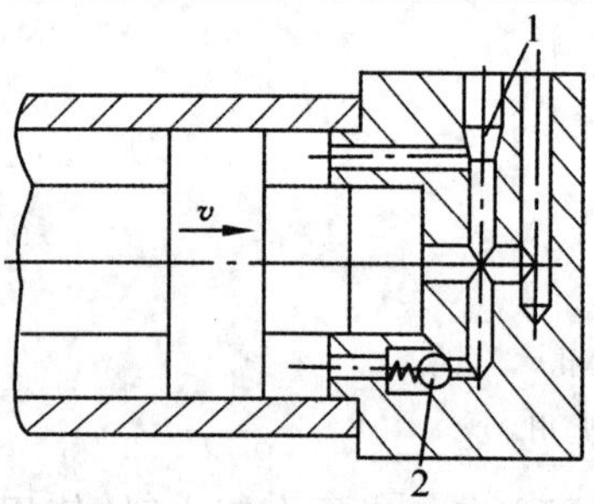 1-节流阀　2-单向阀	(1)被封在活塞和缸盖间的油液，经针形节流阀流出 (2)节流阀开口可根据负载情况进行调节 (3)起始缓冲效果大，随着活塞的行进，缓冲效果逐渐减弱，故制动行程长 (4)缓冲腔中的冲击压力大 (5)缓冲性能受油温影响 (6)适用范围广
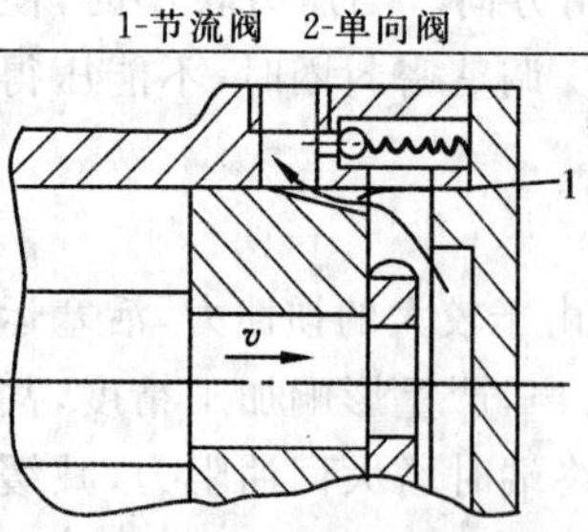 1-轴向节流阀	(1)被封在活塞和缸盖间的油液经活塞上的轴向节流槽流出 (2)缓冲过程中节流口通流截面不断减小，当轴向槽的横截面为矩形、纵截面为抛物线形时，缓冲腔可保持恒压 (3)缓冲作用均匀，缓冲腔压力较小，制动位置精度高

缓冲装置只在液压缸全行程终了时才能起缓冲作用，当执行元件运动在缸体中间时，上述缓冲装置不起作用，这时可在回油路上设置行程节流阀来进行缓冲。

3. 液压缸的排气

液压缸中残留的空气如不能自行排出，将导致液压装置工作时出现振动、颤抖和爬行，并发出噪声，影响正常的工作，既影响被加工零件的表面粗糙度，又会损坏刀具，所以应在液压缸上设置排气装置。

当缸体水平放置时，排气装置应设置在缸筒两腔端部的上方，如图 3-29(b)；图 3-29(a)所示为错误的结构，这时缸内空气不能全部排除。

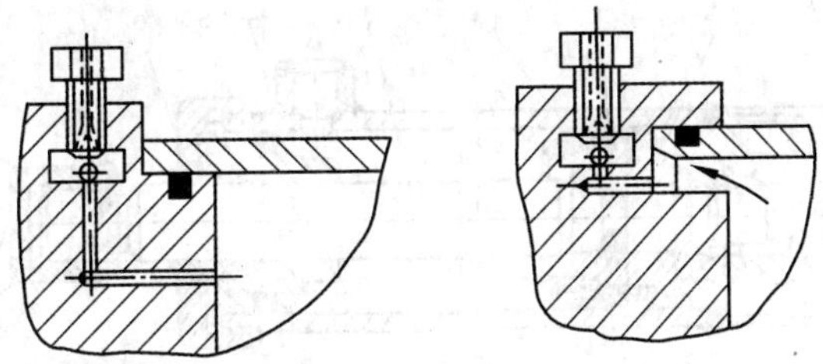

(a)　　(b)

(a)排气装置的位置错误　(b)排气装置的位置正确

图 3-29　排气装置的正确位置

排气装置有两种形式：一种是开排气孔，用长管道接向远处排气阀排气，如图 3-30(a)所示；另一种是安放排气塞，如图 3-30(b)所示。两种排气装置都是在液压缸排气时打开，并使工作台全行程空载往复数次后，空气便被排净，然后将排气阀关闭即可。

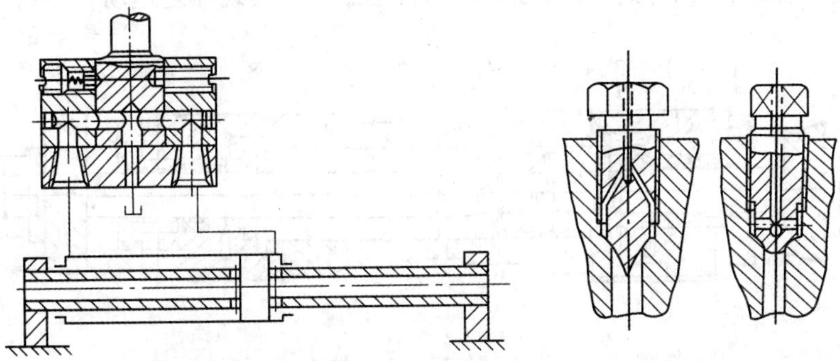

(a)　　(b)

图 3-30　排气装置

要求不高的液压缸可不设专门的排气装置，可将通油口布置在缸筒两端的最高处，使缸中的空气随油液的流动而排走。对于速度稳定性要求较高的液压缸和大型液压缸，则必须设置排气装置。

四、液压缸的结构及主要尺寸的确定

确定液压缸时,应先根据工作条件和液压缸在机构中所要执行的任务来选择液压缸的类型和结构,再按工作要求(输出的力、速度和行程)计算液压缸的工作尺寸。

1. 液压缸的典型结构

图 3-31 所示为某双作用单活塞杆液压缸的结构图。主要由缸底 1,缸体 5,缸盖 8 兼导向套 7,活塞 2 和活塞杆 6,O 型密封圈 3,Y 型密封圈 4 等零件组成。当压力油由孔 A 或 B 分别进入液压缸两腔时,即可推动活塞通过耳环 11 带动执行部件实现往复运动。

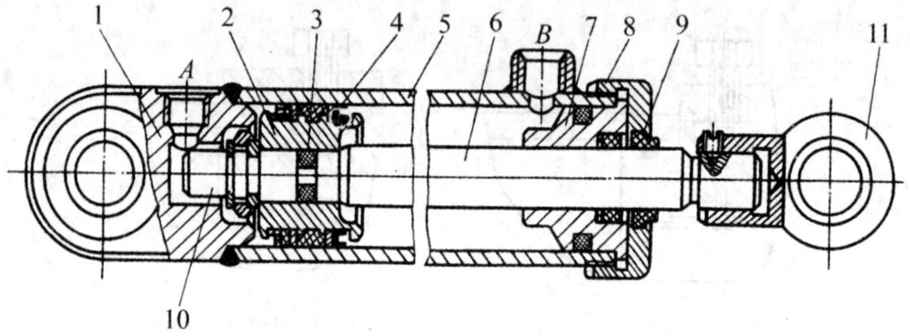

1-缸底　2-活塞　3-O 型密封圈　4-Y 型密封圈　5-缸体　6-活塞杆
7-导向套　8-缸盖　9-防尘圈　10-缓冲柱塞　11-耳环

图 3-31　单出杆双作用液压缸典型结构

图 3-32 为 M7120A 型平面磨床的双出杆液压缸的结构图。图示液压缸的缸体是固定在床身上不动的,工作台与活塞杆是用支架 9 和螺母 10 连接在一起的。当压力油由孔 a 或 b 分别进入液压缸两腔时,即可推动活塞带动工作台实现往复运动。

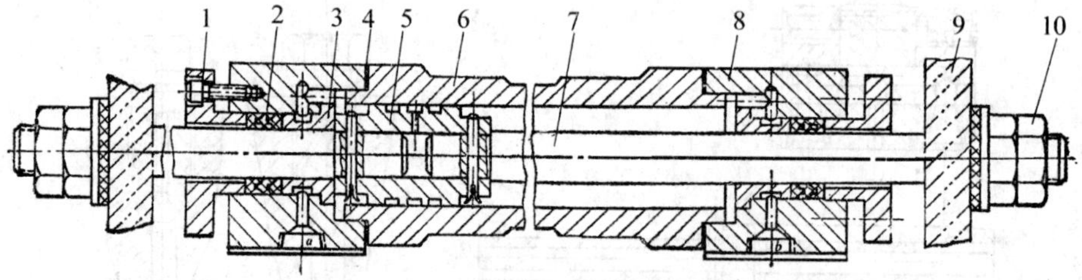

1,8-端盖　2-密封圈　3-导向套　4-密封垫　5-活塞　6-缸筒
7-活塞杆　9-工作台支架　10-固定螺母

图 3-32　双出杆液压缸结构

此液压缸用于高速往复运动的磨床上,考虑运动中摩擦要小,故活塞和缸筒之间采用的是间隙密封,虽内泄漏较大,但可保证运动的灵敏性。活塞杆与缸筒端盖之间采用的是“V”型密封圈密封,应注意不能将端盖压得过紧,否则会增加运动摩擦阻力和加快密封圈的磨损而影响使用寿命。活塞杆和工作台连接用的螺母是安装在支架外侧的,这样工作时活塞杆只受拉力作用,也许选取较小直径的活塞杆。当活塞杆受热膨胀时,可自由伸缩,不致受阻而弯曲。压力油通过油孔 a 或 b 经导向套 3 的环行槽和端盖 8 上部的小孔

进入液压缸，也有利于排气。

2. 液压缸设计中应注意的问题

液压缸设计的正确与否，将直接影响到它的性能和今后的工作状况。所以，在设计液压缸时，应注意以下几点：

(1)尽量使活塞杆在受拉状态下承受最大负载，或在受压状态下具有良好的纵向稳定性。

(2)如对缓冲与制动有要求的液压缸应设置缓冲装置和排气装置。

(3)正确确定液压缸的安装及固定方式。如承受弯曲的活塞杆不能用螺纹联接，要用止口联接。液压缸不能在两端用键或销定位，只能在一端定位，为其受热膨胀留有伸缩余地。如冲击载荷使活塞压缩，定位件须设置在活塞杆端。如为拉伸则设置在缸盖端。

(4)液压缸各部分结构应尽可能做到结构简单、紧凑，加工、装配、维修方便。

3. 主要尺寸的确定

(1)液压缸缸筒内径的确定。首先计算液压缸工作时所受负载。液压缸的工作负载 F_R 是指工作机构在满负荷情况下，以一定速度起动时对液压缸产生的总阻力。即

$$F_R = F_w + F_f + F_a$$

式中：F_w——工作机构的承载、自重等对液压缸产生的作用力。

F_f——工作机构在满负荷下启动时的静摩擦力。

F_a——工作机构满负荷启动时的惯性力。

设系统回油背压为零，液压泵提供的工作压力为 p，应有

$$F = F_R = pA\eta_m$$

式中：A——液压缸有效工作面积，对无杆腔 $A_{无} = \frac{\pi D^2}{4}$，对有杆腔 $A_{有} = \frac{\pi(D^2 - d^2)}{4}$。

p——液压缸的工作压力。

η_m——液压缸机械效率，一般取 $\eta_m = 0.95$。

对无杆腔，当要求推力为 F 时，$D_{无} = \sqrt{\frac{4F}{\pi p \eta_m}}$；对有杆腔，当要求推力为 F 时，$D_{有} = \sqrt{\frac{4F\varphi}{\pi p \eta_m}}$。式中 φ 为往返速比，由 $\varphi = \frac{D^2}{(D^2 - d^2)}$ 确定。

缸筒内径 D 应取 $D_{无}$ 和 $D_{有}$ 计算值中较大的一个，还应按国家标准中所列的液压缸内径系列圆整为标准值。

(2)活塞杆直径 d 的确定。活塞杆直径 d 一般可按往返速比 $\varphi = \frac{D^2}{(D^2 - d^2)}$ 来确定。当 φ 确定后，根据计算出的 D，由表 3-4 中查出活塞杆直径 d。

表 3-4　　活塞杆直径与液压缸内径的关系

φ d(mm) D(mm)	往返速比 φ				
	2	1.46	1.33	1.25	1.15
40	28	22	20	18	14
50	35	28	25	22	18
63	45	35	32	28	22
80	55	45	40	35	28
90	60	50	45	40	32
100	70	55	50	45	35
110	80	60	55	50	40
125	90	70	60	55	45
140	100	80	70	60	50
160	110	90	80	70	55
180	125	100	90	80	63
200	140	110	100	90	70

计算出的 D,d 应按国标标定取标准值。

(3)液压缸长度 L 的确定。液压缸长度 L 应根据最大工作行程长度而定,一般长度不大于直径的 20～30 倍。工作中受压的活塞杆,当活塞长度与活塞杆直径之比大于 15 时,应对活塞杆进行稳定性验算。

五、液压缸工作中常见故障分析及排除方法

液压缸工作中常见故障分析及排除方法,如表 3-5 所示。

表 3-5　　液压缸常见故障分析及排除方法

故障现象	故障分析	排除方法
爬行	(1)空气侵入 (2)液压缸端盖密封圈压得太紧或过松 (3)活塞杆与活塞不同轴 (4)活塞杆全长或局部弯曲 (5)液压缸的安装位置偏移 (6)缸内腐蚀、拉毛 (7)双活塞杆两端螺帽拧得太紧	(1)增设排气装置或强迫排气 (2)调整密封圈 (3)校正两者同轴度 (4)校直活塞杆 (5)校正 (6)轻微者去锈和毛刺,严重者镗磨 (7)一般用手旋紧即可

续表

冲击	(1)活塞和液压缸间隙过小,节流阀失去节流作用 (2)起缓冲作用的单向阀失灵	(1)按规定修配间隙,减少泄漏 (2)配磨单向阀和阀座
推力不足或工作速度逐渐下降甚至停止	(1)液压缸和活塞配合间隙太大或O型密封圈损坏 (2)缸孔孔径直线性不良 (3)油封压得太紧或活塞杆弯曲 (4)泄漏过多 (5)油温太高,黏度减小	(1)单配活塞和液压缸的间隙或更换O型密封圈 (2)镗磨修复液压缸孔径,单配活塞 (3)放松油封,校直活塞杆 (4)寻找泄漏部位,紧固各接合面 (5)散热降温

思考与练习

3-1　试述液压马达的特点与分类。

3-2　液压马达的主要性能参数有哪些?

3-3　高速马达主要有哪些基本形式?低速马达主要有哪些基本形式?各自的主要特点是什么?

3-4　试述液压缸的分类及特点。

3-5　双活塞杆液压缸和双作用式单活塞杆液压缸各有什么特点?

3-6　在差动液压缸中,活塞往返的速度大小相等,证明活塞直径口与活塞杆直径 d 应具有的关系是什么?

3-7　液压缸常用的密封方法有哪些?

3-8　液压缸设置缓冲结构的作用是什么?安装排气塞的目的是什么?

3-9　已知单活塞杆液压缸内径 $D=80\text{mm}$,活塞杆直径 $d=50\text{mm}$,切削负载 $F_w=10000\text{N}$,磨擦总阻力 $F_f=2500\text{N}$,设无杆腔进油为进,有杆腔进油为快退。试计算进和快退时油液的压力分别为多少。

第四章　液压控制阀

第一节　概　述

液压控制阀是液压系统中用来控制液流方向、压力和流量的元件。通过这些阀，对执行元件的启动、停止、运动方向、速度、动作顺序和克服负载的能力进行调节与控制，使各类液压机械都能按要求协调地进行工作。

一、液压控制阀的分类

1. 按用途分

液压控制阀可分为方向控制阀、压力控制阀和流量控制阀。实际应用中，这三类阀还可根据需要互相组合成为组合阀，如单向顺序阀、单向节流阀等。

2. 按操纵方式分

普通液压阀为开关阀，可分为手动控制阀、机动控制阀、电磁控制阀、液动控制阀等，此外还有根据输入信号连续或按比例控制的比例阀和伺服阀，用数字信息直接控制的数字阀。

3. 按连接形式分

(1)管式连接。又称螺纹式连接，阀的油口用螺纹管接头或法兰和管道及其他元件连接，并由此固定在管路上。这种连接方式结构简单，布局方便，质量轻，在小流量液压系统和移动式液压设备中应用较广泛。缺点是元件分散布置，装卸维护不够方便。

(2)板式连接。阀的各油口均布置在同一安装面上，并用螺钉固定在与阀有对应油口的连接板上，再用管接头和管道及其他元件连接；或者，把几个阀用螺钉固定在一个集成块的不同侧面上，在集成块上打孔，沟通各阀组成回路。这种液压阀拆卸方便，连接可靠，在机床行业中应用很广。

(3)叠加式连接。各油口通过阀体的上下两连接结合面叠装而成。每个阀除其自身的功能外，还起油路通道的作用，这种无管道连接，结构紧凑，压力损失很小。在机械工程中应用较多。

(4)插装式连接。将阀芯、弹簧、阀套、密封件等组成的插装主阀插装在带有预制孔的插装块体中，通过螺纹与装有先导元件的控制盖板连接而成，通过块内通道连成回路。这是一种适应高压大流量集成液压系统的新型安装连接方式。

二、液压控制阀的基本共同点

各种类型的液压阀都具有下述基本共同点：

(1)在结构上，所有液压阀都是由阀体、阀芯和操纵部分组成；

(2)在工作原理上，所有液压阀的开口大小、进出口间的压差以及通过阀的流量之间的关系都符合孔口流量公式 $q=CA\Delta p^m$，仅是不同控制阀的参数各不相同。

三、液压控制阀的要求

(1)动作灵敏，使用可靠，工作时冲击和振动小；

(2)密封性能好，内外泄漏少；

(3)结构简单，制造装配方便，通用性好。

四、液压阀的规格和性能参数

液压控制阀的规格用通径 D_g(单位 mm)表示。D_g 是阀进、出油口的名义尺寸，它和实际尺寸不一定相等。

液压阀的性能参数表示阀工作的品质特征，一般有最大压力、额定流量、压力损失、开启压力、允许背压、最小稳定流量等。同时给出若干条特性曲线，如压力－流量特性曲线，用以确定不同状态下的性能参数值。

第二节　方向控制阀

方向控制阀用以控制液压系统中油液流动的方向或液流的通与断，以便满足对执行元件的运动方向、启动和停止的要求。按其用途分为单向阀和换向阀两大类。

一、单向阀

1. 普通单向阀

普通单向阀通常简称单向阀，它是一种只允许油液单向流动，不允许反向倒流的阀。图 4-1 所示为管式和板式两种结构的单向阀。当液流从进油口 A 流入时，油液压力克服弹簧阻力和阀体 1 与阀芯 2 间的摩擦力，顶开锥阀芯(小规格直通式阀可用钢球作阀芯)，从出油口 B 流出。当液流反向从 B 流入时，油液压力使阀芯紧密地压在阀座上，不能倒流。

单向阀中的弹簧仅用于使阀芯在阀座上就位，刚度较小，故开启压力很小(0.04～0.1MPa)。若将单向阀内软弹簧更换成合适的硬弹簧，可当背压阀使用，其背压力可达到0.2～0.6MPa。

2. 液控单向阀

液控单向阀是一种通入控制压力油打开阀芯实现液流反向流通的单向阀。它由单向阀和液控装置两部分组成，如图 4-2(a)所示。当控制口 X 未通压力油时，其作用与普通单向阀相同，正向流通，反向截止。当控制口通入控制压力油后，推动活塞 a 把单向阀的锥形阀芯顶离阀座，油液可反向流通。

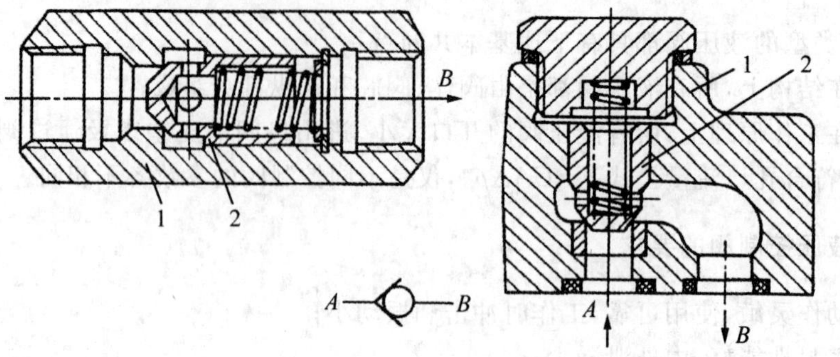

图 4-1　普通单向阀

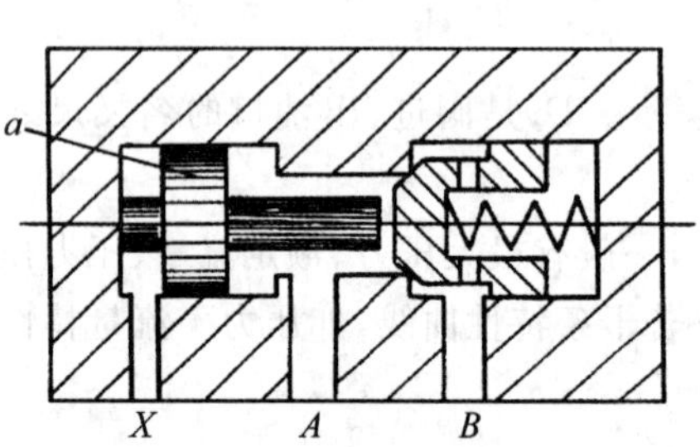

(a) 内泄式

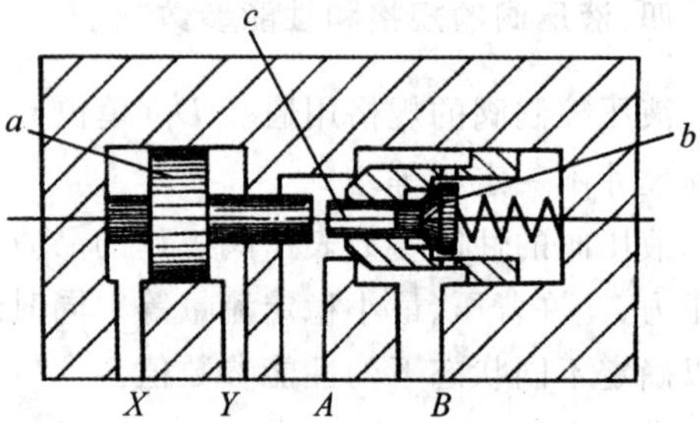

(b) 外泄式

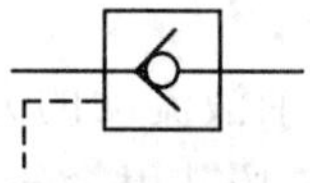

(c) 职能符号

图 4-2　液控单向阀

油液由 B 口进油反向流动时，进油压力相当于系统工作压力，通常很高，而来自 A 口的控制活塞 a 的背压也可能较大，控制油的开启压力必须很大才能顶开阀芯，这影响了液控单向阀的工作可靠性。为此提出以下解决方法：

(1)若 B 口进油压力很高，可采用先导阀预先卸压。如图 4-2(b)所示，在单向阀的锥阀芯中装一更小的锥阀芯 b，称先导阀芯。因该阀芯承压面积小，无需多大推力便可将它先行顶开，A，B 两腔随即通过先导阀芯圆杆上的小缺口 c 相互沟通，使 B 腔逐渐卸压，直至控制活塞容易地将主阀芯推离阀座，使单向阀的反向通道打开。

(2)若 A 口压力较高造成控制活塞背压较大，可采用外泄口回油降低背压。如图 4-2(b)所示，背压作用在控制活塞上的面积很小，开启阀芯时阻力也就不大。外泄口 Y 可将 A 腔和 X 腔的泄漏油排回油箱。

液控单向阀的符号见图 4-2(c)。

液控单向阀未通控制油时具有良好的反向密封性能，常用于保压、锁紧和平衡回路。

二、换向阀

换向阀是通过改变阀芯在阀体内的相对位置，使阀体各油口连通或断开，从而控制执行元件的换向或启停。

换向阀的分类：

(1)按阀芯的型式：换向阀可分为滑阀和转阀，其中滑阀比转阀应用广泛。

(2)按阀芯在阀体中工作位置数：分为二位、三位等。

(3)按阀体油口通路数：分为二通、三通、四通、五通等。

(4)按移动阀芯的操纵方式：分为手动、机动、电磁、液动、电液动换向阀。

(一)滑阀式换向阀

1. 换向阀结构及工作原理

换向阀主要由阀体及阀芯组成，阀体内加工出环形通道及油口，阀杆上加工出台肩与之配合，有的阀芯内部有通孔。当阀芯在阀体内移动时，可改变各油口之间的连通关系。

图 4-3 所示为三位四通换向阀的工作原理。在图示位置，液压缸两腔不通压力油，处于停止状态。若使换向阀的阀芯 1 左移，阀体 2 上的油口 P 和 A 连通，B 和 T 连通。压力油经 P，A 进入液压缸左腔，活塞右移，右腔油液经 B，T 流回油箱。反之，若使阀芯右移，则 P 和 B 连通，A 和 T 连通，活塞左移。

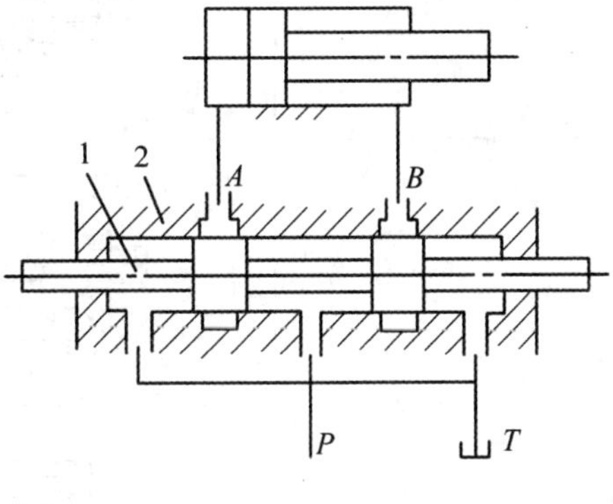

1-阀芯 2-阀体

图 4-3 换向阀工作原理

表 4-1，列出了几种常用滑阀式换向阀的结构原理及其职能符号，职能符号的含义如下：

(1)用方格表示滑阀的工作位置：二格即二位，三格即三位。

(2)箭头一般表示油液流动方向。

(3)箭头和方格的交点表示油的通路，交点数表示通路数。

(4)截断符号“⊥”和“⊤”与方格的交点表示油路被封闭。

(5)靠近弹簧的一格或两端控制符号相同的对称格，表示常态下换向阀的工作位置。

(6)靠近外加控制信号的一格，表示控制信号作用下换向阀的工作位置。

(7)通常 P 接液压泵出口，T 接油箱，A，B 分别接液压缸左右两腔。

表 4-1　　常用换向阀结构原理和职能符号

位和通	结构原理图	图形符号
二位二通	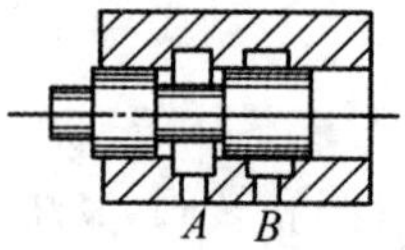	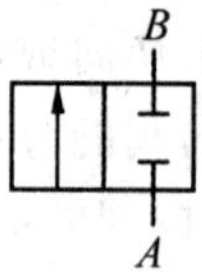
二位三通	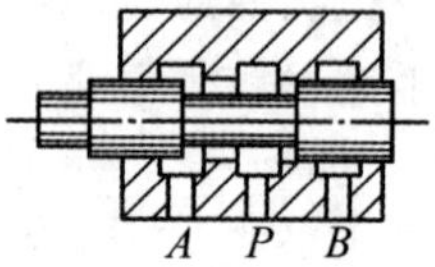	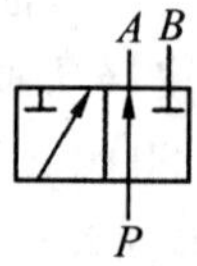
二位四通	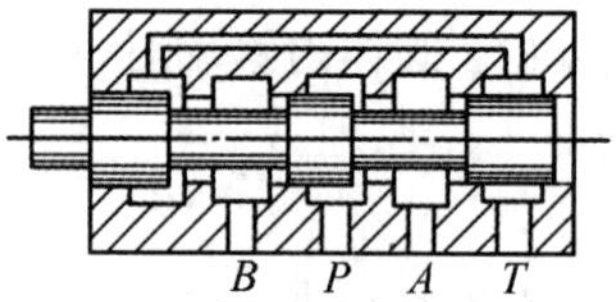	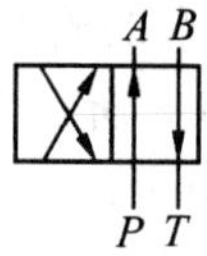
二位五通	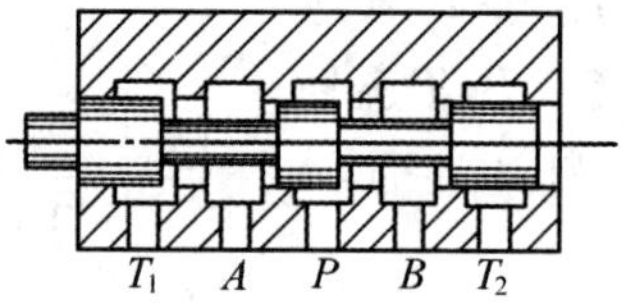	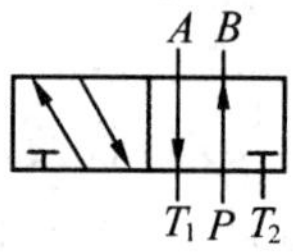
三位四通	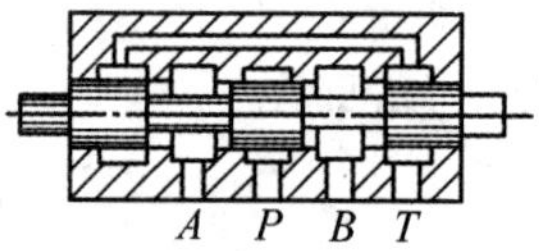	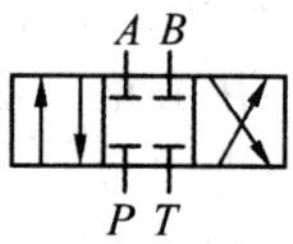
三位五通	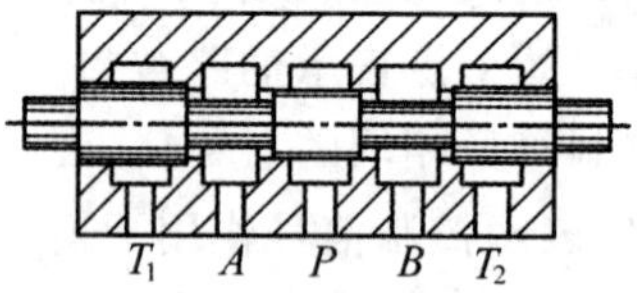	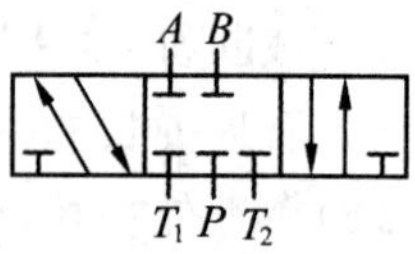

2. 三位换向阀中位机能

三位换向阀左位和右位通常用来向液压缸左右两腔供油，中位时(即常态位)因阀芯台肩结构、尺寸及内部通孔的不同，各油口具有不同的连通关系，液压系统具有不同的控制性能，如液压缸是否锁紧，液压泵是否卸荷，这就是中位机能。

如表 4-2 列出了常见三位四通换向阀的结构原理，职能符号及中位机能。

表 4-2　　三位四通换向阀中位机能

机能代号	结构原理图	中位图形符号	机能特点和作用
O	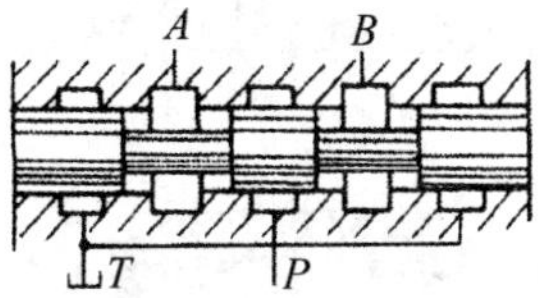	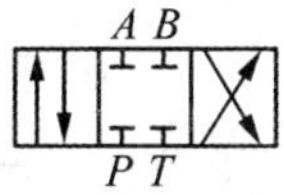	各油口全部封闭，液压缸两腔封闭，液压泵不卸荷。液压缸充满油，从静止到启动平稳；制运时运动惯性引起液压冲击较大；换向位置精度高
H	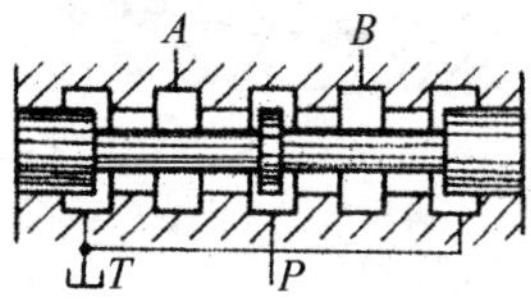	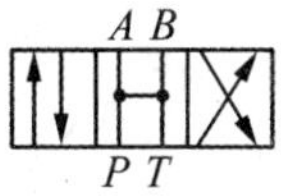	各油口全部连通，液压泵卸荷，缸成浮动状态。液压缸两腔接油箱，从静止到启动有冲击；制动时油口互通，故制动较 O 型平稳；但换向位置变动大
P	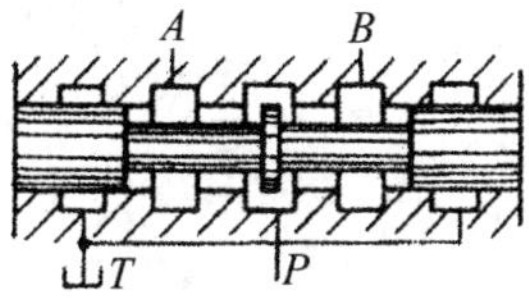	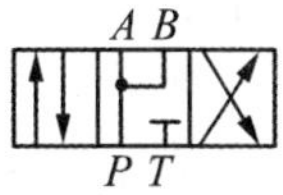	压力油 P 与液压缸两腔连通，可形成差动回路，回油口封闭。从静止到启动较平稳；制动时缸两腔均通压力油，故制动平稳；换向位置变动比 H 型的小，应用广泛
Y	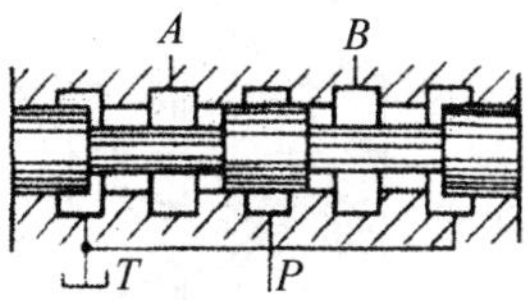	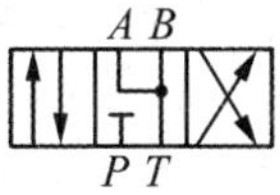	液压泵不卸荷，液压缸两腔通回油，缸成浮动状态。由于缸两腔接油箱，从静止到启动有冲击，制动性能介于 O 型与 H 型之间
K	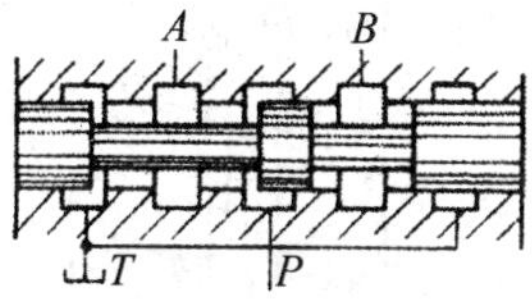	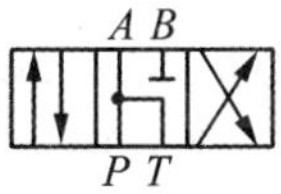	液压泵卸荷，液压缸一腔封闭，一腔接口油
M	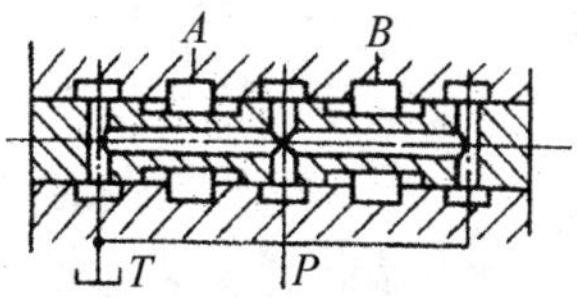	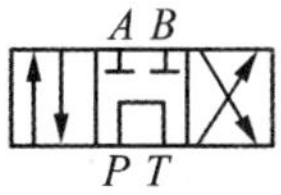	液压泵卸荷，液压缸两腔封闭。从静止到启动较平稳；制动性能与 O 型相同；可用于油泵卸荷液压缸锁紧的液压回路中
X	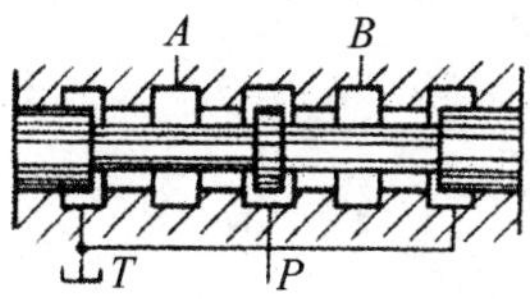	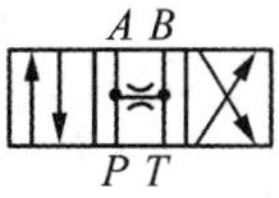	各油口半开启接通，P 口保持一定的压力；换向性能介于 O 型和 H 型之间

3. 操纵方式

(1)手动换向阀。手动换向阀是用手动杠杆操纵阀芯换位的方向控制阀。手动换向阀有钢球定位式和弹簧复位式两种，如图 4-4 所示。钢球定位式因钢球卡在定位槽中，可保持阀芯处于换向位置；弹簧复位式则在弹簧力作用下使阀芯自动复位。

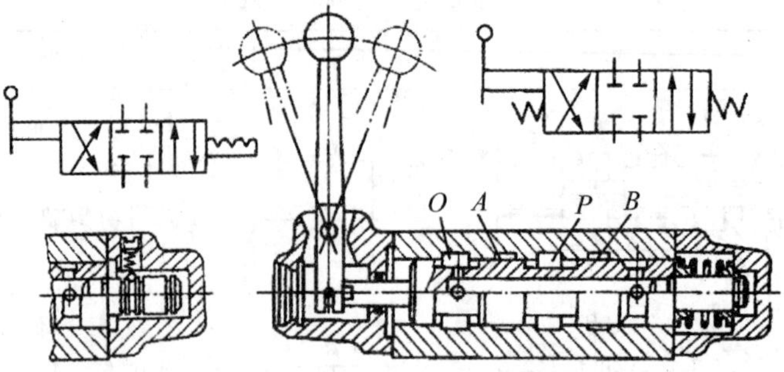

(a)　　(b)

图 4-4　三位四通 O 型手动换向阀

手动换向阀结构简单，动作可靠，还可人为地控制阀口的大小，从而控制执行元件的速度。只适用于间歇动作且要求人工控制的场合。

(2)机动换向阀。机动换向阀又称行程阀。这种阀必须安装在液压缸附近，装在工作部件上的挡块或凸轮移动到预定位置时压下阀芯，实现换向。如图4-5所示为二位四通机动换向阀的结构原理及符号。

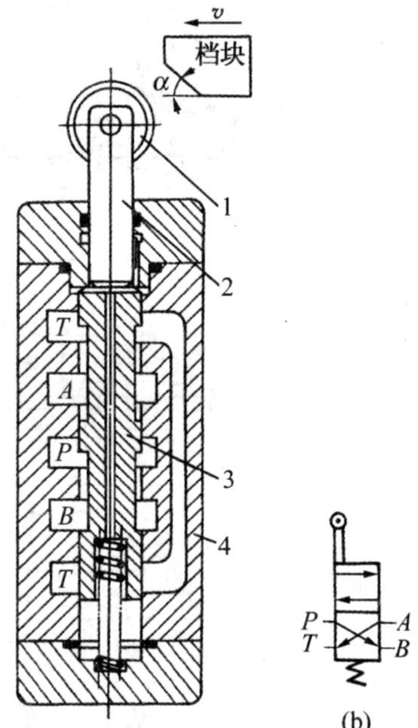

(a)　　(b)

图 4-5　二位四通机动换向阀

机动换向阀通常是弹簧复位式的二位阀。它的结构简单，动作可靠，换向位置精度高，改变挡块的迎角 α 或凸轮外形，可使阀芯获得合适的换位速度，从而减小换向冲击。

(3)电磁换向阀。电磁换向阀是利用电磁线圈通电后通过电磁铁吸力操纵阀芯换位的方向控制阀。图 4-6(a)所示为三位四通电磁换向阀的结构原理图号。阀的两端各有一个电磁铁和一个对中弹簧，常态时阀芯处于中位。当右端电磁铁通电时，衔铁通过推杆将阀芯推至左端，换向阀在图 4-6(b)所示的右位工作，P 和 B 通，A 和 T 通；反之，左端电磁铁通电吸合时，换向阀在图 4-6(b)所示的左位工作。

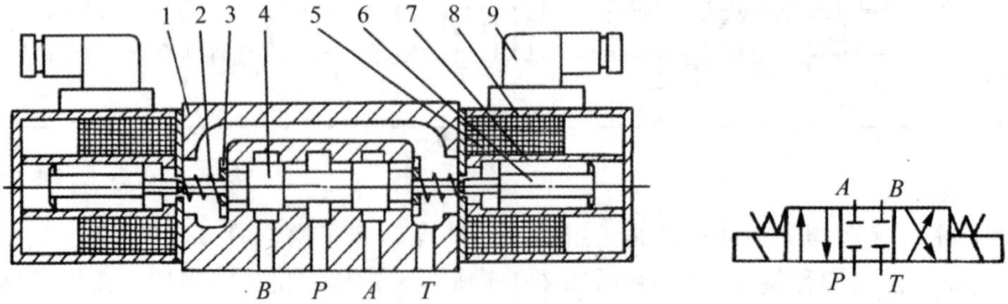

(a)　　(b)

图 4-6　三位四通 O 型电磁换向阀

图 4-7 所示为二位四通电磁阀的符号，图 4-7(a)为单电磁铁弹簧复位式，图 4-7(b)为双电磁铁钢球定位式。二位电磁阀一般都是单电磁铁控制的，但无复位弹簧的双电磁铁二位阀由于电磁铁断电后仍能保留通电时的状态，可以避免系统的失灵或出现事故，常用于连续作业的自动化系统。

电磁换向阀使用方便，易于实现自动化，但换向时间短，换向冲击大，一般只用于小流量，平稳性要求不高的液压系统。

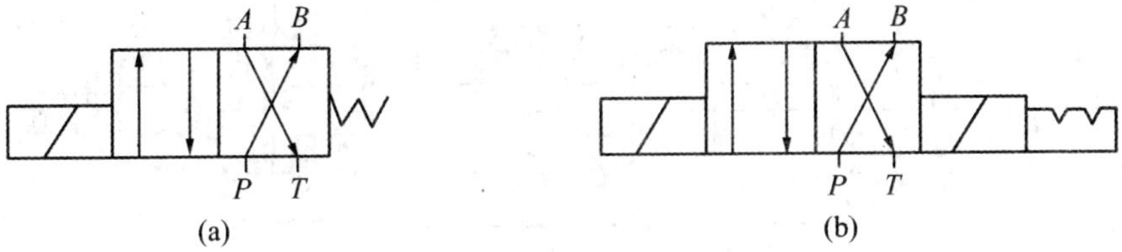

图 4-7 二位四通电磁换向阀

(4)液动换向阀。液动换向阀依靠控制回路提供的压力油来操纵阀芯换位，这种方式作用在阀芯上的力较大，适用高压大流量液压系统。图 4-8(a)(b)分别表示二位三通液动换向阀和三位四通液动换向阀的图形符号。

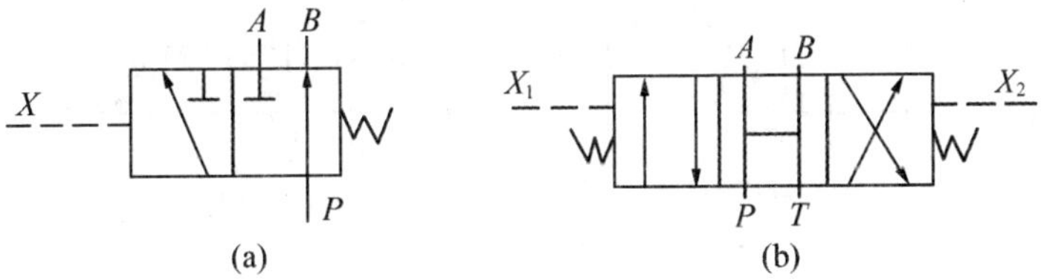

图 4-8

(5)电液换向阀。电液换向阀是由电磁换向阀和液动换向阀结合在一起的组合换向阀。电磁换向阀对控制油路起先导控制作用(称先导阀)，液动阀则控制主油路换向(称主阀)。

如图 4-9 所示，为两端带主阀芯行程调节机构的三位四通电液换向阀的结构图。常态时，先导阀和主阀皆处于中位，控制油和主油路皆不进油。当左电磁铁通电时，先导阀处于左位工作，控制油自 X 口经先导阀到主阀芯左端油腔，操纵主阀芯换向，主阀切换到左位工作，主阀芯右端油腔回油经先导阀及泄油口 Y 流回油箱，此时主油路油口 P 与 A，B 与 T 相通。当先导阀左电磁铁断电、右电磁铁通电时，则主油路油口换接，P 与 B，A 与 T 相通，实现液流换向。该阀的职能符号，如图 4-10 所示。

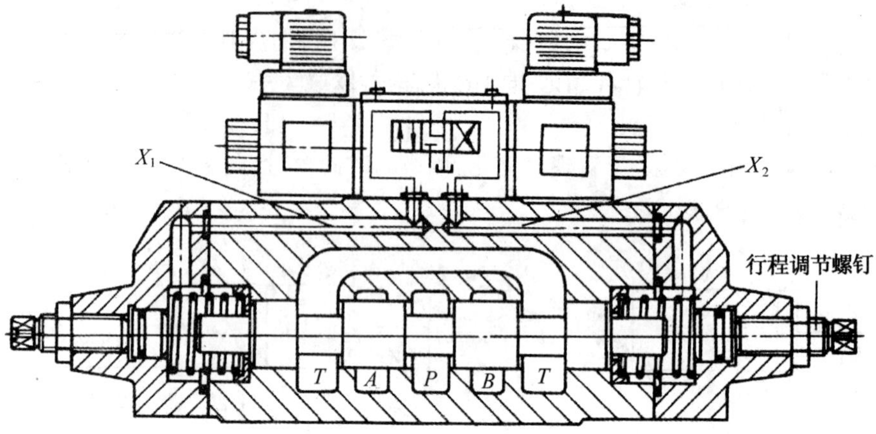

图 4-9 电液动换向阀

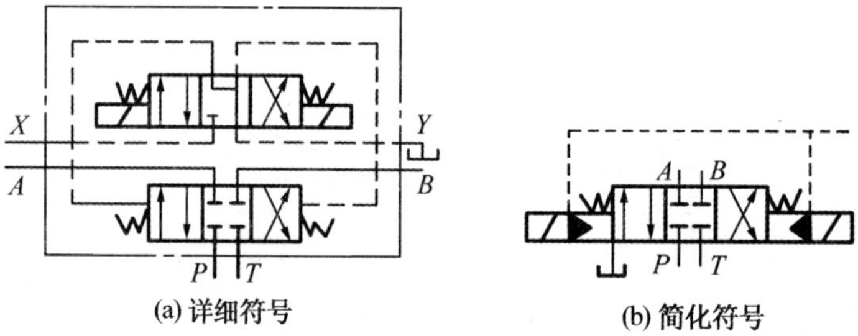

图 4-10 电液动换向阀职能符号

为保证换向时的平稳性,电液换向阀中通常设置以下机构:

①主阀芯行程调节机构。图 4-9 中调节主阀阀盖两端的行程调节螺钉,则主阀芯换位时移动的行程和各阀口的开度即可改变,通过主阀的流量便随之变化,因而可对执行元件起粗略的速度调节作用。

②阻尼调节器。它是一叠加式单向节流阀,放在先导阀与主阀之间。如图 4-11 所示,左电磁铁通电后,控制油经左单向阀至主阀芯左控制腔,右控制腔回油需经右节流阀才能通过先导阀回油箱。调节节流阀开口,可调节主阀换向时间,从而消除执行元件的换向冲击。

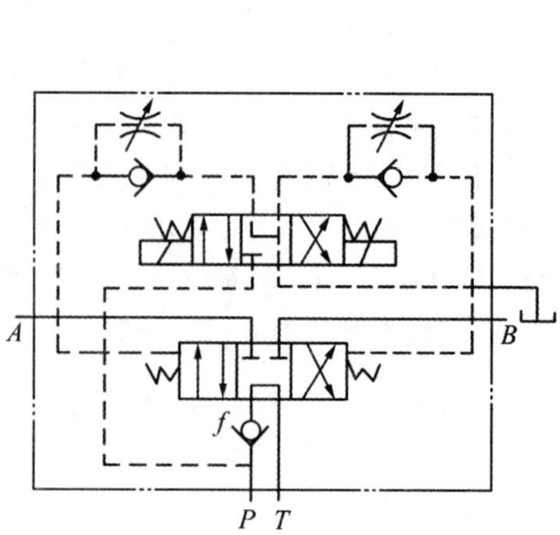

图 4-11 阻尼调节器及预压阀作用

③预压阀。以内控方式供油的电液换向阀,若在常态位泵卸荷(M,H 型中位机能),阀在通电后因控制油压很低,主阀不能动作。如图 4-11 所示,在泵出口装一个预压阀(具有硬弹簧的单向阀),常态时泵通过预压阀 f 及中位卸荷,阀通电后,由预压阀保证一定的控制

油压，足以操纵主阀芯换向。

（二）转阀

转阀是通过阀芯的旋转运动实现油路启闭和换向的方向控制阀。转阀的操纵方式常用的有手动和机动两种。图 4-12 所示为三位四通转阀的工作原理图，当阀芯处于图 4-12(a)位置时，油口 P，A，B，T 互不相通；当阀芯顺时针转过一个角度而处于图 4-12(b)的位置时，油口 P 通 B，A 通 T；当阀芯逆时针转过一角度而处于图 4-12(c)的位置时，油口 P 通 A，B 通 T。三位四通手动转阀的图形符号，如图 4-13 所示。

转阀由于密封性差，径向力不易平衡，一般用于压力较低和流量较小的场合。

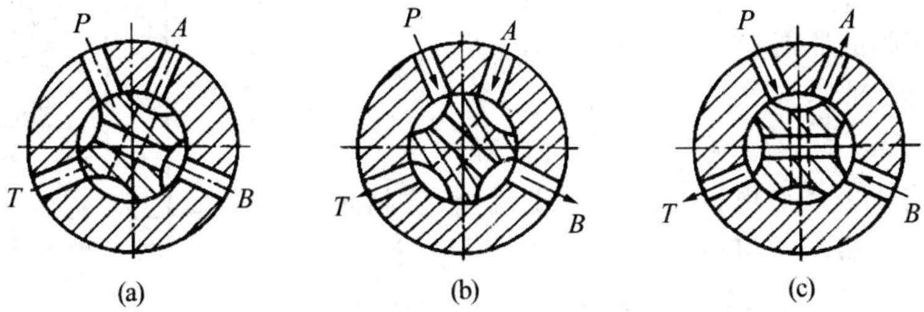

图 4-12　转阀工作原理

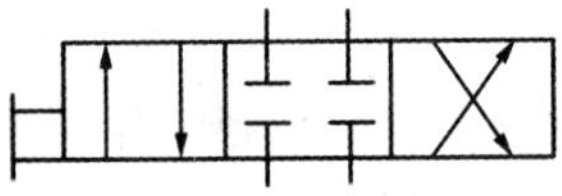

图 4-13　三位四通 O 型转阀职能符号

第三节　压力控制阀

控制油液压力高低或利用压力变化控制其他元件动作的阀通称为压力控制阀。

常见的压力控制阀按功用分为溢流阀、减压阀、顺序阀、压力继电器等。

压力阀的共同特点是利用作用在阀芯上的液压力与弹簧力相平衡来控制阀口开度，调节压力或产生动作。

一、溢流阀

（一）溢流阀的结构原理

溢流阀主要作用是在定量泵系统中起溢流稳压作用或在变量泵系统中起限压安全保护作用。溢流阀按其结构原理分为直动型和先导型两种。

1. 直动型溢流阀

图 4-14 所示为锥阀式（还有球阀式和滑阀式）直动型溢流阀。当进油口 P 接入油液压力不高时，锥阀芯 2 被弹簧 3 紧压在阀体 1 上，阀口关闭。当进口油压升高到能克服弹簧阻力时，推开锥阀芯，油液就由进油口 P 流入，再从回油口 T 流回油箱（溢流），进油压力也就不会继续升高。当通过溢流阀的流量变化时，阀口开度即弹簧压缩量也随之改变。

但在弹簧压缩量变化甚小的情况下，可以认为阀芯在液压力和弹簧力作用下保持平衡，溢流阀进口处的压力基本保持为定值。转动调压螺钉可以得到不同的调定压力。

这种溢流阀因压力油直接作用于阀芯，称为直动型溢流阀。直动型溢流阀在控制较高压力或较大流量时，需要装刚度较大的硬弹簧，不但手动调节困难，而且阀口开度(弹簧压缩量)略有变化便引起较大的压力波动，一般只用于低压小流量场合。系统压力较高时常采用先导型溢流阀。

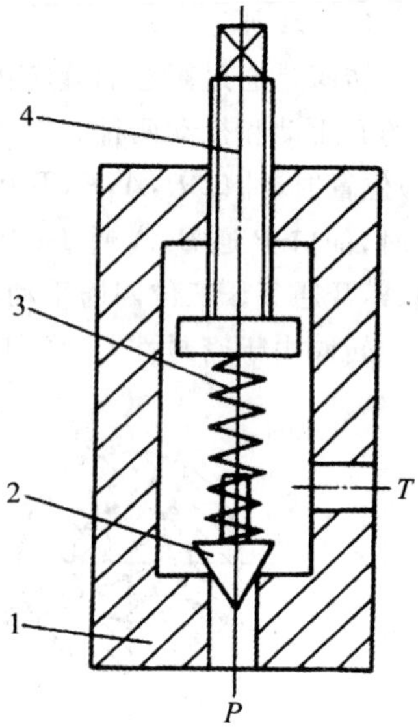

1-阀体　2-锥阀芯
3-弹簧　4-调压螺钉

图 4-14　直动型溢流阀

直动型溢流阀的职能符号，如图 4-16(a)所示。

2. 先导型溢流阀

如图 4-15 所示，先导型溢流阀由先导阀和主阀两部分组成。先导阀就是一个小规格的直动型溢流阀，主阀阀芯是一个具有锥形端部，中心开有阻尼小孔 R 的圆柱筒。

油液从进油口 P 进入，经阻尼孔 R 到达主阀弹簧腔，并作用在先导阀锥阀芯上。当进油压力不高时，不能克服先导阀的弹簧阻力，先导阀口关闭，阀内无油液流动。这时，主阀芯因前后腔油压相等，故被主阀弹簧压在阀座上，主阀口亦关闭，P 与 T 不通。当进油压力升高到先导阀弹簧的预调压力时，先导阀口打开，主阀弹簧腔的油液流过先导阀口并经阀体上的通道(内泄油口)和回油口 T 流回油箱。这时，油液流过阻尼小孔 R，产生压力损失，在主阀芯两端形成压力差。主阀芯在此压差作用下克服主阀弹簧阻力上移，P 与 T 油口连通，实现溢流稳压。调节先导阀的调压螺钉，便能调整溢流压力。

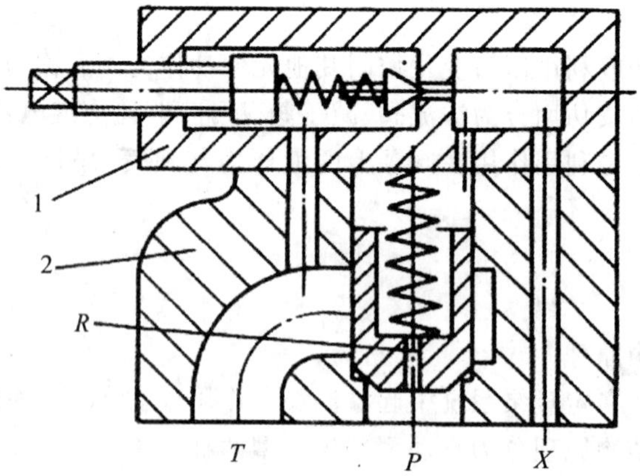

1-先导阀　2-主阀　R-阻尼孔

图 4-15　先导型溢流阀

根据液流连续性原理可知，流出先导阀的流量即为流经阻尼孔的流量，通常称泄油量。因阻尼孔很细，泄油量只占全部溢流量的极小的一部分，绝大部分油液均经主阀口流回油箱。在先导型溢流阀中，先导阀控制和调节溢流压力，主阀的功能则在于溢流。

先导阀因为只通过泄油，其阀口较小，即使在较高压力的情况下，锥阀芯上的液压推力也不很大，因此调压弹簧的刚度不必很大，调压比较轻便。由于主阀芯开度由压差和主阀弹簧力的作用来调节，所以主阀弹簧刚度可以很小，当溢流量变化引起弹簧压缩量变化时，进油口的压力变化也不大，因此先导型溢流阀的稳压性能优于直动型溢流阀。但先导型溢流阀是二级阀，其灵敏度低于直动型溢流阀。

若溢流阀出口 T 不是接油箱，而是接具有一定压力的油路，该压力油通过内泄油路作用在先导锥阀上，使溢流阀进口压力高于 T 口接油箱时的调定压力。

溢流阀的主要特点：

(1)常态下阀口常闭。

(2)出口 T 接油箱，溢流时进口压力稳定。

(3)采用内泄油口，简化油路。

图 4-16(b)为先导型溢流阀的职能符号。

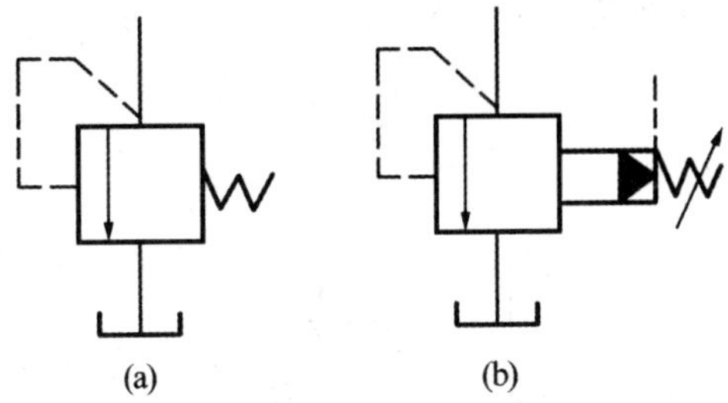

图 4-16　溢流阀职能符号

(二)溢流阀的应用

1. 为定量泵系统溢流稳压

如图 4-17 所示，在定量泵液压系统中，因进油或回油路上有节流阀进行调速，液压泵出口处通常并联溢流阀将多余液压油流回油箱，同时调定系统压力与负载相适应。

2. 为变量泵系统提供过载保护

如图 4-18 所示，在变量泵系统中变量泵出口流量可随负载变化自动适应执行元件运动速度，无多余流量，不需溢流阀分流，泵压可随负载变化，也不需稳压。但变量泵出口通常也并联一个溢流阀，其调定压力约为系统最大工作压力的 1.1 倍。当负载升高时，系统压力一旦过载，溢流阀立即打开，起安全保护作用。

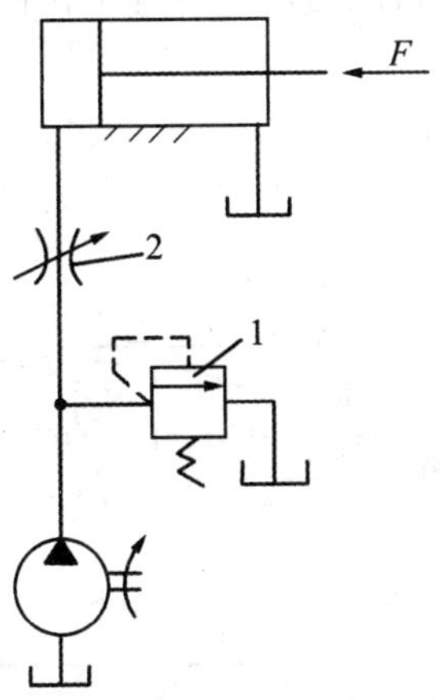

图 4-17　定量泵系统溢流稳压作用

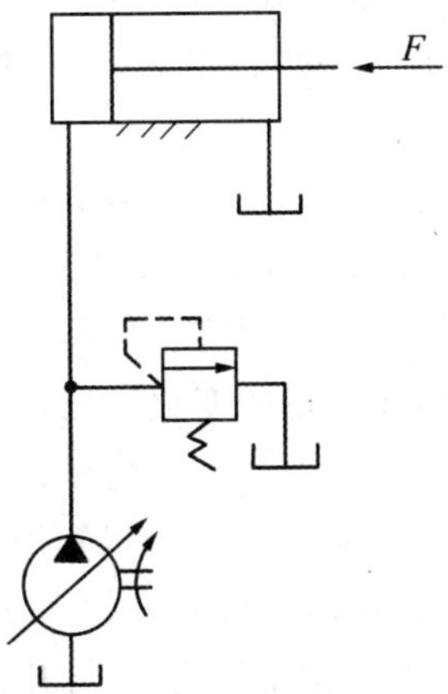

图 4-18　变量泵系统限压保护作用

3. 远程及多级调压

如图 4-19 所示，远程调压阀 1 与先导型溢流阀 2 的外控口 X 相连。这相当于给阀 2

又加接了一个先导阀。调节阀 1 便可实现远程调压。显然,远程调压阀 1 所能调节的最高压力不得超过溢流阀自身先导阀的调定压力。为了获得较好的远程控制效果,二阀之间的油管不宜太长(最好不超过 3m),要尽量减小管内的压力损失,并防止管道振动。

4. 实现液压泵卸荷

在图 4-20 中,正常工作时先导型溢流阀起溢流稳压作用。当二位二通阀电磁铁通电后,溢流阀的外控口接油箱,此时,主阀芯后腔压力接近于零,主阀弹簧又很软,主阀芯迅速移动到最大开口位置。这时进口压力很低,泵接近于空载运转,功耗很小,实现卸荷。二位二通阀可以是通径很小的阀。实际中常将溢流阀和串接在该阀外控口的电磁换向阀组合成电磁溢流阀。

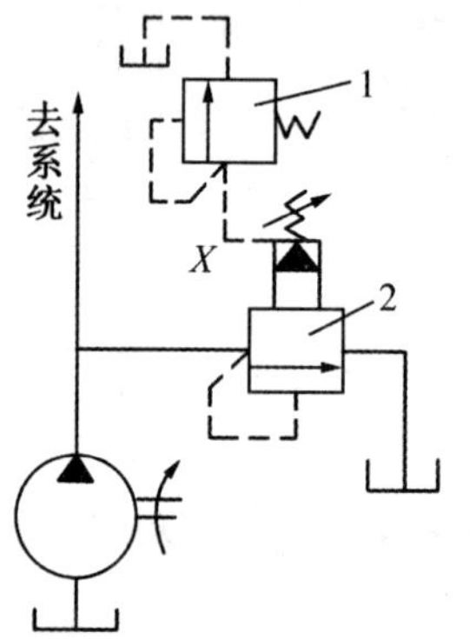

图 4-19 先导型溢流阀远程调压作用

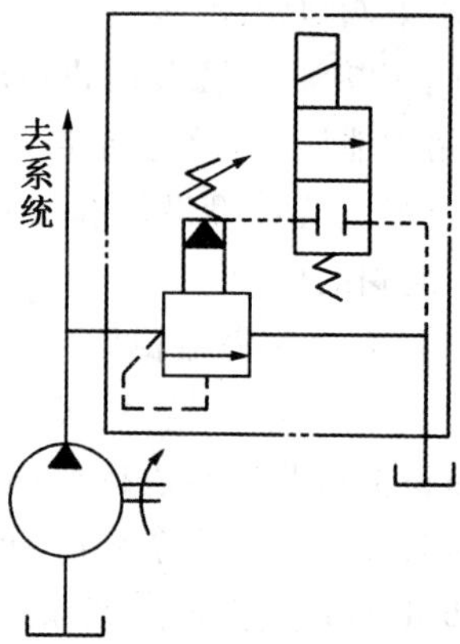

图 4-20 先导型溢流阀卸荷作用

(三)溢流阀的静态特性

溢流阀是液压系统中重要的控制元件,其特性对系统的工作性能影响很大。溢流阀的静态特性是指溢流阀在稳定工作状态下的压力—流量特性、启闭特性等工作性能。

1. 压力—流量特性(p—q_V 特性)

溢流阀的压力—流量特性又称溢流特性。它表征溢流量变化时溢流阀进口压力的变化情况,即稳压性能。理想的溢流特性曲线应是一条平行于流量坐标的直线,即进油压力一达到调压弹簧所确定的压力后立即溢流,且不管溢流量多少,压力始终保持恒定。实际上溢流量的变化引起阀口开度、即弹簧压缩量的变化,进口压力不可能恒定。

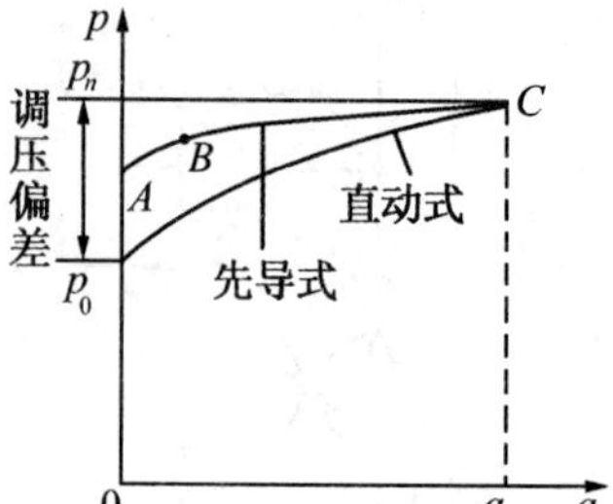

图 4-21 溢流阀静态特性

图 4-21 是直动型溢流阀和先导型溢流阀在某一弹簧预压缩量 x_0 时的压力—流量特性曲线,p_n 为额定溢流量值(最大允许流量)时对应的调定压力,p_0 对应阀口将开未开时的开启压力。调定压力 p_n 与开启压力 p_0 之差称为调压偏差。开启压力 p_0 与调定压力 p_n 之比称为开启比。当溢流流量 q_V 变化(即阀口开度 x 变化)时,溢流阀所控制的压力 p 也随之改变。

先导型溢流阀的 p—q_V 曲线由两段组成,即先导阀刚开启而主阀芯仍封闭时的 AB

曲线段和主阀开始溢流后的 BC 曲线段。即 A 点对应的压力是先导阀的开启压力，拐点 B 对应的压力为主阀的开启压力。显然，先导型比直动型溢流阀的 p—q_V 曲线要平缓得多，调压偏差小，故稳压性能优于直动型溢流阀。因此，先导型溢流阀宜用于系统溢流稳压，直动型溢流阀因灵敏度高宜用作安全阀。

调压弹簧在规定范围内调节预压缩量 x_0 时，系统压力能平稳地上升或下降，无突跳和延滞现象时的最大和最小调定压力之间的范围为溢流阀的调压范围，如图 4-22 所示为一组溢流特性曲线。

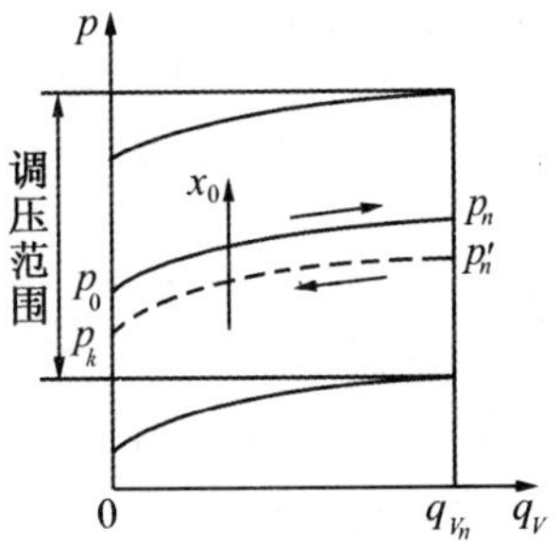

图 4-22　溢流阀启闭特性

2. 启闭特性

溢流阀开启和闭合全过程中的流量—压力特性称为启闭特性。主阀芯开启时所受摩擦力和进油压力方向相反，而闭合时相同，在相同的溢流量时开启压力大于闭合压力，因此开启和闭合时的流量—压力特性曲线并不重合。如图 4-22所示的中间一对曲线，实线为开启曲线，虚线为闭合曲线。阀口完全关闭时的压力称为闭合压力，以 p_k 表示。p_k 与 p_n 之比称为闭合比。在某溢流量下，两曲线压力坐标的差值称为不敏感区，压力在此范围内升降时阀口开度无变化，这相当于加大了调压偏差，加剧了压力波动。

为保证溢流阀具有良好的静态特性，一般规定开启比应不小于 90%，闭合比不小于 85%。

二、顺序阀

顺序阀的作用是利用液压系统中压力的变化来控制油路的通断，从而实现多个执行元件按一定的顺序动作。顺序阀按结构分为直动型和先导型。

(一)直动型顺序阀的结构原理

图 4-23 所示为一直动型顺序阀。压力油由进口 A 经阀体 4 和下盖 7 的小孔流到控制活塞 6 的下方，使阀芯 5 受到一个向上的推力作用。当进油口压力较低时，阀芯 5 在弹簧 2 的作用下落在阀体上，这时进、出油口 A,B 不通。当进口油压增大到预调值克服阀芯上部的弹簧力，阀芯上移，进出油口连通，压力油经顺序阀出口进入后面的执行元件。此后，进出口压力可以随顺序阀后的执行元件负载的变化而变化。

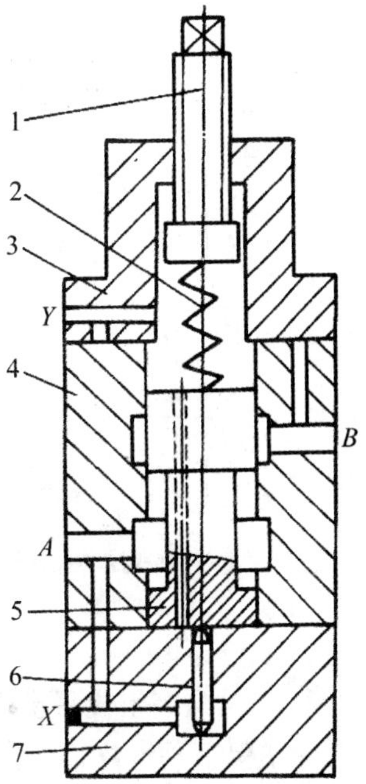

图 4-23　直动型顺序阀

顺序阀的开启压力可以用调压螺钉 1 来调节。如图 4-23中的弹簧腔内油液需单独开泄油口 Y 流回油箱。

顺序阀中，当控制压力油直接引自进油口时称为内控；若控制压力油不是来自进油口，而是从外部油路引入，称为外控；当阀的泄油从单独开的泄油口流回油箱时称为外泄；若阀出口接油箱，泄油可经内部通道并入阀的出油口，以简化管路连接称为内泄。在图

4-23 中，分别将上盖、下盖转过 90°，可以得到不同的控泄方式。顺序阀不同控泄方式的职能符号，如图 4-24 所示。

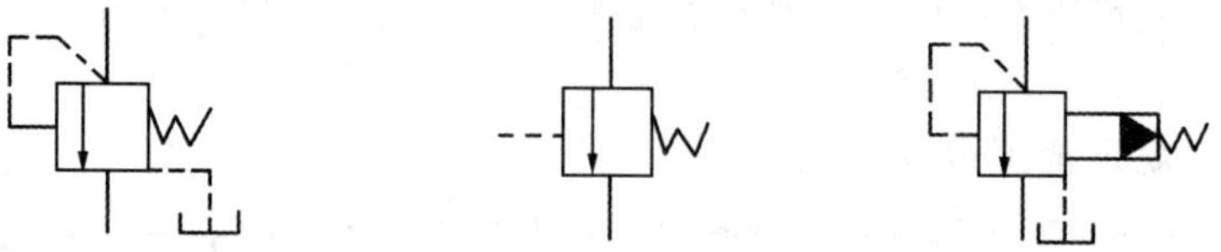

图 4-24　顺序阀职能符号

顺序阀的主要特点是：

(1)常态下阀口常闭。

(2)出口接执行元件，控制油压力达到调定值时，阀口开启。

(3)进油口压力不能保证稳定，泄油单独接油箱。

(二)顺序阀应用

1. 控制多个执行元件的顺序动作

在图 4-25(a)中，通过顺序阀的控制可以实现 A 缸先动，B 缸后动。顺序阀在 A 缸进行动作 1 时处于关闭状态，当 A 缸到位后，油液压力升高，达到顺序阀的调定压力后，打开通向 B 缸的油路，从而实现 B 缸的动作 2。顺序阀的调定压力应低于主油路压力 0.5～1MPa 且大于先动作液压缸最大工作压力的 0.5～1MPa。

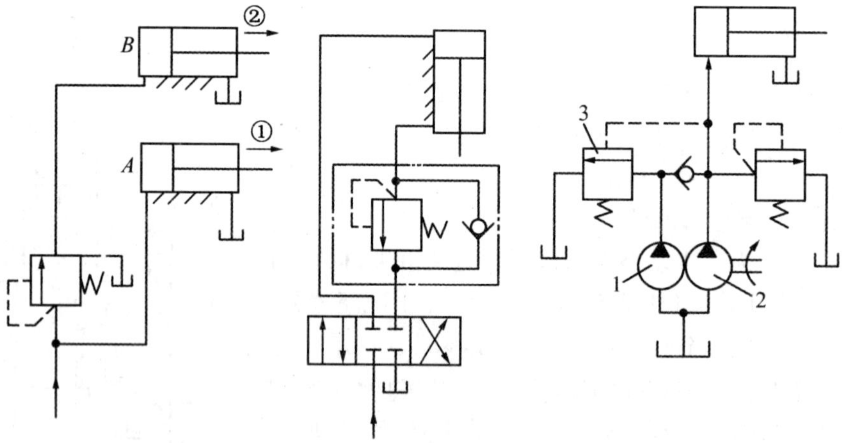

图 4-25　顺序阀应用

2. 与单向阀组成平衡阀

为了保证垂直放置的液压缸不因自重而下落，可将单向阀与顺序阀并联构成单向顺序阀接入油路，如图 4-25(b)所示。此单向顺序阀又称为平衡阀。顺序阀的开启压力应足以支承运动部件的自重。当换向阀处于中位时，液压缸即可悬停。

3. 控制双泵系统中的大流量泵卸荷

如图 4-25(c)所示，泵 1 为大流量泵，泵 2 为小流量泵，两泵并联。在液压缸快速进退阶段，泵 1 输出的油液经单向阀后与泵 2 输出的油液汇合在一起流往液压缸，使缸快进；当液压缸转为慢速工进时，进油路压力升高，外控式顺序阀 3 被打开，泵 1 即卸荷，由泵 2 单独向系统供油以满足工进的流量要求。顺序阀 3 因能使泵卸荷，故又称卸荷阀。

三、减压阀

减压阀主要用于降低系统某一分支油路的油液压力，并保持稳定值。例如，夹紧支路、润滑支路等。

减压阀有直动型和先导型之分。一般常用先导型减压阀，如图 4-26 所示。

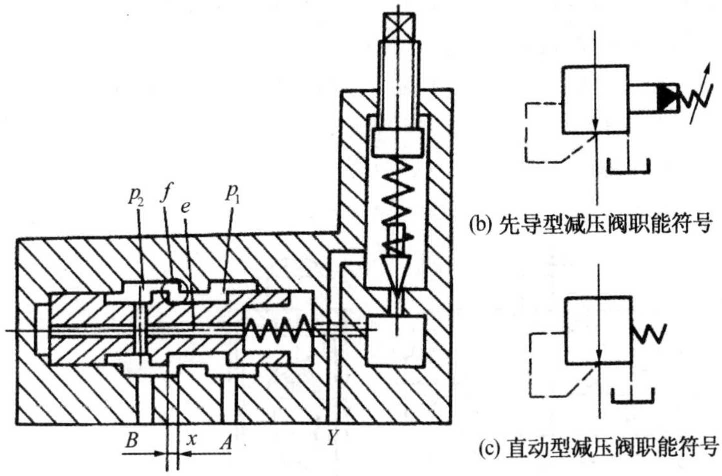

(a) 结构原理图　(b) 先导型减压阀职能符号　(c) 直动型减压阀职能符号

图 4-26　先导型减压阀

压力油 p_1 由阀口 A 流入，经阀口 f 由出油口 B 流出。出口压力油经主阀芯内的径向孔和轴向孔 e 引入到主阀芯的左腔和右腔，并以出口压力作用在先导阀锥上。当出口压力未达到先导阀的调定值时先导阀关闭，主阀芯左右两腔压力相等，主阀芯被弹簧压在最左端，减压口开度 x 为最大值，减压阀处于非工作状态。当进口压力升高出口压力也升高并达到先导阀的调定值时，先导阀被打开，主阀弹簧腔的液压油便由泄油口 Y 流回油箱。由于主阀芯的轴向孔 e 是阻尼孔，油在孔内流动，在主阀芯两端产生压力差，此压力差克服弹簧阻力推动主阀芯右移，阀口 f 开度 x 值减少，出口压力降低，直到等于先导阀调定值。反之，如出口压力减小，主阀芯左移，阀口开大，出口压力回升到调定值。

在减压阀出口油路的油液不再流动的情况下(如夹紧油路夹紧工件后)，由于先导阀仍在泄油，减压口 f 仍有油液流动，阀仍然处于工作状态，出口压力也就保持调定的数值不变。

减压阀的最高调定值应比系统主油路溢流阀调定值低 0.5～1MPa。

减压阀的主要特点是：

(1)常态位阀口常开。

(2)从出口引压力油控制阀口开度。

(3)进口压力小于调定值时,不起减压作用。

(4)当进口压力高于调定值时,保持出口稳定低压。

(5)泄油口单独接油箱。

四、压力继电器

1. 压力继电器的结构

压力继电器是一种将油液的压力信号转换成电信号的液一电控制元件。当控制油压达到压力继电器的调定值时,触动开关发出电信号,控制电磁铁、继电器等元件动作。

压力继电器由压力一位移转换装置和微动开关两部分组成。按结构分,有柱塞式、弹簧管式、膜片式和波纹管式四类。

图 4-27(a)为常用柱塞式压力继电器结构原理图。当从油口 P 通入作用在柱塞 1 的底部的油液压力达到弹簧的调定压力时,柱塞上移,通过顶杆 2 触动微动开关 4 接通电路。压力继电器的职能符号如图 4-27(b)所示。

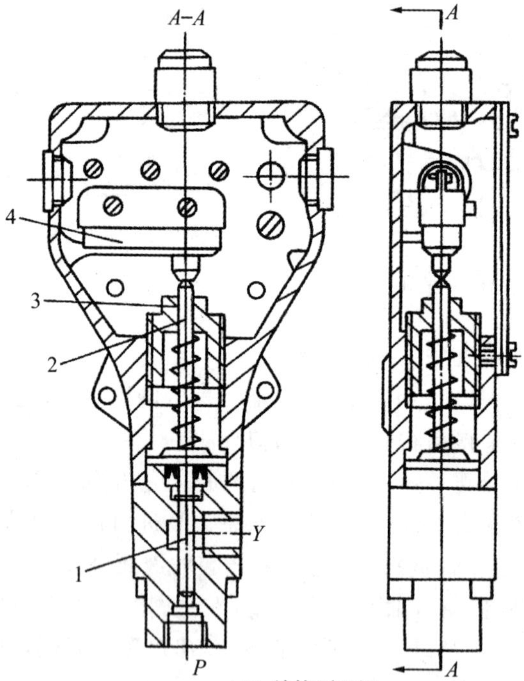

(a) 结构原理图

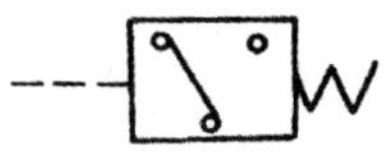
(b) 职能符号

1-柱塞 2-顶杆 3-调节螺钉 4-微动开关

图 4-27 柱塞式压力继电器

2. 压力继电器的工作性能

(1)调压范围。即发出电信号的最低和最高工作压力间的范围,由调压弹簧调定。

(2)通断调节区间。压力继电器发出电信号时的压力称为开启压力,切断电信号时的压力称为闭合压力。开启时,柱塞顶杆移动所受的摩擦力与压力方向相反,闭合时则相同。故开启压力比闭合压力大。两者之差称为通断调节区间。

通断调节区间要有足够的数值，若通断调节区间过小，系统压力脉动时，压力继电器发出的电信号会时断时续。因此，在结构上可人为地调整摩擦力大小，使通断调节区间可调。

第四节　流量控制阀

流量控制阀通过改变阀口过流面积来改变输出流量，从而控制执行元件的运动速度。常用的流量控制阀有节流阀和调速阀两种。

一、节流阀

1. 节流口的流量特性及节流口形式

小孔有三种形式：薄壁孔、粗短孔和细长孔，它们均符合小孔流量通式 $q=CA\Delta p^{m}$，实用的节流口都介于理想薄壁孔和细长孔之间，其流量—压差特性曲线如图 4-28 所示。

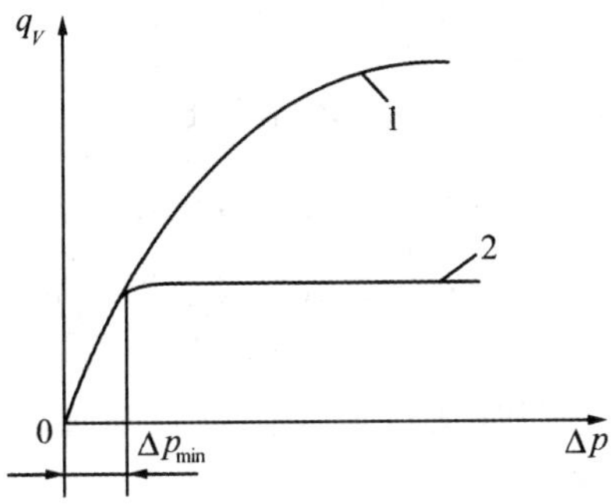

1-普通节流阀　2-调整阀

图 4-28　流量阀的流量—压差特性曲线

若 C，Δp，m 为定值，则流量 q 便可由过流断面积 A 比例调定，并希望一旦调定 A，流量就不再变化，但实际中，有许多因素影响流量的稳定性。

(1)负载变化的影响。负载变化后，节流阀前后压差 Δp 发生变化，且 m 值越大，对流量影响就越大。薄壁孔时 m 值最小，所以薄壁孔因负载变化对流量的影响最小。

(2)温度变化的影响。油温变化引起黏度变化，流量系数 C 发生变化，从而使流量发生变化。显然，孔口越长，影响越大。薄壁孔长度最短，对温度变化最不敏感。

(3)油液中杂质使调定阀口面积 A 变化。当节流阀开度很小时，节流口处高速液流产生局部高温，使油液氧化生成胶质沉淀，和油液中原有杂质结合，在节流口表面形成阻塞，又不断在被高速液流冲走，流量发生波动。

节流阀正常工作时，无断流且流量变化率不大于 10％的最小流量称为最小稳定流量。轴向三角槽式节流口的最小稳定流量为 30～50mL/min，薄刃孔则可低达 10～15mL/min。

综上所述，为保证流量稳定，节流口的理想形式是薄壁孔，但薄壁孔加工困难，实际中常用的节流口形式，如图 4-29 所示。

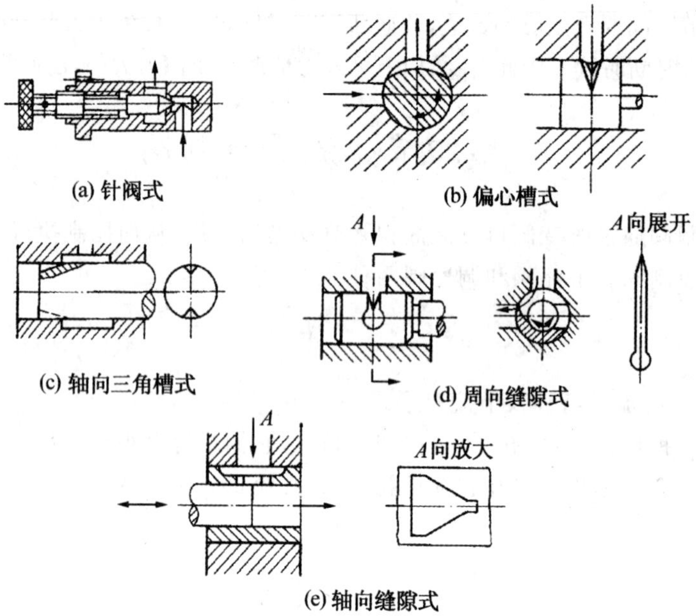

(a) 针阀式 (b) 偏心槽式 (c) 轴向三角槽式 (d) 周向缝隙式 (e) 轴向缝隙式

图 4-29 常用节流口形式

(1)针阀式节流口。通道长,易堵塞,流量受油温影响大。适用于对性能要求不高的场合。

(2)偏心槽式节流口。与针阀式性能相似,缺点是阀芯上径向力不平衡,用于压力较低、流量较大和稳定性要求不高的场合。

(3)轴向三角槽式节流口。结构简单,较小的稳定流量,调节范围大,但有一定通道长度,油温对流量有一定影响,目前广泛应用。

(4)周向缝隙式节流口。沿阀芯周向开一宽度不等的狭槽,转动阀芯可改变开口大小,阀口为薄壁形,通道短,不易堵塞,油温变化对流量影响小,适用于低压小流量场合。

(5)轴向缝隙式节流口。在阀孔的衬套上加工出薄壁阀口,阀芯作轴向移动可改变阀口大小,性能与周向缝隙相似。

2. 节流阀的结构原理

如图 4-30(a)所示,压力油从进油口 A 流入,经节流口从出油口 B 流出。节流口所在阀芯底部通常开有两个或四个三角

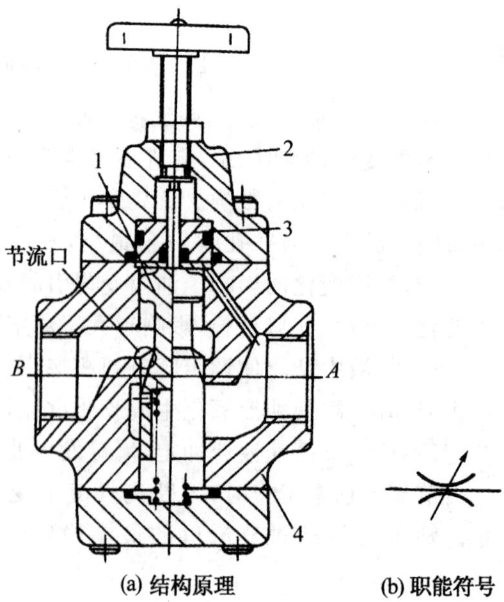

(a) 结构原理 (b) 职能符号

图 4-30 普通节流阀

槽。调节手轮，进出油口之间通流面积变化，即可调节流量。弹簧用于顶紧阀芯保持阀口开度不变。进口油液通过弹簧腔径向小孔和阀体上斜孔同时作用在阀芯的上下端，使阀芯两端液压力平衡，即使在高压下工作，也能轻便地调节阀口开度。

图 4-30(b)为普通节流阀职能符号。

二、调速阀

1. 压力补偿调速阀

图 4-31(a)所示的调速阀是由定差减压阀与节流阀串联而成的组合阀。节流阀用来调节通过的流量，定差减压阀则自动补偿负载变化的影响，使节流阀前后的压差为定值，消除负载变化对流量的影响，称压力补偿调速阀。

压力补偿调速阀的工作原理如下：定差减压阀 1 与节流阀 2 串联，定差减压阀左右两腔分别与节流阀进出口相通。减压阀的进口压力为 p_1 由溢流阀调定，油液经减压阀后出口压力为 p_2，此为节流阀进口压力，节流阀出口压力 p_3 由液压缸负载 F 决定。当负载 F 变化时，调速阀两端压差 p_1-p_3 随之变化，但节流阀两端压差 p_2-p_3 基本不变。例如，F 增大使 p_3 增大，减压阀芯弹簧腔液压作用力也增大，阀芯左移，阀口开度 x 加大，使 p_2 增加，结果压差 p_2-p_3 基本保持不变。如果 p_1 增大，由于一开始减压阀芯来不及移动，p_2 在这一瞬时也增加，阀芯右移，开口减小，又使 p_2 减小，节流阀前后压力仍基本保持不变，通过调速阀的流量因此保持恒定。

调整阀的职能符号如图 4-31(b)(c)。

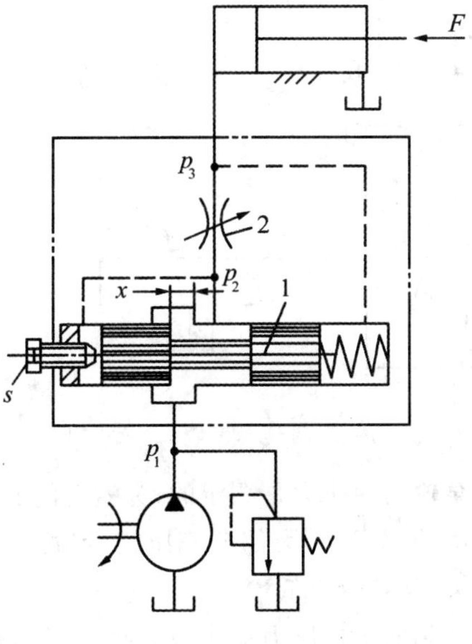

(a) 工作原理

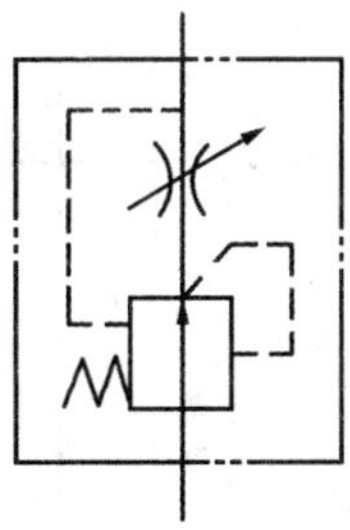
(b) 详细符号

(c) 简化符号

1-定差减压阀　2-节流阀　s-行程限位螺钉

图 4-31　压力补偿调速阀

图 4-28 中调速阀的流量特性曲线显示，当调速阀其前后两端的压力差超过最小值 Δp_{min} 以后，流量基本稳定。调速阀的压差过低，其内的定差减压阀阀口全开，减压阀处于非工作状态，其性能就和节流阀一样，故此段曲线和节流阀曲线一致。所以调速阀正常工作时一般最少要保证有 0.5～1MPa 的最小压差 Δp_{min}。

2. 溢流调速阀

图 4-32 所示的调速阀由溢流阀和节流阀组成，又称溢流调速阀。其工作原理如下：从泵中输出的一部分油经节流阀进入执行机构，另一部分油经溢流阀流回油箱。溢流阀阀芯弹簧腔同节流阀后的油液相通，压力为负载压力。当负载增大时，压力 p_2 即溢流阀阀芯上腔压力增大，使溢流阀阀芯下移，溢流口减小，泵的供油压力 p_1 增加，这样节流阀前后的压差（p_1-p_2）基本保持不变。当外负载减小时，溢流阀阀芯上腔压力 p_2 减小，溢流阀阀芯上移，使溢流口 x 增大，压力 p_1 下降，压差（p_1-p_2）仍基本保持不变，实现了流量恒定。

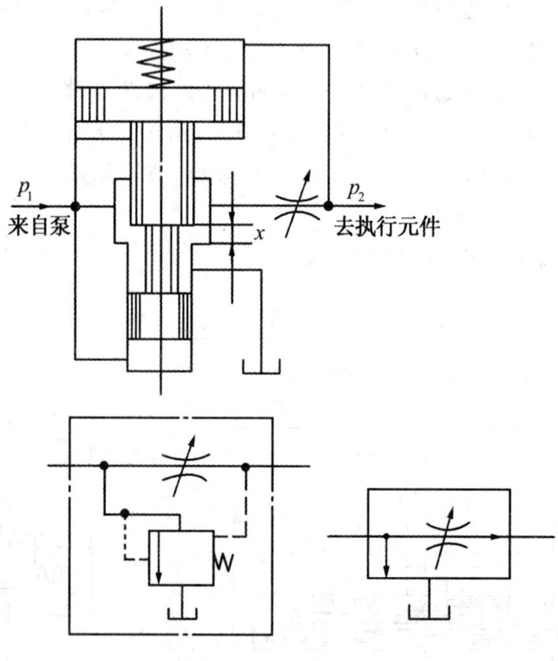

图 4-32　溢流调速阀

对于压力补偿调速阀来说，液压泵输出的压力是一定的，为溢流阀的调定压力。当执行元件需要的流量较小时，系统的有用功率很小，大部分液压能经溢流阀损失掉。因此，使用这种调速阀，液压泵消耗的功率大，系统效率低。

同压力补偿调速阀相比，溢流调速阀的入口压力随负载变化，当负载 p_2 减小时，泵供油压力 p_1 也随之降低。这样可减少泵的负荷，减少动力损耗和系统发热。但其速度稳定性较差些。

3. 调速阀流量的温度补偿

调速阀的温度补偿措施是为了消除温度对调速阀流量的影响，如图 4-33 所示。

在节流阀芯和调节螺钉间增设一温度膨胀系数较大的聚氯乙烯塑料推杆，当温度升高时，本来流量增加，这时，温度补偿杆伸长使节流口变小，从而补偿了油温对流量的影响。

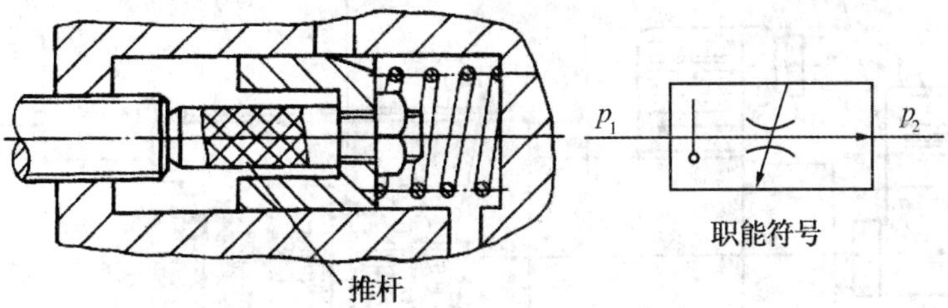

图 4-33　调整阀流量的温度补偿原理

第五节　比例阀、二通插装阀和数字阀

一、电液比例阀

普通液压阀只能通过预调方式对压力、流量进行定值控制，对于一些自动化程度要求较高的工程机械设备，如全液挖掘机，往往要求对系统的压力流量等参数进行连续无级控制。电液比例阀是满足这种要求的典型控制阀。

电液比例阀简称比例阀，在系统中能够按输入信号连续或按比例控制流量和压力。

电液比例阀按其用途也可分为比例压力阀、比例流量阀、比例方向阀和比例复合阀等。

电液比例阀由两部分组成，即液压阀本体和电一机械比例转换装置。后者将电信号按比例连续地转换为机械力和位移输出，前者接受这种机械力和位移按比例地连续地输出流量和压力。

常用的电—机械比例转换装置之一是比例电磁铁，与普通电磁铁不同，比例电磁铁要求有吸合和断开两个位置，而比例电磁铁则要求吸力或位移与给定的电流成比例。

1. 比例换向阀

用比例电磁铁取代电磁换向阀中的普通电磁铁，便可构成直动型比例换向阀。如图 4-34 所示，由于使用了比例电磁铁，阀芯不仅可以换位，而且换位的行程可以连续地或按比例地变化，因而连通油口间的通流面积也可以连续地或按比例地变化，所以比例换向阀不仅能控制执行元件的运动方向，而且能控制其速度。

2. 比例溢流阀

用比例电磁铁取代直动型溢流阀的手调装置，便成直动型比例溢流阀。如图 4-35(a) 所示，比例电磁铁的推杆对调压弹簧施加推力，随着输入电信号强度的变化，便可改变调压弹簧的压缩量，该阀便连续地或按比例地远程控制其输出油液的压力。把直动型比例溢流阀与普通压力阀的主阀相配，便可组成先导型比例溢流阀，比例顺序阀和比例减压阀。

图 4-35(b) 为比例溢流阀职能符号。

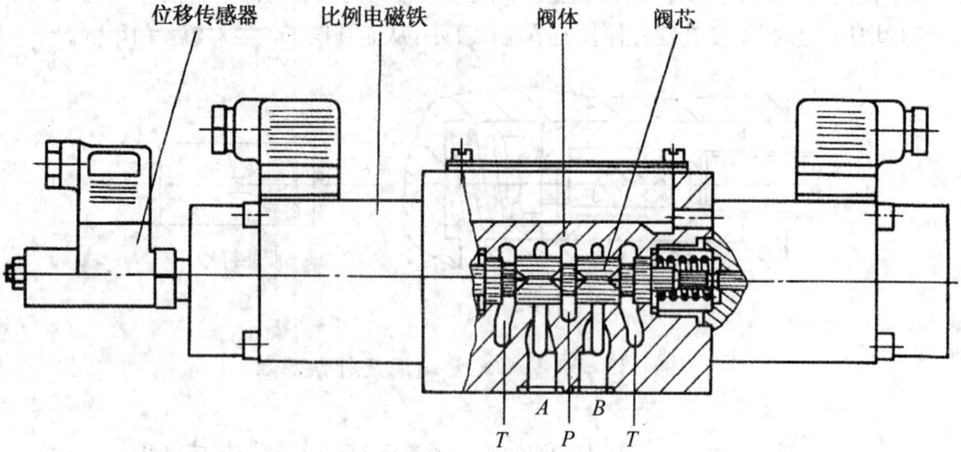

图 4-34　比例换向阀

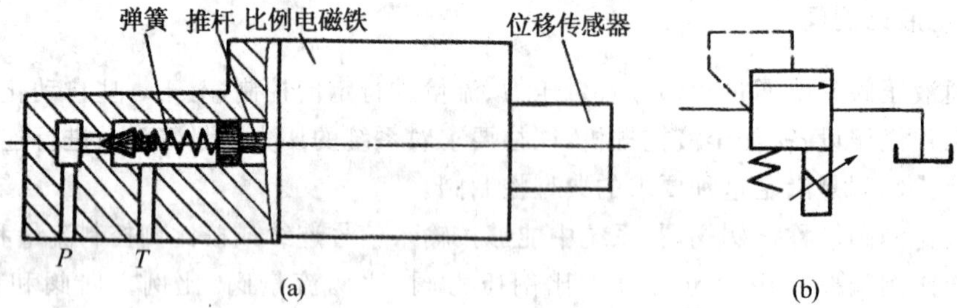

图 4-35　比例溢流阀

3. 比例流量阀

用比例电磁铁取代节流阀或调速阀的手调装置，以输入电信号控制节流口开度，便可连续地或按比例地远程控制其输出流量。图 4-36 是比例调速阀的工作原理图。图中的节流阀芯由比例电磁铁的推杆操纵，故节流口的开度便由输入电信号的强度决定。由于定差减压阀已保证了节流口前后压差为定值，所以一定的输入电流就对应一定的输出流量。

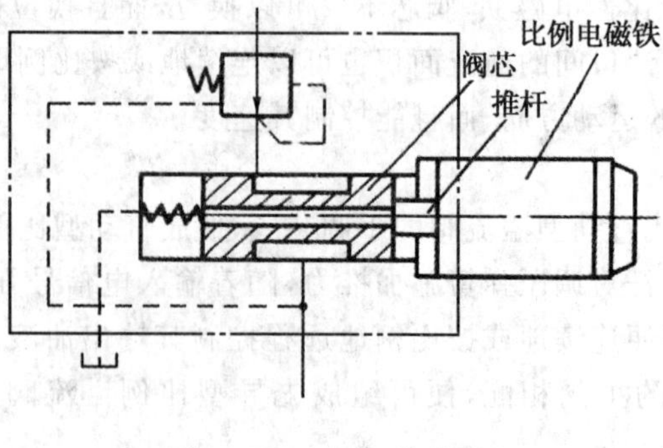

图 4-36　比例流量阀

比例电磁铁的前端都有位移传感器(或称差动变压器),位移传感器能准确地测定比例电磁铁的行程,并向电放大器发出电放大信号。电放大器将输入信号和反馈信号加以比较后,再向电磁铁发出纠正信号以补偿误差。这样便能消除液动力等干扰因素,保持准确的阀芯位置或节流口面积。

二、二通插装阀(又称插装式锥阀或逻辑阀)

插装阀广泛应用于高压大流量及高度集成化的液压系统中,与普通液压阀相比,有如下特点:

(1)流通能力大,特别适用于大流量场合,流量可达 10000L/min,最大通径可达 200～250mm。

(2)阀芯动作灵敏、抗堵塞能力强。

(3)密封性好,泄漏小,压力损失小。

(4)结构简单,易于实现标准化。

1. 二通插装阀工作原理及结构

如图 4-37(a)所示的二通插装阀的结构原理,它由控制盖板、插装主阀(由阀套,弹簧,阀芯及密封件组成)、插装块体和置于控制盖板上先导元件组成。插装主阀采用插装式连接,阀芯为锥形。根据不同的需要,阀芯的锥端可开阻尼孔或节流三角槽,也可以是圆轴形阀芯。

图 4-37(b)为二通插装阀的职能符号。

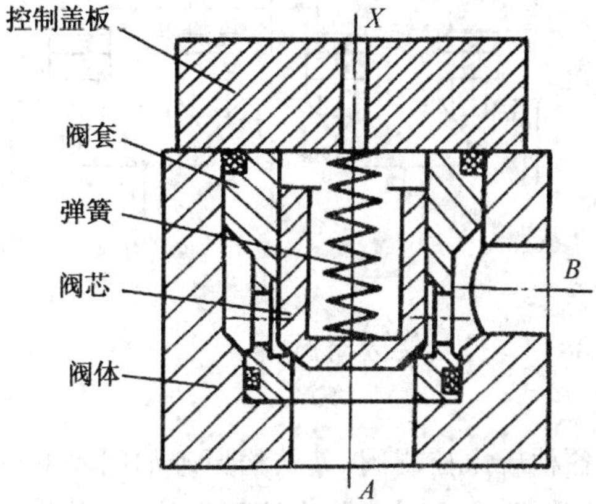

(a) 结构原理

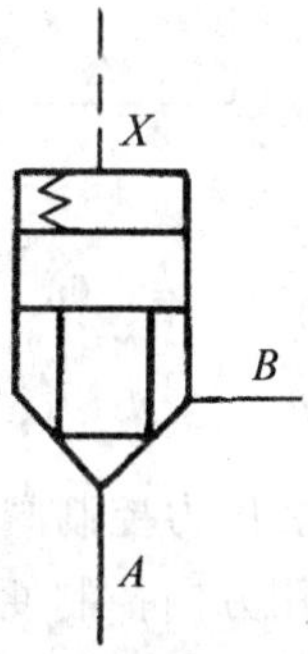

(b) 职能符号

图 4-37　二通插装阀

盖板将插装主阀封装在插装块体内,并沟通先导阀和主阀。通过主阀阀芯的启闭,可对主油路的通断起控制作用。使用不同的先导阀可构成压力控制、方向控制或流量控制。若干个不同控制功能的二通插装阀组合在一个或多个插装块体内便组成液压回路。

就工作原理而言,相当于一个液控单向阀,A 和 B 为主油路的仅有的工作油口(所以称二通阀),X 为控制油口。通过控制油口的启闭和对压力大小的控制,即可控制主阀阀芯的启闭,控制油口 A 和 B 的流向和压力。

2. 二通插装方向控制阀

图 4-38 所示为几个二通插装方向控制阀实例。图 4-38(a)表示用作单向阀。设 A,B 两腔的压力分别为 p_A 和 p_B,当 $p_A > p_B$ 时锥阀关闭,A 和 B 不通;当 $p_A < p_B$ 时,且 p_B 达到一定数值(开启压力)时,便打开锥阀使油液从 B 流向 A[若将图 4-38(a)改为 B 和 X 腔连通,便构成油液从 A 流向 B 的单向阀]。图 4-38(b)用作二位二通换向阀,在图示状态下,锥阀开启,A 和 B 腔相通;当二位三通电磁阀通电且 $p_A > p_B$ 关闭,A,B 油路切断。图 4-38(c)用作二位三通换向阀,在图示状态下,A 和 T 连通,A 和 P 断开;当二位四通电磁阀通电时,A 和 P 连通,A 和 T 断开。图 4-38(d)用作二位四通换向阀,在图示状态下,A 和 T,B 和 P 连通;当二位四通电磁阀通电时,A 和 P,B 和 T 连通。

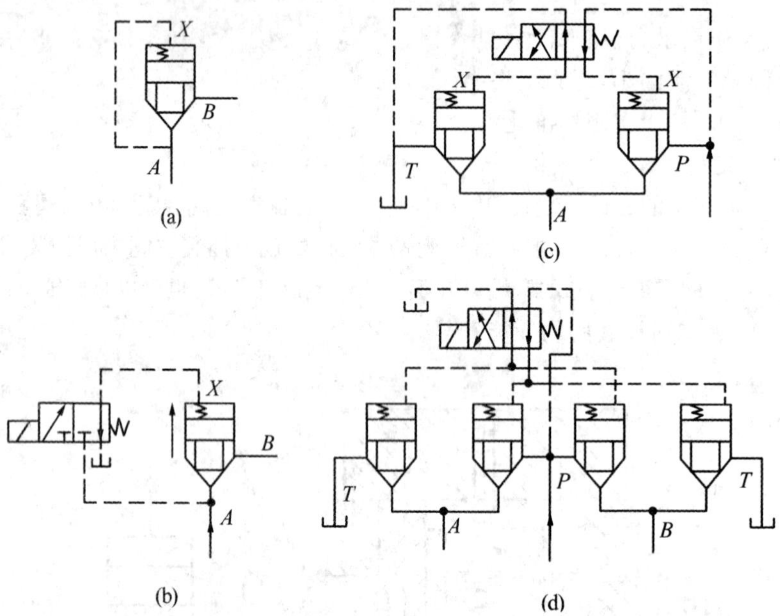

图 4-38　二通插装方向阀

3. 二通插装压力控制阀

对 X 腔采用方向控制便可构成各种压力控制阀,其结构原理如图 4-39(a)所示。用直动溢流阀 1 作为主阀来控制插装主阀 2,在不同油路连接下便构成不同的压力阀。例如,图 4-39(b)表示 B 腔通油箱,可用作溢流阀。当 A 腔油压升高到先导阀调定的压力时,先导阀打开,油液流过主阀芯阻尼孔 R 时造成压差,使主阀芯克服弹簧阻力开启,A 腔压力油便通过打开的阀口经 B 溢回油箱,实现溢流稳压。当二位二通阀通电时便可作卸荷阀使用。图 4-39(c)表示 B 腔接一有载油路,则构成顺序阀。此外,若主阀采用油口常开的圆锥阀芯,则可构成二通插装减压阀;若以比例溢流阀作先导阀,代替图中直动型溢流阀,则可构成二通插装电液比例溢流阀。

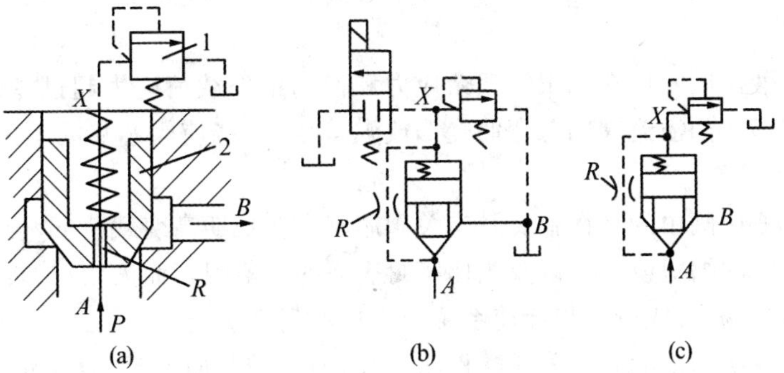

图 4-39　二通插装压力阀

4. 二通插装流量控制阀

在二通插装方向控制阀的盖板上增加阀芯行程调节器以调节阀芯的开度，这个方向阀就兼具了可调节流量的功能，即构成二通插装节流阀，其符号如图 4-40 所示。若以比例电磁铁取代节流阀的手调装置，则可组成二通插装电液比例节流阀。若在二通插装节流阀前串联一个定差减压阀，就可组成二通插装调速阀。

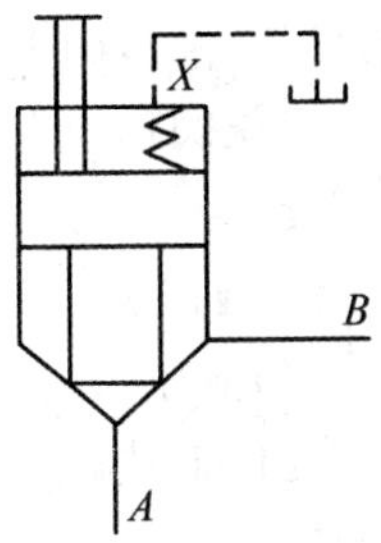

图 4-40　二通插装节流阀职能符号

三、数字阀

用计算机对电液系统进行控制是今后技术发展的必然趋向。计算机数字控制的方法有多种，用步进电动机驱动的增量式数字阀已得到广泛应用，已有数字流量阀、数字压力阀和数字方向流量阀等系列产品。步进电动机能接受计算机发出的经驱动电源放大的脉冲信号，每接受一个脉冲便转动一定的角度。再通过凸轮或丝杠等机构转换成直线位移量，从而推动阀芯或压缩弹簧，实现液压阀对方向流量或压力的控制。

第六节　液压阀的故障诊断与排除

一、液压阀失效的原因及几种典型的液压现象

液压阀是液压系统中使用最多的元件，它的功能是控制油液的压力、流量与流动方向以满足执行元件所需的力（或力矩）、速度与运动方向的要求，使整个液压系统能按要求协调进行工作。所以，当液压阀出现故障时，对液压系统的稳定性、精度和可靠性具有极大的影响。

1. 液压阀的损坏失效

液压阀在使用过程规定的条件下，若丧失规定的功能，即称为失效。

损坏是失效的常见形式，损坏失效的原因有：

(1)磨损。液压阀阀芯等机械零件的运动副之间，在使用时不断产生摩擦，使得零件

尺寸、形状和表面质量发生变化而失效。如电磁阀阀芯磨损，将会使阀内部漏损而使效率下降。

(2)变形。液压阀零件在加工后残余应力和使用中外载荷应力超过零件材料的屈服强度时，产生变形。如溢流阀阀芯弯曲变形或弹簧变形，将使阀芯移动不灵活，造成系统压力不稳定。

(3)疲劳。液压阀中的平衡弹簧及有关阀芯阀座在长期高变载荷下，会产生疲劳及裂纹，造成弹簧长度的缩短或折断以及阀座密封表面的脱落损坏而失效。如：溢流阀主滑阀或先导阀上的弹簧疲劳或折断将会使系统压力达不到要求。

(4)腐蚀。液压油中混有水分或酸性物过高，使用较长时间后，会腐蚀液压阀中的有关零件，使其丧失应有的精度而失效。

此外，在液压阀制造或修理时，没有达到规定的技术要求，如尺寸精度、表面粗糙度、热处理质量等，装配时没有保证所需的公差配合，零件保管不善，发生锈蚀，混入污物等，均是引起液压阀失效的重要原因。

液压阀作为重要的液压元件。除上述机械性失效原因和现象外，还有属于液压个性的因素。

2. 液压卡紧

(1)液压卡紧的原因。液压系统中的压力油液，流经圆柱性滑阀结构时，由于滑阀运动幅几何形状误差和同轴度误差，作用在阀芯上的径向不平衡力使阀芯卡住，产生“液压卡紧”。

(2)液压卡紧的危害。轻微的“液压卡紧”使阀芯移动时摩擦阻力增加，严重的可导致所控制的系统元件动作滞后，破坏给定的自动循环，使液压设备发生故障。当液压卡紧阻力大于阀芯移动力时，阀芯被“卡死”。

(3)液压卡紧的消除。提高液压油的清洁度，防止颗粒性污染物进入系统而使滑阀移动副产生卡紧或卡死。此外，要保证阀芯和阀孔的配合精度，液压油使用过程的合适精度，以免阀芯受热而卡死，对表面开有均压槽的阀芯则应注意均压槽的畅通。

3. 液压冲击和气穴现象(见第一章相关内容)。

二、溢流阀的故障分析和排除

溢流阀的常见故障现象及解决方法如下：

1. 系统压力波动

引起压力波动的主要原因：

(1)调节压力的螺钉由于振动而使锁紧螺母松动造成压力波动。

(2)液压油不清洁，有微小灰尘存在，使主阀阀芯滑动不灵活，因而产生不规则的压力变化，有时还会将阀卡住。

(3)主阀芯中阻尼孔时堵时通。

(4)主阀芯圆锥面与阀座的锥面接触不良，没有经过良好磨合。

(5)主阀芯的阻尼孔太大，没有起到阻尼作用。

(6)先导阀调压弹簧弯曲，造成阀芯与锥阀座接触不良，磨损不均。

解决方法：

①定时清理油箱、管路，对进入油箱、管路系统的液压油要过滤。

②如管路中已有过滤器，则应加装二次过滤元件，或提高过滤元件的过滤精度；并对阀类元件拆洗，更换清洁的液压油。

2. 系统压力完全加不上

(1)主阀故障。主阀芯阻尼孔被堵住；装配精度差，阀间间隙调整不好，主阀芯被卡住不能回落；主阀芯复位弹簧折断或弯曲，不能复位。

解决方法：清洗阻尼孔并重新装配；过滤或更换油液；更换折断的弹簧。

(2)先导阀故障。先导调压弹簧折断；锥阀或钢球碎裂；先导阀卡死不能落座。

解决方法：更换破损件或补装零件，使先导阀恢复正常工作。

(3)液压泵故障。液压泵联接键脱落或松动；滑动表面间间隙过大；叶片泵的叶子在转子槽内卡死；叶片中的弹簧因所受高频周期负载作用，而疲劳变形或折断。

解决办法：更换或重新调整联接键，并修配键槽；修配滑动表面间隙；拆卸清洗叶片泵；更换折断弹簧。

3. 系统压力升不高

(1)阀结构。主阀芯(或阀座)锥面磨损或不圆；圆锥面处有脏物；锥面与阀座由于机械加工误差导致不同心；主阀压盖处有泄漏；先导阀调整弹簧弯曲或太短、太软，使锥阀与阀座结合处封闭性差。

解决方法：更换或修配溢流阀阀体或主阀芯及阀座；清洗溢流阀；拆卸主阀调整阀芯，更换破损密封垫，消除泄漏，保证密封良好；更换不合格元件或检修先导阀，使之达到使用要求。

(2)阀泄漏

①远控口电磁常闭位置时内泄漏严重。

②阀口处阀体与滑阀严重磨损。

③各连接处螺纹管接头松动。

④远控口管路有泄漏。

解决方法：检修更换失效件，使之达到要求；检查管路消除泄漏。

4. 压力突然升高

(1)由于主阀芯零件工作不灵敏，在关闭状态时突然被卡死。

(2)液压元件精度低，装配质量差，油液过脏。

(3)先导阀阀芯与阀座结合面黏住脱不开，造成系统不能实现卸荷。

解决方法：清洗主阀阀体，修配更换失效零件。

5. 压力突然下降

(1)主阀芯阻尼孔突然被堵。

(2)主阀盖处密封垫突然破损。

(3)主阀芯工作不灵敏，在开启状态突然卡死，如零件加工精度低，装配质量差，油液过脏等。

(4)先导阀芯突然破裂，调整弹簧突然折断。

(5)远控口电磁铁突然断电使溢流阀卸荷,远控口管接头突然脱口或管子突然破裂。

解决方法:

①清洗液压阀类零件,如果是阀类零件被堵,则还应过滤油液。

②更换破损元件,检修失效零件。

③检查消除电气故障。

三、单向阀的故障分析和排除

1. 不起单向控制作用

(1)单向阀密封不良:若钢球精度差,则调换钢球;若阀芯与阀体孔座接触不良,则需配研,使其密封良好。

(2)阀芯被卡住:阀芯与阀体孔配合间隙太小,则需配研,控制配合间隙为0.008~0.015mm;若因阀芯被锈蚀拉毛或被污物堵塞,则需拆卸清洗,并用金相沙纸抛光阀芯外缘表面。

(3)弹簧断裂:更换。

2. 液控单向阀不能反向导通

(1)控制油压不足:适当提高油压。

(2)弹簧太硬,打不开阀芯:更换弹簧。

液控口漏装O型密封圈,或密封圈损坏,使液控油泄漏:补装或更换密封圈。

四、换向阀的故障分析和排除

1. 电气故障

(1)电气线路故障

①电气线路被拉断,电磁铁不通电,无控制信号:更换电线,使电磁铁通电。

②电极焊接不良,接头松脱:重新焊接接头。

③电压太低或不稳定:检查电磁铁两端电压,其变化值应在额定电压的10%以内。

(2)电磁铁线圈发热至烧毁

①线圈绝缘不良,产生漏电:更换线圈。

②电磁铁铁芯不合格,吸不住:更换电磁铁铁芯。

③推杆过长,电磁铁铁芯不能吸到位:修整推杆到适当位置。

④电磁铁在高频作用下工作,铁芯干摩擦而引发热膨胀,使铁芯卡死:检修或更换铁芯。

2. 机械故障

(1)电磁换向阀动作不灵:

①阀芯与阀体孔配合间隙太小,摩擦阻力太大,阀芯不能到位:检查配合间隙,配研阀体孔或阀芯外圆。

②阀芯或阀孔几何精度差,移动时有卡死现象:修复阀芯或阀体孔精度。

③弹簧太硬或太软,太硬使阀芯行程不足,太软使阀芯不能复位:更换合适的弹簧。

④联接螺钉紧固不良,使阀孔变形:重新紧固螺钉,并使之受力均匀。

⑤油温太高,使零件变形而产生卡死现象:检查油温过高原因,采取措施降低油温。

⑥油黏度太高,使阀芯运动不灵活:更换适宜的油液。

⑦油液过脏,使阀芯被卡住:过滤或更换油液,清洗阀芯与阀体内孔。

3. 液压系统的故障

(1)控制管路无油

①控制管路电磁阀不换向:检查电磁阀不换向的原因,针对原因进行检修。

②控制管路被堵塞:检查清洗,使控制管路畅通。

(2)控制管路压力不足

①控制阀端盖处漏油:拧紧控制阀端盖螺钉。

②滑阀回油腔一端节流阀调节过小或被堵死:清洗节流阀并调整适当。

五、减压阀故障分析和排除

1. 不起减压作用

(1)直动式减压阀方向装错,使回油孔堵塞:重新装配顶盖,将顶盖上的回油孔与阀体上的回油孔对准。

(2)滑阀与阀体孔的制造精度差,滑阀被卡住:配研滑阀与阀体孔,使之移动灵活无阻滞。

(3)滑阀上的阻尼小孔被堵塞:清洗并疏通滑阀上的阻尼孔。

(4)调压弹簧太硬或发生弯曲被卡住:更换软硬长度合适的弹簧。

(5)钢球或锥阀与阀座孔配合不良:更换钢球或修磨锥阀并研配阀座孔。

2. 压力不稳定

(1)滑阀与阀体配合间隙过小,滑阀移动不灵活:修磨滑阀并研磨滑阀孔,使配合间隙符合要求。

(2)滑阀弹簧太软,产生变形或在滑阀中被卡住,使滑阀移动困难:更换软硬合适的弹簧。

(3)滑阀阻尼孔时通时堵:更换液压油,清洗并疏通滑阀上的阻尼孔。

(4)锥阀与锥阀座接触不良,如锥阀磨损有伤痕,阀座孔不圆:修磨锥阀,并研磨阀座孔,使之配合良好。

(5)锥阀调压弹簧变形:更换调压弹簧。

(6)液压系统内进入空气。

3. 泄漏严重

(1)滑阀磨损后与阀体孔配合间隙太大:滑阀与阀体孔配磨,使其间隙达到规定值。

(2)密封件老化或磨损:更换密封件。

(3)锥阀与阀座孔接触不良或磨损严重:修磨锥阀,研磨阀体孔,使其配合紧密。

(4)各连接处螺钉松动或拧紧力不均匀:紧固各连接处螺钉。

六、顺序阀的故障分析和排除

1. 出油腔始终出油不能关闭

(1)由于制造精度差或配合间隙过小,使滑阀在打开的位置上卡死:研磨滑阀、阀体孔,使配合间隙符合要求。

(2)油液太脏,滑阀在打开的位置上被卡死:检查油质,过滤或更换,清洗滑阀与阀体,使滑阀能灵活移动。

(3)锥阀与锥阀座孔接触不良或磨损严重:修磨锥阀并研磨座孔,使之密封良好。

(4)调压弹簧断裂:更换弹簧。

(5)滑阀弹簧太软使滑阀不能复位:更换软硬合适的弹簧,使滑阀在弹簧力下能复位。

2. 出油腔不出油,始终关闭

(1)滑阀与阀体孔配合间隙太大,使滑阀两端窜油,滑阀不能移动:重配滑阀,保证配合间隙在规定范围内。

(2)滑阀与阀体孔制造精度差或配合间隙过小,使滑阀在关闭位置卡死:修配滑阀并研磨阀体孔,使配合间隙符合要求。

(3)油液太脏,阻尼孔被堵塞或使滑阀在关闭位置上卡死:检查油液质量,若不符合要求,则应对油液进行过滤或更换;清洗滑阀与阀体,使阻尼孔畅通。

(4)液控油压力不足或液控管路接头螺母未拧紧,使液控油液泄漏:提高液压控制压力,拧紧液控管路螺母。

3. 调定压力不符合要求

(1)滑阀拉毛或弯曲变形,使滑阀在阀体孔内移动不灵活:用金相砂纸抛光滑阀外圆,若弯曲变形严重校正困难时,需更换滑阀。

(2)调压弹簧调整不当:重新调整所需的压力。

(3)调压弹簧变形,最高压力调不上去:更换调压弹簧。

4. 泄漏严重

(1)滑阀磨损后与阀体孔配合间隙太大:重换滑阀,与阀体孔研配,使之达到规定要求。

(2)锥阀与阀座接触不良:修磨锥阀,研磨阀座孔,使其密合。

(3)密封件老化或损坏:更换密封件。

(4)各连接螺钉松动或拧紧力不均匀:紧固各连接处螺钉。

思考与练习

4-1　控制阀在液压系统中起什么作用?通常分为几大类?它们有哪些共同点?应具备哪些基本要求?

4-2　方向控制阀在液压系统中起什么作用?常见的类型有哪些?

4-3　何谓三位换向阀的中位机能?常用的中位机能有哪些?其特点和应用怎样?

4-4　试举例说明先导式溢流阀的工作原理。溢流阀在液压系统中有何应用?

4-5　试举例说明先导式减压阀的工作原理。减压阀在液压系统中有何应用?

4-6　溢流阀、减压阀与顺序阀的主要区别有哪些?

4-7　如何计算通过节流阀的流量?哪些因素影响流量的稳定性?

4-8 压力补偿调速阀为什么能保证通过它的流量稳定?

4-9 试画出各种控制阀的职能符号。

4-10 图 4-41 中溢流阀的调定压力为 5MPa,减压阀的调定压力为 2.5MPa,设缸的无杆腔面积 $A_1=50\text{cm}^2$,液流通过单向阀和非工作状态下的减压阀时,压力损失分别为 0.2MPa 和 0.3MPa。试问:当负载分别为 0,7.5kN 和 30kN 时,缸能否移动? A,B,C 三点压力数值各为多少?

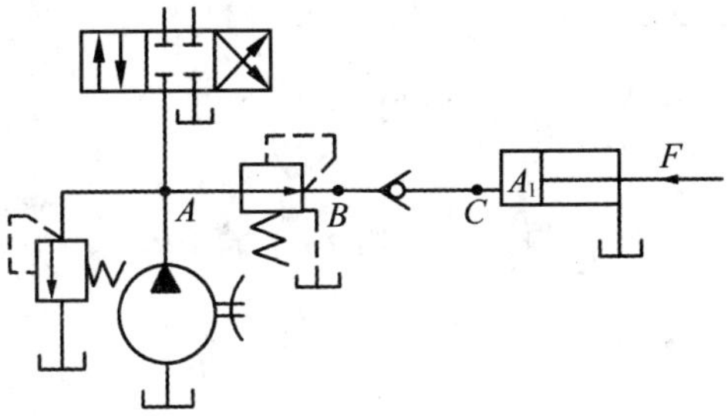

图 4-41

4-11 在图 4-42 所示的两组阀中,溢流阀的调定压力为 $p_A=4\text{MPa}$,$p_B=3\text{MPa}$,$p_C=5\text{MPa}$,试求压力计读数。

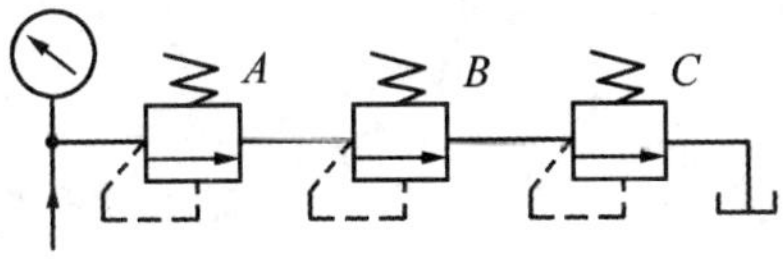

(a)

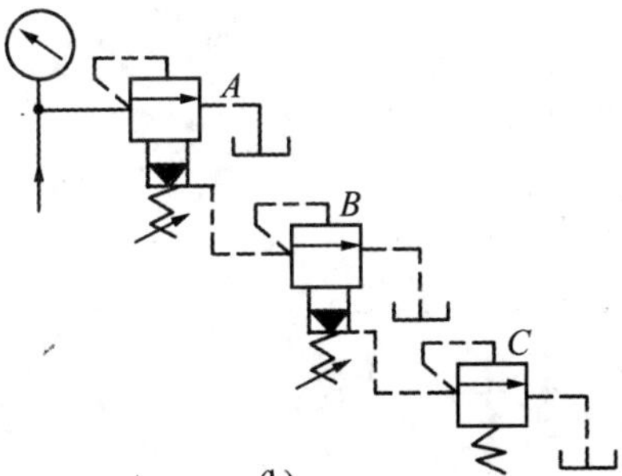

(b)

图 4-42

4-12 在图 4-43 阀组中,各阀调定压力示于符号上方,若系统负载为无穷大,试按电磁铁不同的通断电情况将压力表读数填在表中。

1YA	2YA	压力表读数
−	−	
+	−	
−	+	
+	+	

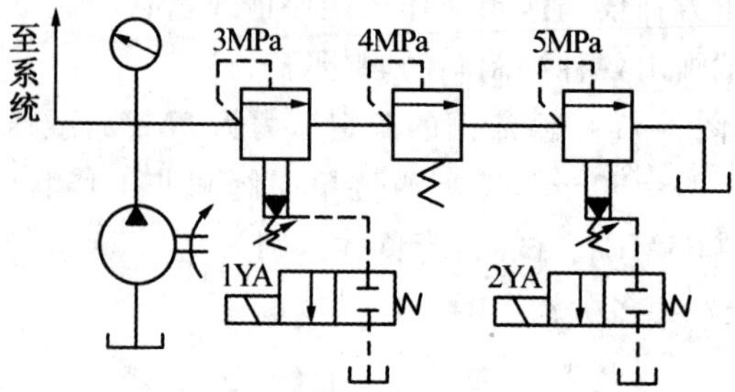

图 4-43

第五章 液压辅助元件

液压辅助元件是液压系统中的一个重要组成部分，它包括蓄能器、过滤器、油箱、热交换器、压力表开关和管系元件等。液压辅助元件对系统的动态性能、工作可靠性、噪声和温升等都有直接影响，必须予以重视，便于更好地选用和维护。

第一节 蓄能器

一、蓄能器的功用

蓄能器是系统中的一种储存油液压力能的元件，它储存多余的压力油，并在需要时释放出来供给系统。它的主要功用有四个方面：

1. 短时间内大量供油

在液压系统工作循环的不同阶段需要的流量变化较大，在系统不需要大量油液时，可以把液压泵输出的多余压力油液储存在蓄能器内，当系统需要大流量时，能立即释放出所储存的压力油液。如图 5-1(a)所示，液压缸停止运动时，泵向蓄能器充液。当液压缸运动时，蓄能器和泵一起向缸供油。

2. 维持系统压力

如图 5-1(b)所示，当换向阀 5 电磁铁通电后，执行机构夹紧工件，缸左腔油液压力达到顺序阀 7 的调定压力时，阀 7 被打开，使泵卸荷，蓄能器可以补偿系统的泄漏，维持夹紧机构所需的压力。

3. 缓和压力冲击和吸收压力脉动

在液压系统中压力波动较大的场合，当液压泵突然启动或停止、液压阀突然关闭或开启、液压缸突然运动或停止时，系统会产生液压冲击，可在液压冲击处安装蓄能器，起吸收压力脉动，缓和压力冲击的作用，如图 5-1(c)所示。液压泵输出的压力油大多存在压力脉动现象，如在泵的出口处安装蓄能器，可以提高系统工作的平稳性，如图 5-1(d)所示。

4. 做应急动力源

有的系统(如静压轴承供油系统)，当泵损坏或停电不能正常供油，可能会发生事故；或有的液压系统要求供油突然中断时，执行元件应继续完成必要的动作(如液压缸活塞杆应缩回缸内)。因此应该在系统中增设蓄能器作应急动力源，以便在短时间内维持一定压力。

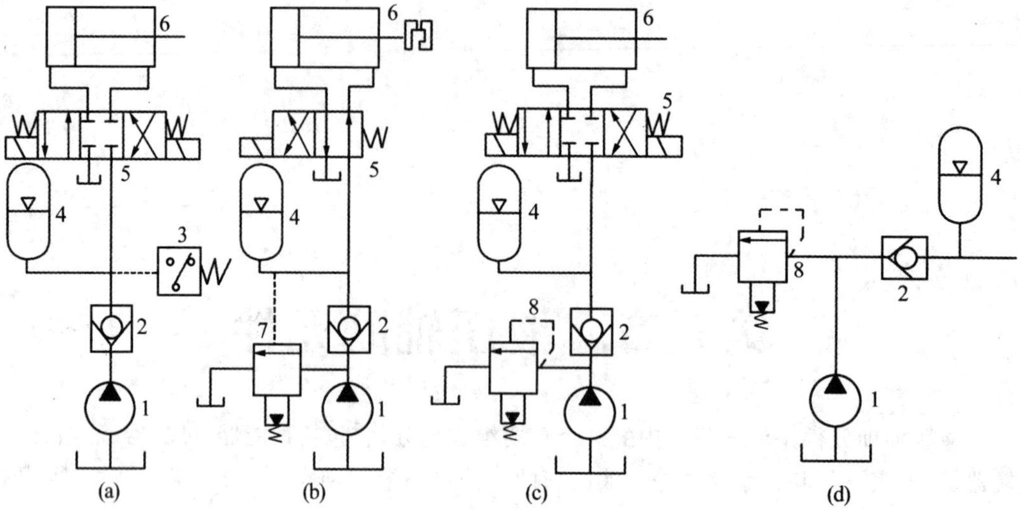

图 5-1　蓄能器的作用

二、蓄能器的结构类型和选用

蓄能器的结构类型主要有充气式、弹簧式和重力式三种。常用的是充气式蓄能器，它利用气体的压缩和膨胀来储存或释放压力能。根据蓄能器中气体和油液隔离方式的不同，充气式蓄能器又分为活塞式、气囊式和隔膜式三种。下面主要介绍常用的活塞式和气囊式两种蓄能器。

1. 活塞式蓄能器

图 5-2 所示为活塞式蓄能器的结构图。该蓄能器用缸筒内的活塞把气体和油液隔离，活塞可在缸筒内浮动，气体（一般为氮气）从充气阀充入蓄能器上腔，蓄能器下腔油口 a 和系统相连，充入压力油。活塞式蓄能器结构简单、工作可靠、安装和维修方便，寿命长，但由于受活塞的惯性和密封件与缸筒的摩擦力的影响，反应不够灵敏，缸筒加工和活塞密封性要求较高，常用来储存能量或用于中高压系统吸收压力脉动。

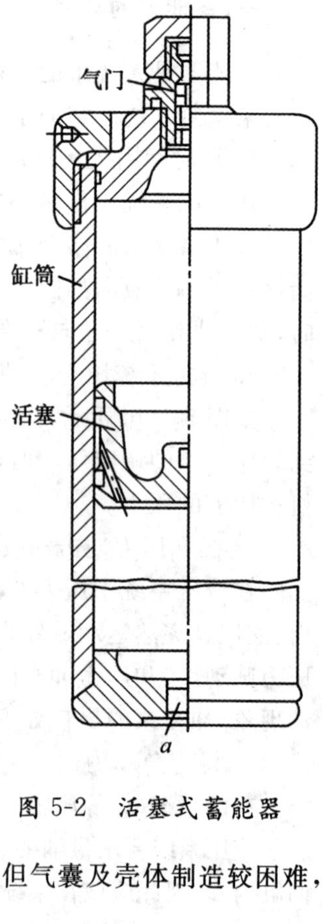

图 5-2　活塞式蓄能器

2. 气囊式蓄能器

图 5-3 所示为气囊式蓄能器的结构图。这种蓄能器是在壳体内装入一个用耐油橡胶制成的气囊，囊内通过充气阀充进一定压力的惰性气体。囊外储油，其压力油经壳体底部的限位阀通入，限位阀还保护气囊在油液全部排出时不被挤出容器之外。气囊与充气阀一起压制而成，充气阀在蓄能器工作前用来为气囊充气，蓄能器工作时则始终关闭。此种蓄能器，油气完全隔离，气囊惯性小，反应灵敏，安装和维修方便，但气囊及壳体制造较困难，

适用于储能和吸收压力冲击。气囊式蓄能器是液压系统中使用较多的一种蓄能器。

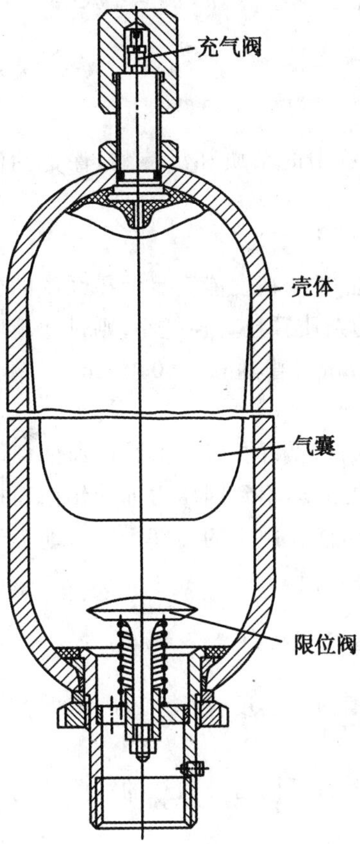

图 5-3　气囊式蓄能器

三、蓄能器的安装

蓄能器安装时应注意以下几点：

(1)蓄能器一般应垂直安装，油口向下。

(2)蓄能器与液压泵之间应设置单向阀，以防止液压泵停车或卸荷时，蓄能器内的压力油倒流回液压泵。蓄能器与管路系统之间应设置截止阀，供充气和检修时使用，还可以用于调整蓄能器的排出量。

(3)吸收压力冲击或压力脉动时，蓄能器宜放在冲击源或脉动源旁；补油保压时，蓄能器宜放在尽可能接近执行元件装置处。

(4)装在管路上的蓄能器，承受着油压作用，需用支架固定。

(5)充气式蓄能器中应使用惰性气体，允许的工作压力视蓄能器的结构形式而定。蓄能器是压力容器，使用时必须注意安全。搬动和装拆时应先将蓄能器内部的压缩气体排出。

第二节 过滤器

一、过滤器的功用和要求

过滤器的功用是滤去油液中的杂质和沉淀物，保持油液的清洁，保证液压系统正常工作。

过滤器的要求：

(1)具有较高的过滤性能，过滤精度能满足液压系统的要求。过滤精度是以滤除杂质颗粒的大小来衡量的，滤除的杂质颗粒直径越小，则过滤精度越高。一般过滤器的过滤精度可分为四级：粗($d \geqslant 0.1$mm)、普通($d \geqslant 0.01$mm)、精($d \geqslant 0.005$mm)和特精($d \geqslant 0.001$mm)。

(2)能在较长的时间内保持足够的通流能力，即通油性能要好。

(3)过滤材料要有一定的强度，不致因压力油的作用而损坏。

(4)滤芯抗腐蚀性能要好，能在规定的温度下持久地工作。

(5)滤芯的清洗或更换要方便。

二、过滤器的主要性能指标

过滤器的主要性能指标有过滤精度、压降特性、纳垢容量、工作压力和温度等。

1. 过滤精度

过滤精度表示过滤器对各种不同污染颗粒的滤除能力，常用绝对过滤精度和过滤比等指标来评定。

绝对过滤精度是指通过滤芯元件的坚硬球状颗粒的最大尺寸，它反映了过滤器滤芯的最大通孔尺寸。一般要求绝对过滤精度应小于元件间运动副间隙的一半。绝对过滤精度是选用过滤器时要考虑的最重要的性能指标。

过滤比是指油液经过滤器过滤前后大于某一尺寸的颗粒数之比。过滤比能确切地反映过滤器对不同尺寸颗粒污染物的过滤能力，由于其测试方法简单，国际标准化组织已采纳它作为评定过滤器过滤精度的性能指标。

2. 压降特性和纳垢容量

压降特性主要是油液通过过滤器滤芯时所产生的压力损失。滤芯的精度愈高，所产生的压力降愈大。

纳垢容量是指过滤器在压力降达到规定值以前，可以滤除并容纳的污染物含量。纳垢容量愈大，过滤器的使用寿命就愈长。

三、过滤器的典型结构与选择

常用的过滤器有网式、线隙式、烧结式、纸芯式和磁性式等多种。

1. 网式过滤器

图 5-4 所示为网式过滤器的结构图。它由上盖、下盖、细铜丝网和筒形骨架等组成。细

铜丝网包在周围开有很多窗孔的塑料或金属筒形骨架上。过滤精度由网孔大小和层数决定，一般滤除杂质颗粒 $d \geqslant 0.08 \sim 0.18$mm，压力损失不超过 0.01MPa。网式过滤器结构简单，流通能力大，压力损失小，清洗方便，但过滤精度低，多在系统的吸油路上作粗滤用。

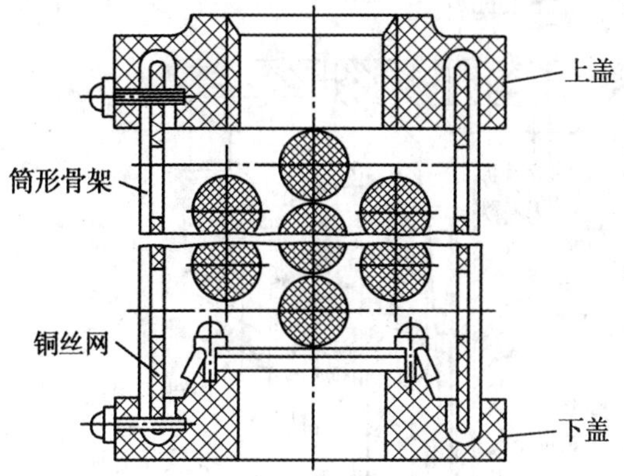

图 5-4　网式过滤器

2. 线隙式过滤器

图 5-5 所示为线隙式过滤器的结构图。线隙式过滤器的滤芯是用铜线或铝线缠绕在筒形骨架的外圆上制成的。利用线间的微小缝隙进行过滤。一般滤除杂质颗粒 $d \geqslant 0.03 \sim 0.1$mm，压力损失为 0.03～0.06MPa。线隙式过滤器结构简单，流通能力大，但滤芯材料强度低，不易清洗。常用在回油低压管路或液压泵的吸油口处。

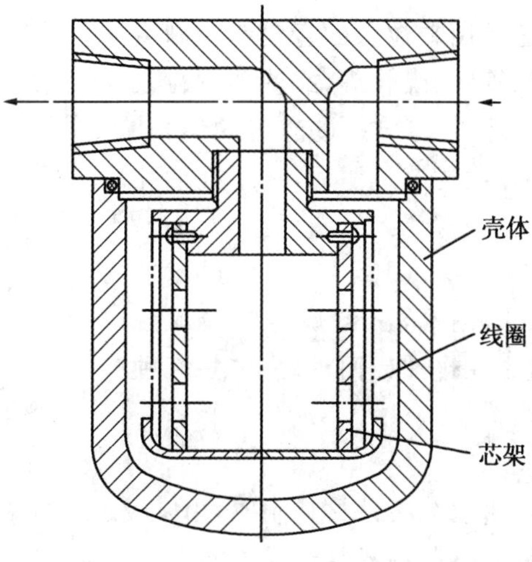

图 5-5　线隙式过滤器

3. 纸芯式过滤器

纸芯式过滤器的滤芯是由厚度为 0.35～0.75mm 的平纹或波纹的酚醛树脂或木浆微孔滤纸构成的，滤芯构造如图 5-6 所示。为了增大过滤面积，纸芯常制成折叠形。油液从外进入纸芯后流出，它可滤去 $d \geqslant 0.01 \sim 0.02$mm 的杂质颗粒，压力损失为 0.01～

0.04MPa。此种过滤器过滤效果好，但流通能力小，易堵塞且堵塞后难清洗，需要经常更换纸芯。适用于对油液要求较高的低压小流量系统。

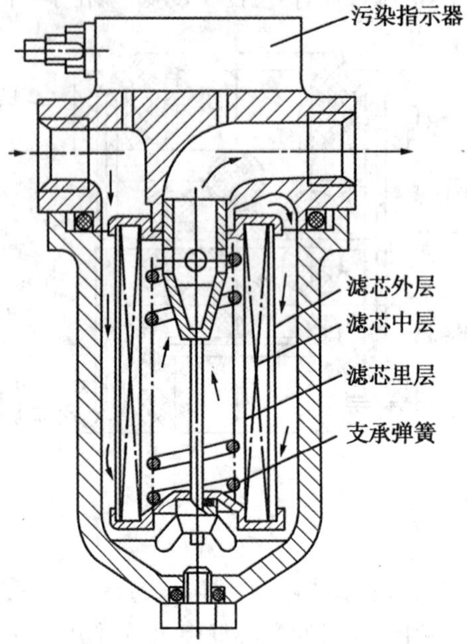

图 5-6　纸芯式过滤器

4. 烧结式过滤器

烧结式过滤器的滤芯是用颗粒状的青铜粉压制后烧结而成的，可做成杯状、管状、碟状等，靠滤芯颗粒之间的间隙滤油。图 5-7 所示为烧结式过滤器的结构。油液从左侧油孔进入，经杯状滤芯过滤后，从下面油孔流出。这种过滤器能滤去杂质颗粒 $d \geqslant 0.01 \sim 0.1$mm，压力损失为 0.03～0.2MPa。烧结式过滤器制造简单，强度高，耐腐蚀，耐高温，但烧结颗粒易脱落，堵塞后清洗困难。常用在排油或回油路上，是一种应用广泛的过滤器。

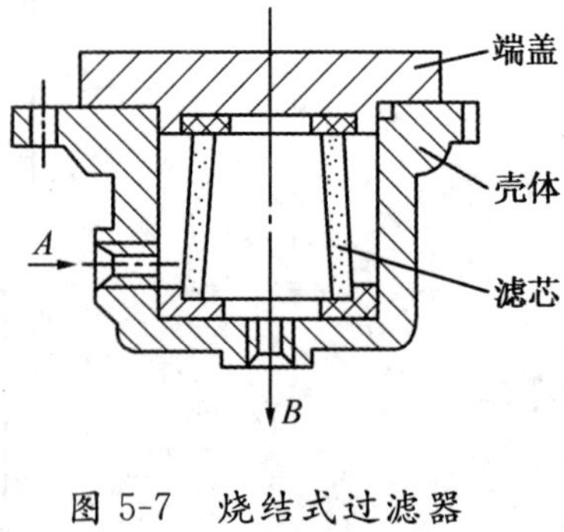

图 5-7　烧结式过滤器

5. 磁性式过滤器

这种过滤器的滤芯是由永久磁性材料制成，用以吸附油液中的铁屑、铁粉或带磁性的磨料。常与其他形式的滤芯一起制成复合式过滤器，特别适用于加工钢铁件的机床液压系统。

过滤器的职能符号如图 5-8 所示。

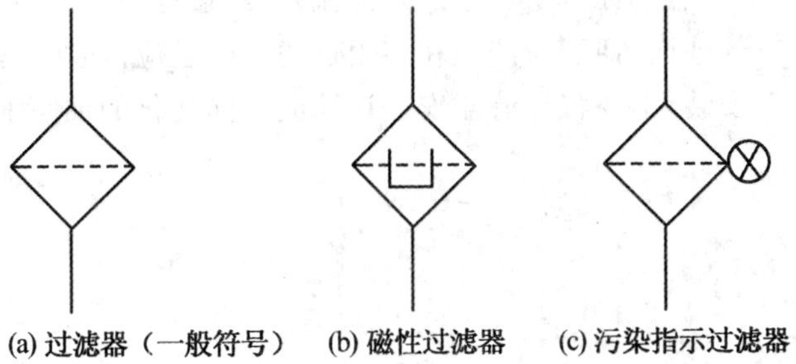

图 5-8　过滤器的职能符号

四、过滤器的安装

过滤器在液压系统中的安装位置如图 5-9 所示，主要有以下几种：

(1)安装在液压泵的吸油管道上。如图 5-9 中的过滤器 1。此种安装方式要求过滤器有较大的流通能力和较小的压力损失，防止大颗粒杂质进入泵内，以保护液压泵。一般安装网式过滤器。

(2)安装在液压泵的输油管道上。如图 5-9 中的过滤器 2。此种安装方式可以保护泵以外的其他液压元件，但过滤器应能承受油路上的工作压力和冲击压力，压力损失一般应小于 0.35MPa。为了防止过滤器堵塞，一般与过滤器并联安全阀或安装堵塞指示装置。

(3)安装在系统的回油路上。如图 5-9 中的过滤器 3。过滤器安装在回油路上，可以滤去油液回油箱前侵入系统或系统生成的杂质。为防备过滤器堵塞，应并联一个安全阀。由于回油压力低，可采用滤芯强度较低的过滤器。

(4)安装在独立的过滤系统中。如图 5-9 中的过滤器 4。在大型液压系统中，可专设由液压泵和过滤器组成的独立过滤系统，不间断地清除系统中的杂质，以保证油液的清洁度。

(5)安装在重要元件之前。在重要元件的前面，根据需要可以安装单独的过滤精度高的过滤器，以确保这些元件的正常工作。

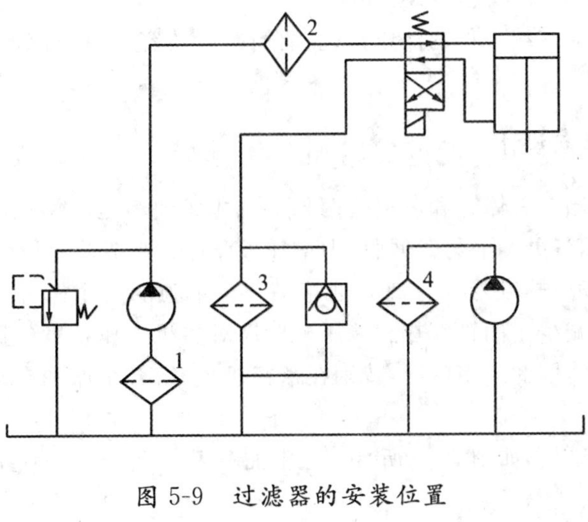

图 5-9　过滤器的安装位置

过滤器安装时，应注意使油液从滤芯的外部流入，经过滤芯过滤后，从滤芯里面流出，以使杂质积存在滤芯的外面，便于清洗。在使用过滤器时还应注意过滤器只能单向使用，即按规定的液流方向安装，不要将过滤器安装在液流方向变化的油路上。

第三节 油 箱

一、油箱的功用和要求

油箱在液压系统中的功用是储存油液，散发油液中的热量，分离油液中的气体和沉淀油液中的污物等。

油箱应满足下列要求：

(1)具有足够的容量，以满足系统对油量的要求。

(2)能分离出油液中的空气和其他污物，并能散发出油液在工作过程中所产生的热量，使油温不超过允许值。

(3)油箱的上部应有通气孔，以保证液压泵正常吸油。

(4)便于油箱中元件和附件的安装和更换，以及便于装油和排油。

二、油箱容积的确定

油箱容积的确定主要是根据压力和散热的要求，常用两种方法确定油箱容积：一种是估算法，另一种是近似法。

对于不要求准确计算油箱容积的液压系统，油箱的有效容积可用估算法确定：

在低压系统中，取 $V=(2\sim4)q_V$

在中压系统中，取 $V=(5\sim7)q_V$

在高压系统中，取 $V=(7\sim12)q_V$

式中：V——油箱的有效容积(L)，液面高度占油箱高度80%时的油箱容积。

q_V——液压泵的额定流量(L/min)。

对于高压且长期连续工作的液压系统，油箱的有效容积可按液压系统的总发热量进行近似计算。

三、油箱的结构与设计

液压系统中油箱有总体式和分离式两种。总体式油箱是利用主机的内腔作为油箱。此种油箱结构紧凑，各处漏油易于回收，但增加了设计和制造的复杂性，检修不方便，散热性能差，易使主机发生热变形。分离式油箱是一个单独的与主机分开的装置，它布置灵活，维修保养方便，减少了油箱发热和液压源振动对主机工作精度的影响，便于设计成通用化、系列化的产品，因此应用广泛，特别在精密机械、组合机床和自动线上，都采用这种形式的油箱。

分离式油箱的结构，如图5-10所示。通常油箱用2.5～5mm钢板焊接而成。

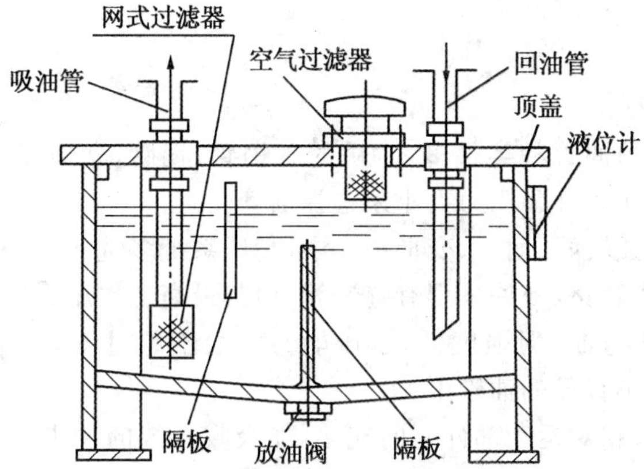

图 5-10　分离式油箱

根据液压系统对油箱的要求，在设计油箱时应注意以下几点：

(1)油箱应有足够的容量。在液压系统工作时，油面应保持一定的高度，以防止液压泵吸空。为防止系统中的油液全部流回油箱时溢出油箱，油面高度一般不超过油箱高度的4/5。

(2)吸油管和回油管应尽量相距远些，两管之间用隔板隔开，以增加油箱内油液的循环距离，使油液有足够的时间散发热量、分离气泡、沉淀污物。

(3)吸油管的底端要装过滤器以使泵吸入清洁油液。过滤器及回油管底端在油面最低时仍应浸没在油液中，以防止吸油时吸入空气，回油时混入空气。吸油管与回油管端部应制成45°管口，以增大通流截面，减小液流速度。此外，应使回油管斜切口面对箱壁，以利于油液散热。吸、回油管端部离箱底距离应大于2倍管径，距箱壁应大于3倍管径。

(4)为了防止油液被污染，油箱上各盖板、管口处都要妥善密封；注油器上要加滤油网；通气孔上须装空气过滤器，其通气流量不小于泵额定流量的1.5倍；油箱内回油集中部分及清污口附近宜装设一些磁性块，以去除油液中的铁屑和带磁性的颗粒。

(5)为了排净存油和清洗油箱，油箱底板应有适当的坡度，并在最低部位设置放油口。

(6)油箱底部应设底脚，底脚高度一般为150～200mm，以利于通风散热和排除箱内油液。

(7)在油箱侧壁安装液位计，以指示油位高低。为清洗方便应在侧面设置清洗窗孔。箱内各处应便于清洗。

(8)大尺寸油箱要加焊角板、筋条，以增加刚度。当液压泵及其驱动电动机和其他液压元件都要装在油箱上时，油箱顶盖要相应地加厚，其厚度应比侧壁厚3～4倍。大中型油箱应设置起吊钩或孔。

(9)油温控制在15℃～65℃之间，必要时设置热交换器。

第四节　油管及管接头

油管及管接头用来连接液压元件、保证液压油的循环和能量传递。因此应保证具有足够的强度，良好的密封性能，无泄漏，压力损失小，装拆方便等。管路选择不当，往往容易产生系统振动、发热或压力损失过大等不良现象。因此，要正确地设计和选用油管和管接头。

一、油　管

1. 油管的类型特点

液压系统中使用的油管种类很多,常用的有钢管、铜管、塑料管、尼龙管、橡胶管等。通常根据液压装置工作条件和压力大小来选择油管。

钢管:耐油、抗腐蚀较好、耐压、变形小。中、高压系统多选用10号,20号冷拔无缝钢管。吸油、回油等低压管路,允许采用有缝钢管,但其最高工作压力应不大于1MPa。

紫铜管:柔软便于弯曲,但强度低,承压能力一般不超过6.5～10MPa,易使油液氧化,价格高,一般用于小直径的油管中。

橡胶软管:用于有相对运动部件间的连接,能吸收系统的冲击和振动。装配方便,但制造困难,成本高,常用刚性耐油橡胶麻线或棉线制成。

塑料管:价格便宜,不耐压,适宜作回油管或泄油管。

尼龙管:耐压2.5MPa,可用于中低压系统。

2. 油管的选用

油管的内径和壁厚可由下面的公式计算:

$$d=2\sqrt{\frac{q_V}{\pi v}}$$

$$\delta=\frac{pdn}{2\sigma_b}$$

式中　d——油管内径。

q_V——通过油管的流量。

v——管中油液的流速,一般吸油管取0.5～1.5m/s;回油管取1.5～2.5m/s,高压油管取2.5～5m/s。

δ——油管壁厚。

p——管内工作压力。

n——安全系数,对钢管来说,$p<7$MPa时,取$n=8$;7MPa$<p<$17.5MPa时,取$n=6$;$p>$17.5MPa时,取$n=4$。

σ_b——管道材料的抗拉强度。

计算出油管内径和壁厚后,一般根据标准,查手册确定d和δ。

油管安装时应避免过多的弯曲,布置位置要适当,必要时将油管加以固定,以免产生不必要的振动。另外,油管尽可能短而直,弯曲角度尽量小。

二、管接头

管接头是油管与油管、油管与液压元件间的可拆卸的连接件。管接头的种类很多,具体规格品种可查阅有关手册。管接头与其他元件的联接螺纹采用国家标准米制锥螺纹和普通细牙螺纹。

液压系统中油管与管接头的常见连接方式如下:

1. 卡套式管接头

如图5-11所示,卡套式管接头是由管接头、卡套、压紧螺母等组成。旋紧螺母时,卡套被推进锥孔并使之变形，使卡套与接头体内锥面形成球面接触密封；同时，卡套的内刃口嵌入管子的外壁，在外壁压出一个环形凹槽而密封。这种管接头密封性好、结构简单、体积小、重量轻，工作压力为 6～40MPa，应用较多。

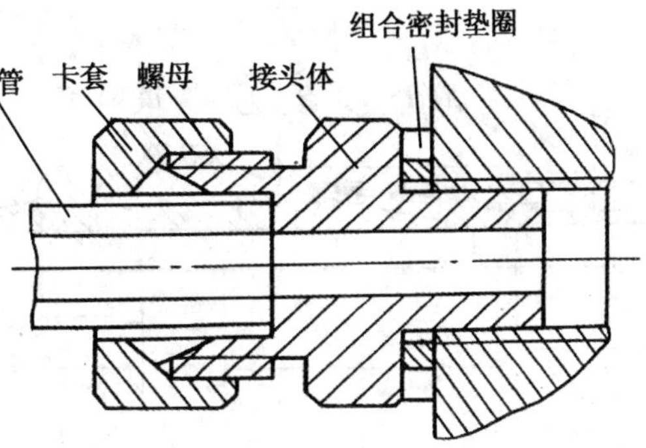

图 5-11　卡套式管接头

2. 扩口式管接头

扩口式管接头适用于连接外径 32mm 以下铜管、铝管和薄壁钢管，如图 5-12 所示。接管端部扩口 70°～80°，用螺母把导套连同接管压紧在接头体上形成密封，它适用的工作压力在 8MPa 以下。

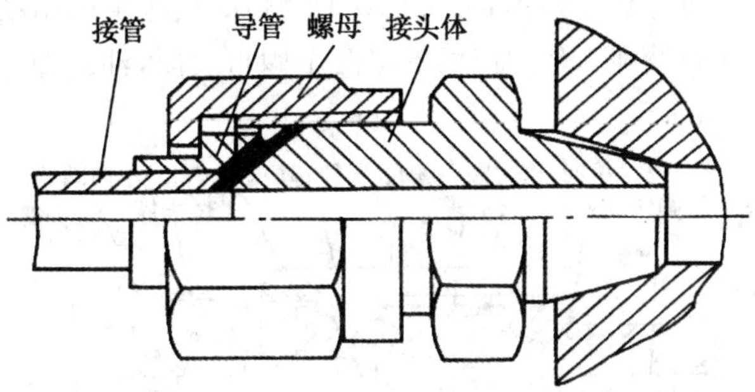

图 5-12　扩口式管接头

3. 焊接式管接头

焊接式管接头由接头体螺母和连接管组成，如图 5-13 所示。连接时，要将管子与连接管焊接在一起。连接管与接头体之间的密封有球面压紧和密封垫圈密封两种形式。这种管接头制造简单，工作可靠，拆装方便，工作压力可达 32MPa。

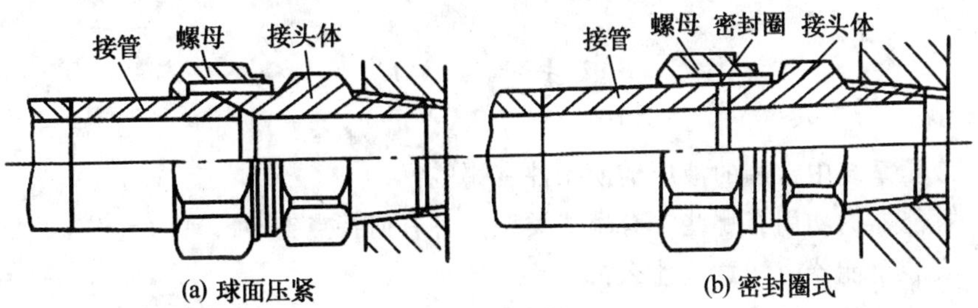

图 5-13　焊接式管接头

4. 扣压式胶管接头

扣压式胶管接头是由接头外套和接头芯组成，如图 5-14 所示。用来连接橡胶软管，装配时需剥离胶管的外胶层，在专门设备上扣压而成。这种管接头结构紧凑，外径尺寸小，密封可靠。

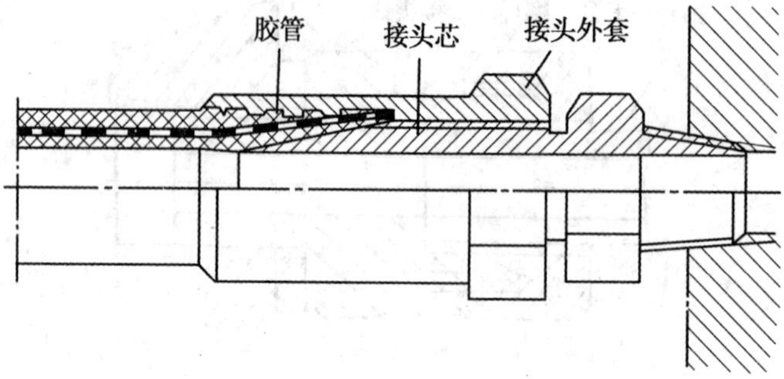

图 5-14　扣压式胶管接头

5. 快换接头

快换接头的装拆无需工具，适用于需经常装拆处。图 5-15 所示为两个接头体连接时的工作位置，两单向阀的前端顶杆相互挤顶，迫使阀芯后退并压缩弹簧，使油路接通。需要断开油路时，可用力将外套向左推，钢球（5～12 颗）即从接头体的槽中退出，再拉出接头体，两单向阀分别在弹簧和卡环的作用下将两个阀口关闭，油路即断开，同时外套在弹簧作用下复位。

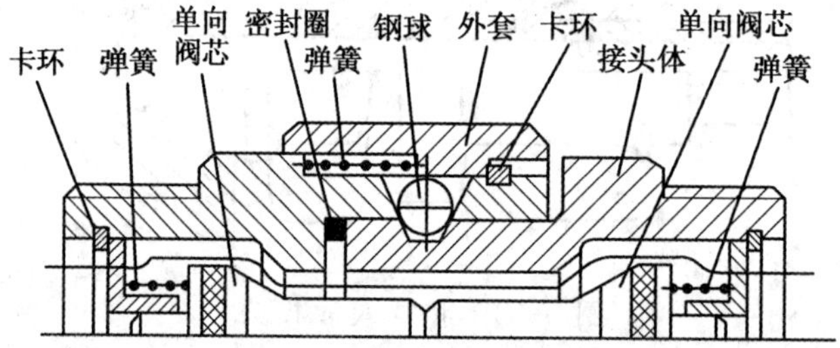

图 5-15　快换接头

液压系统的泄漏问题大部分出现在管路的接头上，所以对接头形式、管材、管路的设计以及管路的安装等都要认真对待，以免影响整个液压系统的使用质量。

思考与练习

5-1　液压系统中常用的液压辅助元件有哪些？

5-2　蓄能器的功用有哪些？有哪些类型？各有何特点？

5-3　安装蓄能器应注意些什么？

5-4　过滤器的功用是什么？对过滤器有何要求？

5-5　常用的过滤器分哪几种类？各有何特点？

5-6　过滤器一般安装在液压系统中的什么位置？为什么？

5-7　油箱的作用是什么？如何确定油箱的有效容积？

5-8　液压系统中常用的管接头有哪几种？

第六章　液压系统基本回路

液压系统不论其复杂程度如何，总是由一些能完成某种特定功能的基本回路组成。掌握典型基本回路的组成、工作原理和工作性能，有助于分析和设计液压系统。

基本回路按控制的功能可分为压力控制回路、方向控制回路、速度控制回路和多缸动作控制回路。

第一节　压力控制回路

利用压力控制元件控制液压系统主油路或分支油路压力的回路称为压力控制回路。

压力控制回路主要有调压、卸荷、减压、保压、增压、释压和平衡等基本回路。

一、调压回路

调压回路的作用是在定量泵系统中用来调定系统压力与负载相适应并保持恒定值，在变量泵系统中限定系统的最高压力，保护液压元件。调压回路的主要元件是溢流阀。

1. 单级调压

(1)图 6-1(a)所示的定量泵系统中，溢流阀常与节流阀一起使用，节流阀阀口调定后控制进入缸内的流量，多余油液经溢流阀流回油箱，并调定系统压力，调定压力与负载相适应，即起溢流稳压作用。常用先导式溢流阀，获得较好的稳压效果。

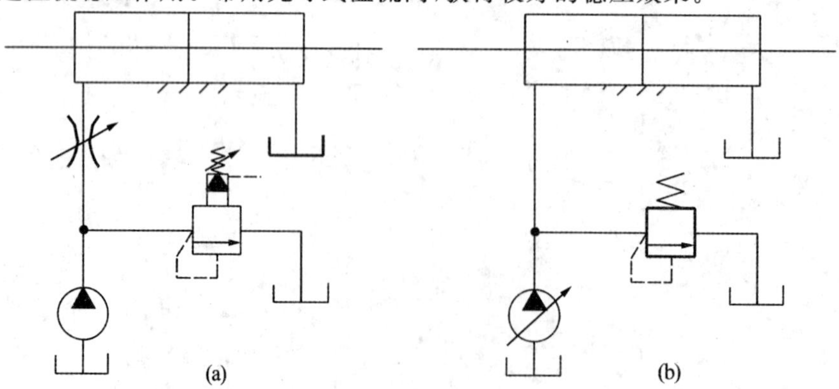

图 6-1　单级调压

(2)图 6-1(b)所示的变量泵系统中，由于泵出口流量随出口压力(即负载)的变化而变化，无多余油液回流，但为了保护系统，在变量泵出口设置溢流阀，正常工作时阀口关闭，不溢流，只有当系统因为负载升高，压力超过溢流阀调定值时，才开始溢流，起限压保护作用。常用直动式溢流阀，其灵敏性好。

2. 多级调压

如图 6-2 所示，采用先导式溢流阀 2 的远程调压，远程调压阀 4 和 5 的调定压力一定要小于主阀的调定压力。上述回路也可将先导阀的远程控制油路直接接到主油路上，但溢流阀 4 和 5 应选用较大的规格。

3. 双向调压

如图 6-3 所示，图中二位四通换向阀 3 左位工作，液压缸左腔进油，由溢流阀 2 调定压力，远程调压阀 4 不起作用；当电磁铁通电后，二位四通阀 3 右位工作，液压缸右腔进油，远程调压阀 4 出口经由换向阀 3 接油箱，从而实现双向调压。该回路适用于执行元件正反行程需要不同压力的场合。

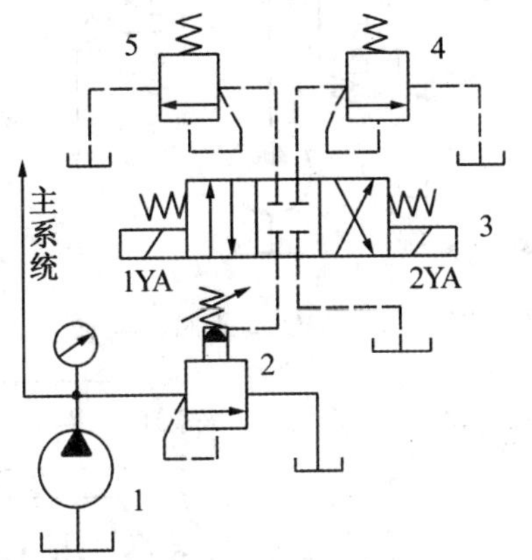

图 6-2 多级调压

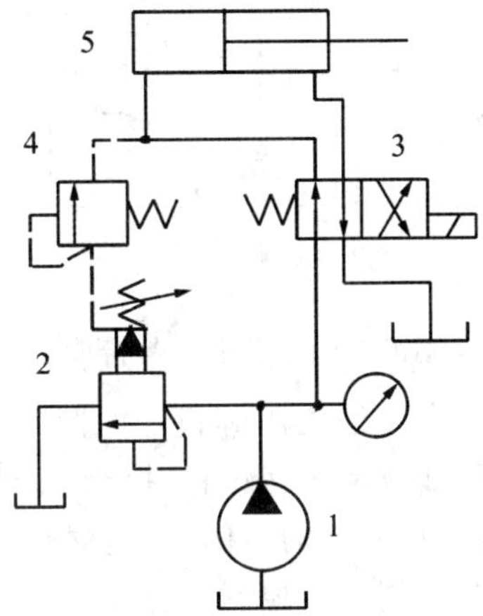

图 6-3 双向调压回路

二、卸荷回路

在液压系统中执行元件短时间停止工作时，在不关闭电动机前提下，为减少液压泵的功率消耗、减小油液发热，应使液压泵卸荷运转，即液压泵出口处功率消耗尽可能小。由液压系统功率表达式 $P=p_{泵}q_{泵}$，卸荷有两种：一种是定量泵系统的压力卸荷，一种是变量泵系统的流量卸荷。

1. 流量卸荷

在应用变量泵的液压系统中，当液压泵出口处压力达到截止压力时，变量泵输出流量为零，实现流量卸荷。这种方法虽然简单，但液压泵处于高压状态，磨损极为严重。

2. 压力卸荷

压力卸荷是在定量泵系统中，由于泵出口处流量为定值，使定量泵在接近零压下工作。常用方法有：

(1)M,H 型三位换向阀的中位卸荷。如图 6-4 所示,换向阀处于中位状态时卸荷,回路结构简单,但在系统压力较高、流量大时易产生换向冲击,一般适用于压力较低和小流量场合。选用换向阀的通径应与泵的额定流量相适应。图中单向阀 3 的作用是当换向阀从中位切换到左位或右位时,为保证有足够的压力作用于主阀芯,使主阀芯移动,实现准确及时换向。

(2)二位二通阀卸荷。如图 6-5 所示,二位二通常闭电磁阀 3YA 通电时液压泵卸荷,二位二通阀的通径应与泵的额定流量相适应。

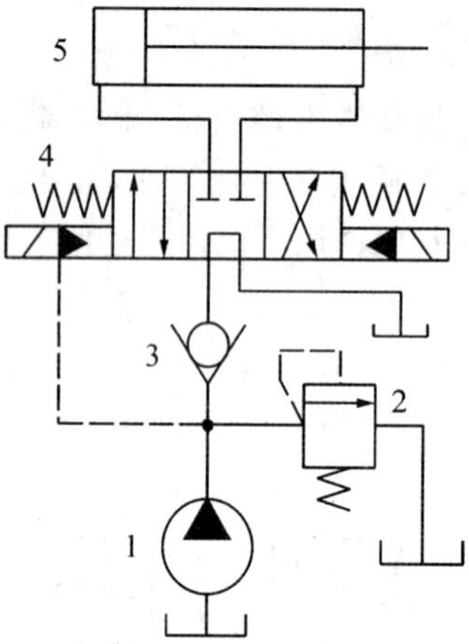

图 6-4　M 型中位卸荷回路

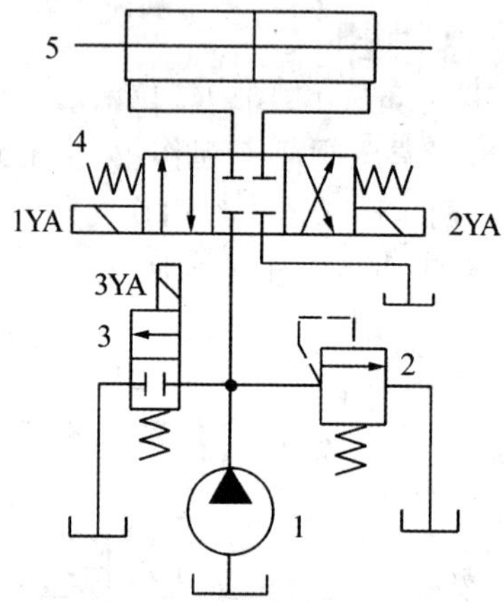

图 6-5　二位二通阀卸荷回路

(3)先导溢流阀卸荷。如图 6-6 所示,由二位二通常闭电磁阀 3 控制先导式溢流阀 2 远程控制口的启闭,当电磁铁 3YA 通电时,先导阀远程控制口打开,经二位二通阀泄油,溢流阀主阀弹簧一侧压力降至最小,主阀芯开启进行卸荷。该回路的特点是便于远程控制,卸荷平稳,而且二位二通阀可选用小流量规格。

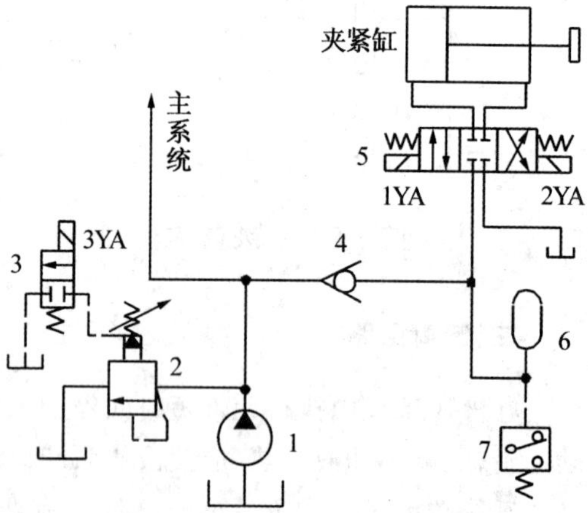

图 6-6　卸荷、保压回路

三、保压回路

在液压系统中液压缸(如夹紧液压缸)某一工作过程需要保持一定的工作压力,常用保压回路。保压回路最简单的方法是在回路中串联单向阀,但保压时间短,压力稳定性差。为此可在保压回路上设置有保压补漏作用的蓄能器。如图 6-6 所示,将工件夹紧后,压力进一步升高至压力继电器 7 的调定值时,压力继电器发出电信号,接通 3YA,液压泵开始卸荷,这时由于主油路压力降低,单向阀 4 关闭。蓄能器起补漏保压作用。

四、减压回路

液压系统中常有多个执行元件，其中主油路的工作压力由溢流阀调定。当某一分支油路(如夹紧油路、控制油路、润滑油路等)所需的工作压力低于溢流阀的调定压力时，常用减压回路。如图 6-7 所示，减压回路的主要元件是减压阀，通常在减压阀后串联一个单向阀，起保压作用，防止在减压阀处于非工作状态(即减压阀口常开，不起减压作用)时，该支路的油压降低。利用先导式减压阀远程控制口可以实现二级减压。

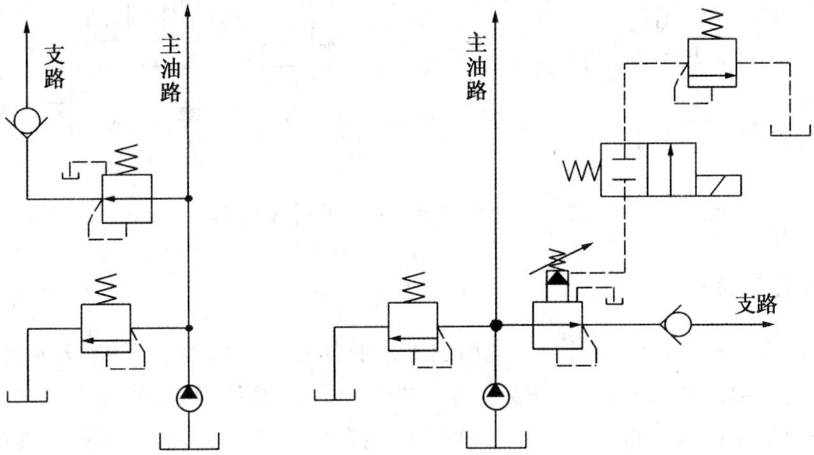

图 6-7　减压回路(一级、二级)

五、增压回路

当液压系统中某一分支油路所需的压力高于主油路压力时，为节省能源，在不采用高压泵的前提下，常使用增压回路。如图 6-8(a)所示，增压缸由大缸和小缸组成，大小活塞由一活塞杆连接，当增压缸左腔进入一定压力 p_1 的液压油，在右腔输出较高压力 p_2 的液压油。原理如下：

设大小活塞直径分别为 D, d，忽略摩擦损失和泄漏，则作用在大小活塞上力的平衡方程为

$$p_1 \frac{\pi D^2}{4} = p_2 \frac{\pi d^2}{4}$$

整理得

$$p_2 = \frac{D^2}{d^2} p_1 \tag{6-1}$$

式中，令 $\frac{D^2}{d^2} = K$，称为增压比，显然 $K > 1$，$p_2 > p_1$。

增压回路有单作用增压回路和双作用增压回路，如图 6-8 所示。

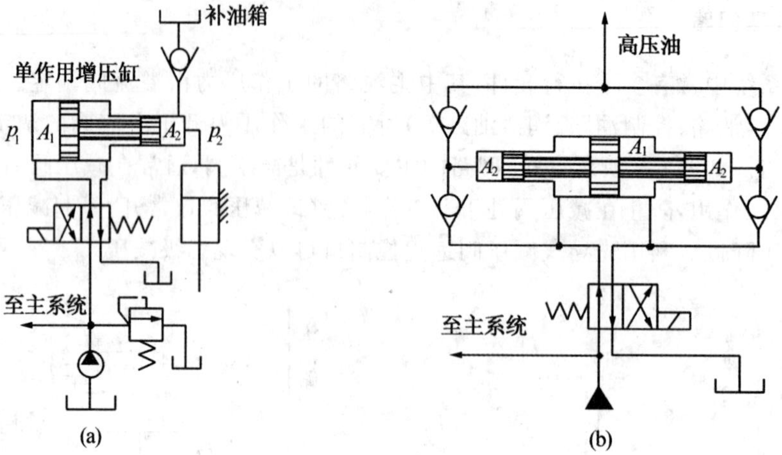

图 6-8　单作用、双作用增压回路

六、释压回路

液压缸在工作过程结束时由于先前的进油腔储存了一定的液压能，若迅速换向会产生液压冲击，在缸径大于 25cm、压力大于 7MPa 的液压系统中，通常设置释压回路，换向前缓慢释放高压腔内压力。如图 6-9(a)所示，液压缸上腔进油，活塞下行结束后，M 型换向阀切换到中位，使液压泵卸荷。液压缸上腔内的高压油经节流阀释压。释压的快慢由节流阀调节，释压后，换向阀切换至左位，活塞上升。如图 6-9(b)所示，释压和换向自动完成，当工作行程结束后，换向阀先切换到中位使泵卸荷，同时液压缸上腔通过节流阀释压，当压力降至压力继电器的调定压力时，发出电信号，使换向阀切换到右位，压力油打开液控单向阀，液压缸上腔开始回油，活塞上升。

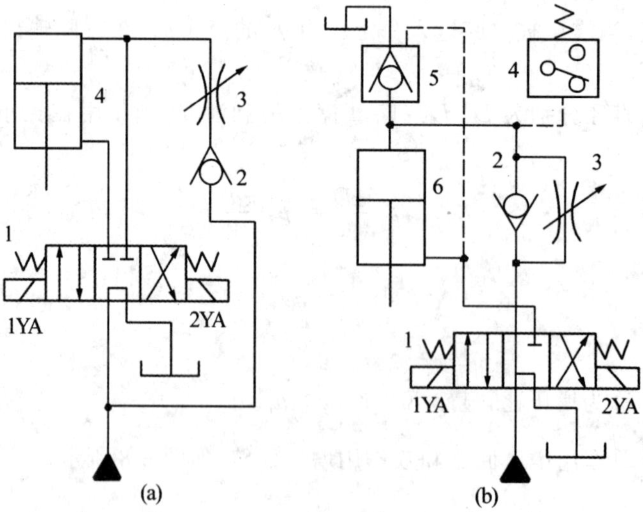

图 6-9　释压回路

七、平衡回路

为防止立式液压缸及工作部件在悬空停止期间，因自重而下行或失控超速，应设置平衡回路。如图 6-10 所示，采用外控单向顺序阀的平衡回路。活塞下行时，来自进油路并经节流阀的控制油打开顺序阀，其背压较小，系统效率高，缺点是由于顺序阀的泄漏，运动部件在悬停过程中存在缓慢下降现象。

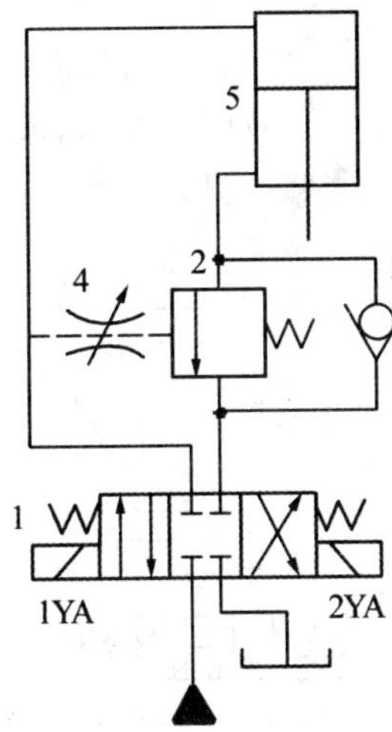

图 6-10　顺序阀平衡回路

第二节　方向控制回路

液压系统中，通过控制液流的通、断及流动方向实现执行元件的起动、停止和换向的回路，称为方向控制回路。方向控制回路有换向回路和锁紧回路两种。

一、换向回路

换向回路的基本要求是：换向可靠、平稳、精度高。执行元件的换向一般分为制动减速、停留和反向起动三个环节。换向回路主要由换向阀来实现，如三位四通换向阀，二位四通换向阀等。不同操纵方式的换向阀具有不同的换向性能要求。

手动换向精度和平稳性不高，适用于间歇换向且无需自动化的场合。如一般机床夹具、工程机械等。

电磁换向易于实现自动化，但换向时间短，换向冲击大，换向力小，只适用于小流量、平稳性要求不高的场合。

机动换向位置精度较高，作用于换向阀芯上的力大，常用于速度和惯性力较大的场合，但要设置合适的挡块迎角或轮廓曲线，以减小换向冲击。

液动或电液动换向常用于流量超过 63L/min、对换向精度和平稳性有较高要求的场合。

二、锁紧回路

锁紧回路是通过控制阀将液压缸两腔内液压油封闭，使液压缸能在任意位置停留，且外力作用时也不能移动的回路。

1. 由 O 型、M 型三位四通换向阀实现锁紧

该回路存在较大的泄漏，锁紧效果较差，只用于锁紧时间短而且要求不高的液压系统。

2. 由液控单向阀实现锁紧

如图 6-11 所示，换向阀处于中位时液压泵卸荷，液控单向阀关闭，实现液压缸锁紧。该回路的特点是密封性好，泄漏小，锁紧效果好。

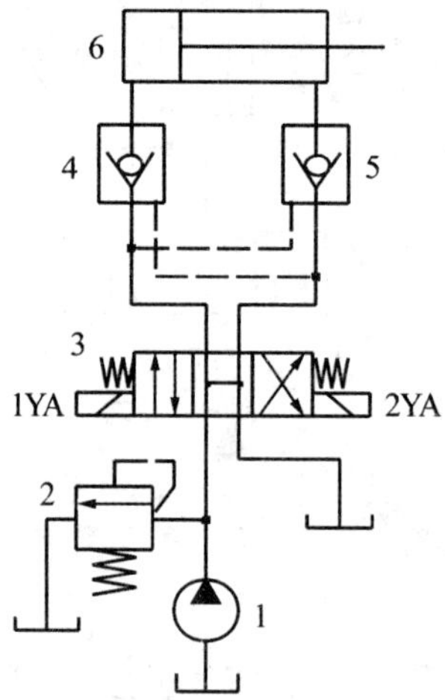

图 6-11　锁紧回路

第三节　速度控制回路

液压系统中执行元件在不同的工作过程中有不同的速度要求。

速度控制回路包括：空载时要求高效率的快速运动回路、工进时要求速度平稳的调速回路、由空载到工进或二次工进时的速度换接回路。

一、快速运动回路

常用的快速运动回路有单杆缸差动连接回路、双泵供油回路、用蓄能器的快速运动回路及变量泵供油增速回路等。

1. 差动连接回路

如图 6-12 所示，用二位三通电磁换向阀实现的差动连接回路，也可用三位四通换向阀 P 型中位机能实现。

2. 双泵供油增速回路

如图 6-13 所示，空载时作用在顺序阀的控制油压力不能使顺序阀打开，两泵同时向液压系统供油。该回路的优点是功率损耗小，系统效率高。

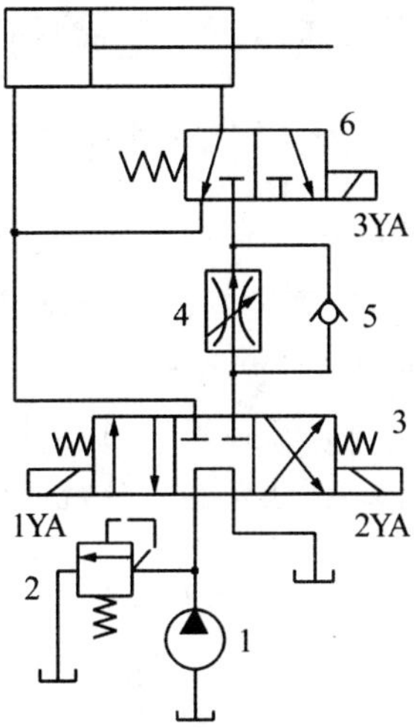

图 6-12　差动连接回路

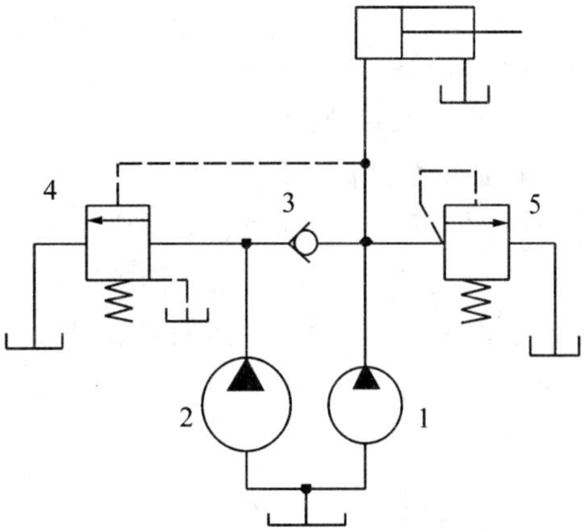

图 6-13　双泵供油回路

3. 蓄能器增速回路

如图 6-14 所示，回路中当蓄能器内的压力达到外控内泄顺序阀调定压力时，液压泵开始卸荷，单向阀为截止阀，防止油液倒流回油箱。快速运动时，蓄能器首先向液压缸短时提供大量液压油，当外控油压力低于顺序阀调定压力时，顺序阀关闭，液压泵开始向系统供油。

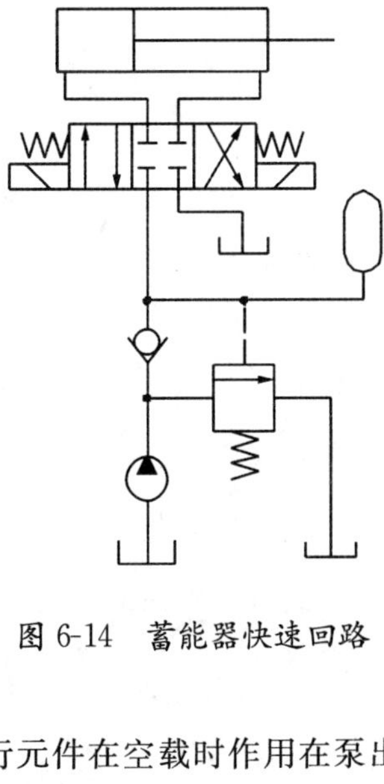

图 6-14　蓄能器快速回路

4. 变量泵供油增速回路

变量泵供油增速回路是执行元件在空载时作用在泵出口处的压力小于变量泵的限定压力，变量泵处于最大排量（如单作用变量叶片泵处于最大偏心时）状态，相当于定量泵供油。

二、调速回路

由液压缸的运动速度 $v=\frac{q_V}{A}$，液压马达的转速 $n=\frac{q_V}{V_M}$ 可知，只要改变或调定进入液压缸（马达）的流量 q_V，或马达排量 V_M，就可以达到调速的目的。因此，调速回路有节流调速、容积调速和容积节流调速三种。

1. 定量泵系统的节流调速

在定量泵液压系统中，常用节流阀或调速阀控制进入液压缸的流量。根据流量阀在回路中的位置不同，分为进油节流调速、回油节流调速和旁油节流调速三种。

(1)进油节流调速回路如图 6-15(a)所示。回路中调节节流阀开口 A_T 可以改变进入液压缸内流量 q_1，达到调速的目的，同时必须有溢流阀将多余的流量 q_Y 分流回油箱，并调定泵的供油压力，即起溢流稳压作用。

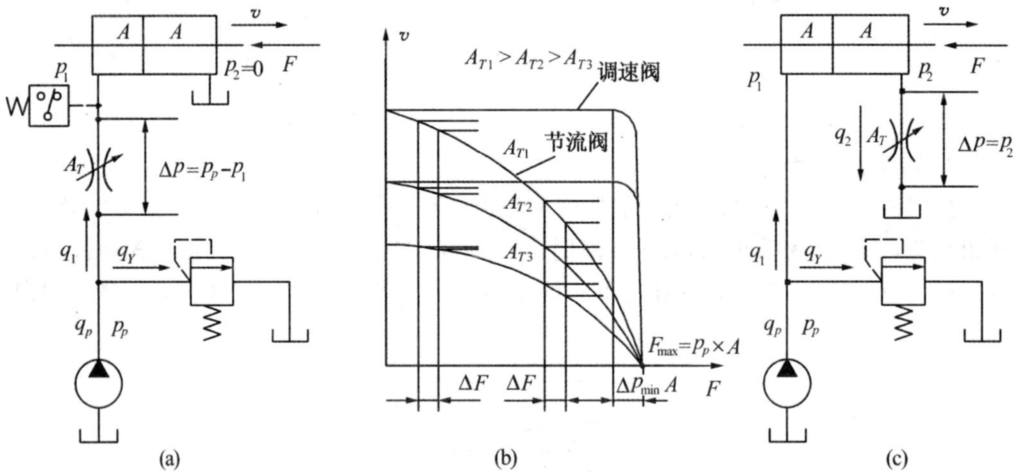

图 6-15　进油、回油节流调速回路

①速度负载特性。液压缸在稳定工作时，其受力平衡方程式为

$$p_1A=p_2A+F$$

由于回油腔接油箱，$p_2\approx 0$

所以 $p_1=\frac{F}{A}$

当溢流阀有溢流时，节流阀前的压力由溢流阀调定为恒定值 p_P，节流阀前后的压力差 $\Delta p=p_P-p_1=p_P-\frac{F}{A}$，通过节流阀进入缸内的流量为

$$q_1=CA_T\Delta p^m=CA_T\left(p_P-\frac{F}{A}\right)^m \tag{6-2}$$

所以液压缸的速度为

$$v=\frac{q_1}{A}=C\frac{A_T}{A}\left(p_P-\frac{F}{A}\right)^m \tag{6-3}$$

这就是进油节流调速回路的速度—负载特性方程。由此可见，液压缸速度 v 与节流阀过流断面积 A_T 成正比。调节 A_T 可以实现无级调速，调速范围较大。当 A_T 调定后，速度随负载的增大而减小。速度负载特性常用速度刚度表示，即引起单位速度变化时的负载变化量。速度刚度越大，曲线就越平缓，速度的稳定性就越好。

根据上式，调定不同的节流阀口 A_T 可以作出一组速度负载特性曲线，如图 6-15(b)所示，在 A_T 一定时，轻载区比重载区速度刚度大；在相同负载时，节流阀口小的速度刚度大，即速度低时速度刚度大。因此，该回路在低速轻载时具有较好的速度稳定性。

②最大承载能力。由速度负载特性方程可知，不论 A_T 调定为多大，节流阀两端压力差 $p_P-\dfrac{F}{A}=0$ 时，速度为 0，液压缸停止运动。此时 F 为该回路的最大承载值，即

$$F_{\max}=p_P A \tag{6-4}$$

最大承载能力与速度调节无关，在图 6-15(b)中表示为不同 A_T 时各曲线都汇交于一点。

③功率和效率。液压泵的输出功率为

$$P_{泵}=p_P q_P$$

液压缸的输出功率为

$$P_{缸}=p_1 q_1$$

回路的功率损失为

$$\Delta P=P_{泵}-P_{缸}=p_P q_P-p_1 q_1=p_P(q_1+q_Y)-(p_P-\Delta p)q_1=p_P q_Y+\Delta p q_1$$

即

$$\Delta P=p_P q_Y+\Delta p q_1=\Delta P_{溢}+\Delta P_{节} \tag{6-5}$$

可见，该调速回路的功率损失由两部分组成，即溢流损失 $\Delta P_{溢}$ 和节流损失 $\Delta P_{节}$。

回路的效率为

$$\eta=\frac{P_{缸}}{P_{泵}}=\frac{p_1 q_1}{p_P q_P}=\frac{Fv}{p_P q_P} \tag{6-6}$$

由于存在两部分功率损失，在工进时泵的大部分流量溢流，因此进油节流调速回路的效率较低，尤其在低速轻载时，效率更低。低效率导致温升和泄漏增加，进一步影响了速度的稳定性。

可见，进油节流调速回路适用于轻载、低速、负载变化不大和对速度稳定性要求不高的小功率液压系统。

(2)回油节流调速回路如图 6-15(c)所示。节流阀在回油路上，通过节流阀调节回油流量，实现调速。

由于节流阀前后压差为 p_2，缸稳定运动时，列出受力平衡方程式

$$p_P A=p_2 A+F$$

$$\Delta p=p_2=p_P-\frac{F}{A}$$

通过节流阀进入液压缸的流量为

$$q_1=CA_T\Delta p^m=CA_T\left(p_P-\frac{F}{A}\right)^m$$

所以液压缸的速度为

$$v=C\frac{A_T}{A}\left(p_P-\frac{F}{A}\right)^m$$

可见，回油节流调速回路与进油节流调速回路在速度负载特性、最大承载能力、功率损失及效率方面有相似的结论。其速度负载特性曲线如图 6-15(b)所示。

但是，比较进油和回油节流调速回路，又有以下不同点：

①进油节流调速回路容易实现压力控制。如当工作部件在行程终点碰到死挡块(或夹紧工件)后，缸进油腔压力立即升高到某一数值，使接于此处的压力继电器发出电信号，控制系统的下一步动作(如另一液压缸运动)。

②回油节流调速回路的液压缸回油腔形成一定的背压，能承受一定负值负载，提高了系统的平稳性。

③对于单杆缸，考虑低速时节流阀口可能阻塞的原因，在节流阀口开度相同的情况下，进油节流调速回路能获得更低的稳定速度。

④进油节流调速回路中，经节流阀发热后的液压油直接进入液压缸，导致泄漏增加。

为了提高回路的综合性能，实践中常采用进油节流调速加背压阀(如单向阀、溢流阀、顺序阀等)的回路，使其兼具两种回路的优点。

(3)旁路节流调速回路如图 6-16 所示。因节流阀分流从而调节进入缸内的流量，阀口开大，缸速减小。溢流阀常态时关闭，过载时打开，起安全阀作用，其调定压力为回路最大工作压力的 1.1～1.2 倍。泵压 $p_P=\frac{F}{A}$随负载而变化。由于回路中只有节流损失，而无溢流损失，本回路效率较高，但调速范围小。

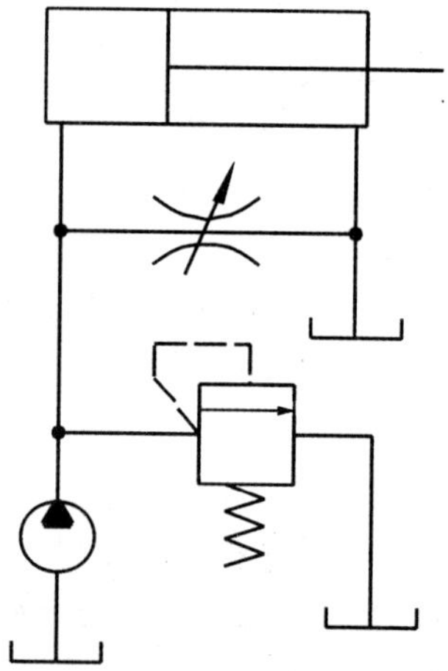

图 6-16 旁油节流调速

该回路用于高速、重载、对速度平稳性要求很低的较大功率液压系统，如牛头刨床主运动系统。

在定量泵的节流调速回路中负载变化时，节流阀前后的压差随之变化，缸速平稳性差。若用调速阀代替节流阀，并保证调速阀两端压力差超过它的最小压力差 $\Delta p_{\min}$，通过调速阀的流量便不随负载而变化。其速度负载特性如图 6-15(b)所示，速度随负载增加而下降的现象大大减轻。承载能力低及调速范围小的问题也随之解决。

因调速阀中包含了减压阀和节流阀损失，其功率损失比节流阀调速回路还要大。

2. 容积调速

容积调速回路按液压油循环方式不同，分为开式油路和闭式油路两种。

开式油路通过油箱进行油液循环，油液在油箱中进行良好的冷却、沉淀和析出气体。但空气和灰尘易侵入，使运动不平稳，噪声大。闭式油路无油箱，泵的吸油口与执行元件回油口直接相连接。油液实行内封闭循环，结构紧凑，运转平稳，噪声小，但散热效果差。

(1)变量泵—缸式容积调速，如图 6-17 所示。正常工作时，溢流阀 2 不溢流，起限压保护作用，无溢流损失和节流损失，发热少，系统效率较高，溢流阀 6 为背压阀，提高系统在随负值负载变化时的稳定性。该回路适用于工程机械、矿山机械和大型机床等大功率液压系统。如推土机、插床、拉床等。

(2)变量泵—定量马达式容积调速，如图 6-18 所示。该油路为闭式油路，3 为安全阀，4 为补油泵，补油压力由溢流阀 5 调定，变量泵 1 输出流量全部进入马达 2。马达的输出转矩 T 和输出转速 n 表达式为：

$$T_{马}=\frac{p_{泵}V_{马}}{2\pi} \tag{6-7}$$

$$n_{马}=\frac{q_{泵}}{V_{马}} \tag{6-8}$$

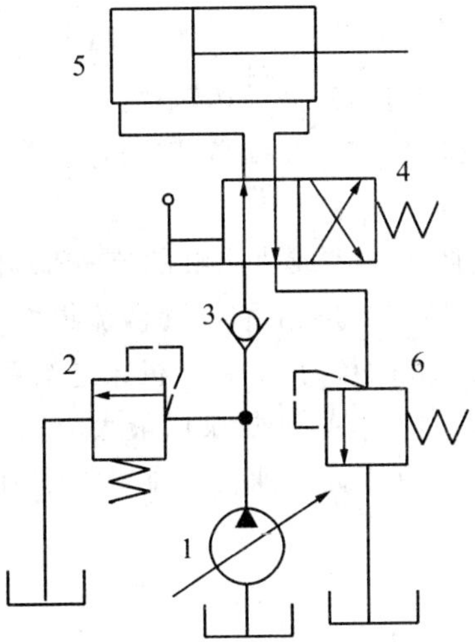

图 6-17　变量泵—缸式容积调速

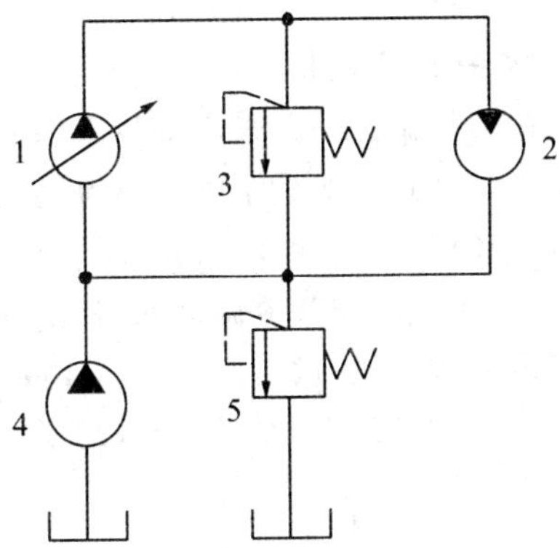

图 6-18　变量泵—定量马达容积调速

(3)定量泵—变量马达式容积调速，如图 6-19所示。该回路中变量马达的调速可以通过改变自身的排量来实现，但是如果马达排量 $V_{马}$ 过小，输出转矩 T 会很小，将带不动负载，造成马达“自锁”，所以该调速回路的调速范围较小。

(4)变量泵—变量马达式容积调速，如图 6-20所示。双向变量泵和双向变量马达的容积调速回路。泵的排量和马达排量均可调，既扩大了调速范围，也扩大了对马达转矩和功率输出特性的选择。如一般机械设备启动时要求低速大扭矩，启动后输出高速恒功率。这时可分两步进行调速：

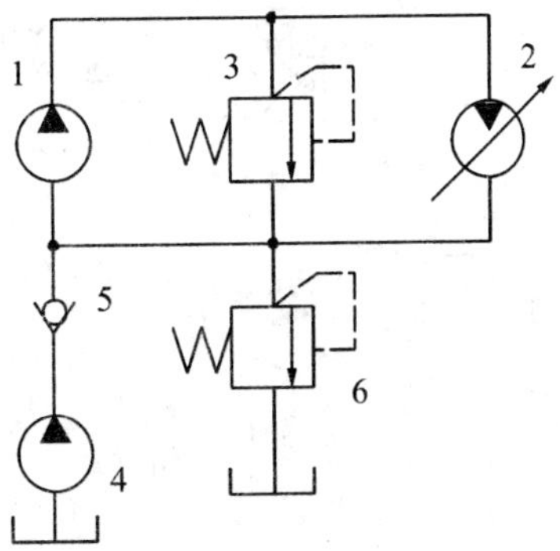

图 6-19　定量泵—变量马达容积调速

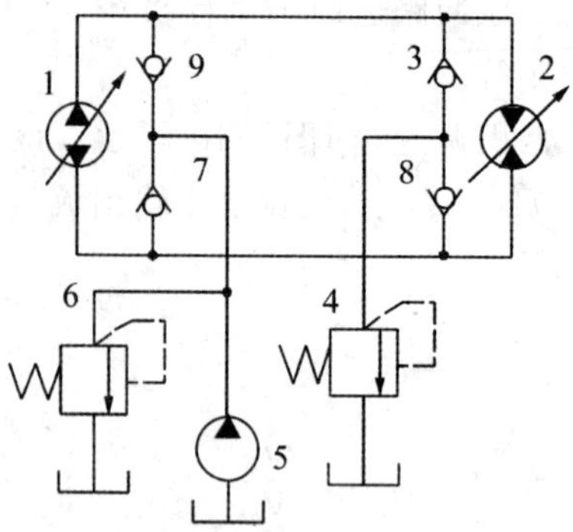

图 6-20　变量泵—变量马达容积调速

第一步　固定马达排量为最大，从小到大调节泵的排量，升高马达转速。

第二步　固定泵排量为最大，从大到小调节马达排量，进一步提高马达转速。

3. 容积节流调速

容积节流调速回路采用变量泵供油，流量控制阀调节进入或流出缸的流量来调节运动速度。该回路中变量泵的输出流量能自动与液压缸所需流量相适应，无溢流损失，效率较高，低速时的稳定性好。常用于中小功率及调速范围大的场合，如组合机床进给系统。

(1)定压式容积节流调速回路，如图 6-21(a)所示。快进时，变量泵以最大流量(变量泵处于最大排量)通过二位二通阀 4 的左位向执行元件液压缸供油。在流量—压力特性曲线上工作在 AB 段，如图 6-21(b)所示。

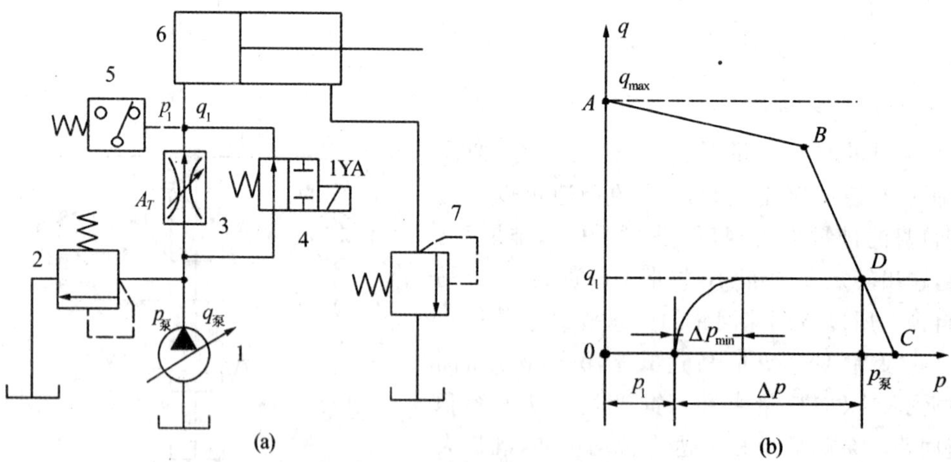

图 6-21　定压式容积节流调速回路

工进时，缸内压力使压力继电器 5 发出电信号，接通电磁铁 1YA，阀 4 断开所在油路，压力油必须经过调速阀 3 进入液压缸。液压缸的运动速度由调速阀开口面积 A_T 控制。在调速阀口关小的瞬间，$q_泵>q_1$，使泵出口处压力上升，由于压力反馈作用，定子与转子的偏心距 e 减小，自动处于新的平衡状态，泵的流量自动减小到调速阀的调定流量 q_1(进入缸的流量)；反之，开大调速阀口的瞬间，$q_泵<q_1$，泵出口压力降低，定子与转子间偏

心距 e 增大，泵流量自动增加。可见，调速阀的作用不仅使进入液压缸内的流量保持恒定，而且还使泵的输出流量与进入缸的流量相适应，保持相对恒定。

图 6-21(b)中调速特性曲线表示了泵的流量压力特性曲线和调速阀某一开口 A_T 下的流量压差关系曲线，两曲线的交点 D 对应的流量(即是液压泵出口流量又是通过调速阀的流量)为工作流量，压力为泵的工作压力 $p_{泵}$。当负载变化时，调速阀出口处压力 p_1 变化，调速阀的流量压差关系曲线左右移动，只要 $\Delta p > \Delta p_{min}$，两曲线的交点 D 基本不变，所以此回路的速度稳定性很好。

由于回路中泵压为一定值，称这种回路为定压式容积节流调速回路。

进一步分析，当负载较小时，p_1 左移，调速阀前后压力差增大，有较大的节流损失；低速时，泵的出口流量减小但压力增大，泄漏相应增加。所以该回路在低速、轻载时其效率较低。

本回路多用于机床进给系统。

(2)变压式容积节流调速回路，如图 6-22 所示。液压泵定子左右两侧各有一个控制缸，节流阀进油口与左右控制缸 A，B 腔相通，节流阀出口与右控制缸的 C 腔相通。泵的输出流量经二通阀右位进入液压缸左腔，这时 A，B，C 三处压力相等，液压泵定子在弹簧作用下处于最左端，定子与转子的偏心距 e 最大，泵输出最大流量，实现快进。二通阀电磁铁 1YA 通电后，泵出口流量必须经过调定阀口的节流阀进入液压缸，开始时，$q_{泵} > q_{缸}$，泵压升高，即 A，B 腔内油压升高，克服弹簧力使定子右移，偏心距 e 减小，$q_{泵}$ 下降，直到 $q_{泵} = q_{缸}$；若因泄漏使 $q_{泵} < q_{缸}$，泵出口压力减小，定子左移，偏心距 e 增大，泵出口流量增大。

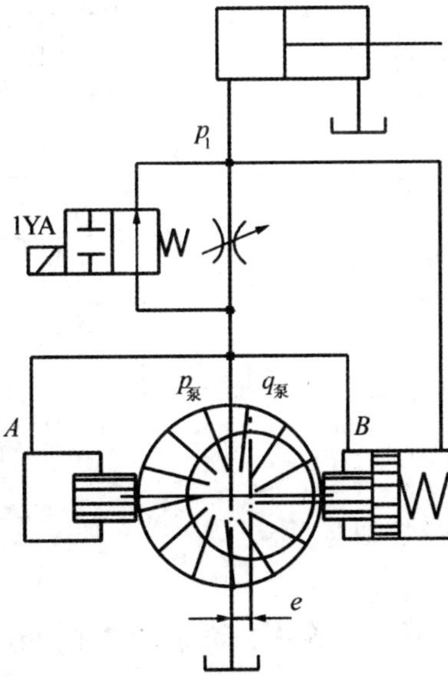

图 6-22　变压式容积节流调速回路

该回路使用了节流阀，但具有调速阀的特点，节流阀口调定后，进入缸内的流量基本不变，不受负载变化的影响，且具有补偿泄漏功能，速度负载特性很好；因负载变化时，泵压也随之变化，所以称为变压式容积节流调速回路。此回路适用于负载变化大、速度较低的中小功率液压系统。

三、速度换接回路

1. 快速与慢速的换接回路(见本节快速运动回路)

2. 二次进给速度换接回路

(1)串联调速阀的二次进给回路,如图 6-23 所示。回路中两个调速阀串联,可以实现“快进—1 工进—2 工进—快退”的工作循环,使用中应注意先接入系统的调速阀 4 的开口应大于后接入系统调速阀 5 的开口,即 2 工进速度必须比 1 工进速度低。

(2)并联调速阀的二次进给回路,如图 6-24 所示。当只有换向阀 2 的左位电磁铁 1YA 通电时,液压油经二通阀 3 右位进入液压缸,实现快进。当二通阀 3 电磁铁 3YA 通电后,油液经过两调速阀进入液压缸,固定 6 调速阀开口,调节 4 调速阀口,可实现第一次工进。再让二通阀 5 电磁铁 4YA 通电,切断通过调速阀 4 的流量,油液只能经过调速阀 6 调节进入液压缸,实现二次工进。由于在一工进时调速阀 6 前后有着与调速阀 4 前后相同的压力差,在二次速度换接时,调速阀 6 前后的压力差变化相对较小,因此液压缸前冲的现象大为减轻。

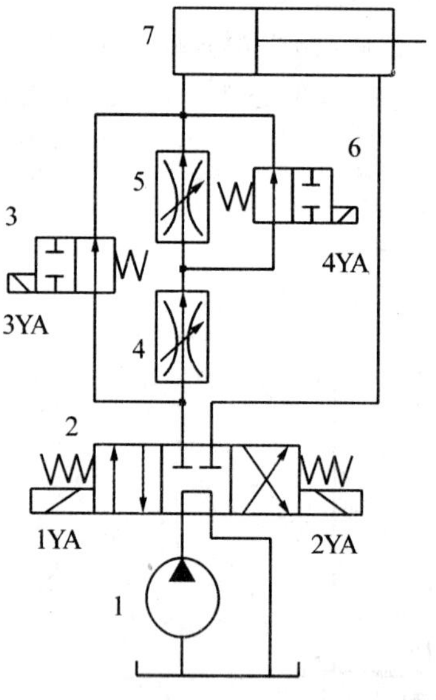

图 6-23　串联调速阀二次进给回路

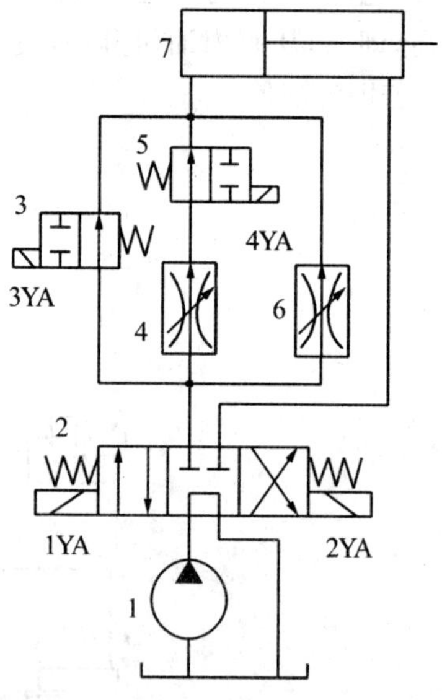

图 6-24　并联调速阀二次进给回路

第四节　多缸动作控制回路

液压系统中有多个执行元件工作时,各工作过程常有不同的动作要求。如顺序动作、同步动作、互不干扰动作等。

一、顺序动作回路

液压系统中各执行元件有一定的动作顺序，如利用夹紧液压缸和进给液压缸实现的工件定位、夹紧保持、加工、退刀、松开过程。按控制方式不同通常分为：压力控制顺序动作回路、行程控制顺序动作回路等。

1. 压力控制的顺序动作回路

(1)用顺序阀控制，见第四章顺序阀应用，如图 4-25(a)所示。

(2)用压力继电器控制，如图 6-25 所示。电磁铁 3YA 通电后，换向阀 3 左位工作，实现动作Ⅰ，动作Ⅰ完成后(如夹紧工件)，压力升高到压力继电器 4 的调定值后，发出电信号，接通电磁铁 1YA 和 5YA，实现动作Ⅱ的快进，随后接触工件压力升高到压力继电器 8 的调定值，使 5YA 断电，节流阀接入回路，开始调速，实现动作Ⅱ的工进。

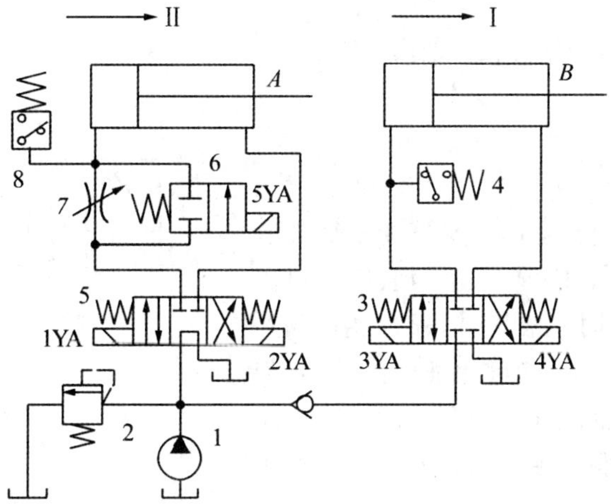

图 6-25　压力继电器控制的顺序动作回路

为了防止压力继电器发出错误信号，压力继电器的调定压力应比先动作液压缸的最高压力高 0.3～0.5MPa，同时要比溢流阀的调定压力至少低 0.3～0.5MPa。

2. 行程控制的顺序动作回路

(1)用行程阀控制，如图 6-26 所示。扳动手柄，使手动换向阀左位工作，*A* 缸左腔进油，实现动作 1；活塞右移，挡块压下行程换向阀阀芯，行程换向阀上位工作，*B* 缸左腔进油，实现动作 2；动作 2 完成后，放开手柄，手动换向阀右位工作，*A* 缸右腔进油，实现动作 3；活塞左移，挡块离开阀芯后，行程阀下位工作，*B* 缸右腔进油，实现动作 4。

由行程挡块控制行程阀阀芯移动，换向位置精确，动作可靠。

(2)用行程开关控制，如图 6-27 所示。启动按钮使 1YA 通电时，压力油进入 *A* 缸左腔，其活塞右移，实现动作 1；当到达预定位置时，挡块碰到行程开关 S_2，接通电磁铁 2YA，压力油进入 *B* 缸左腔，活塞右移，实现动作 2；当 *B* 缸挡块碰到行程开关 S_4，使 1YA 断电复位，压力油进入 *A* 缸右腔，实现动作 3；*A* 缸退到原位后，碰到 S_1，使 2YA 断电复位，压力油进入 *B* 缸右腔，实现动作 4；*B* 缸退回原位，挡块碰到 S_3后，又使 1YA 重新通电，开始下一循环。

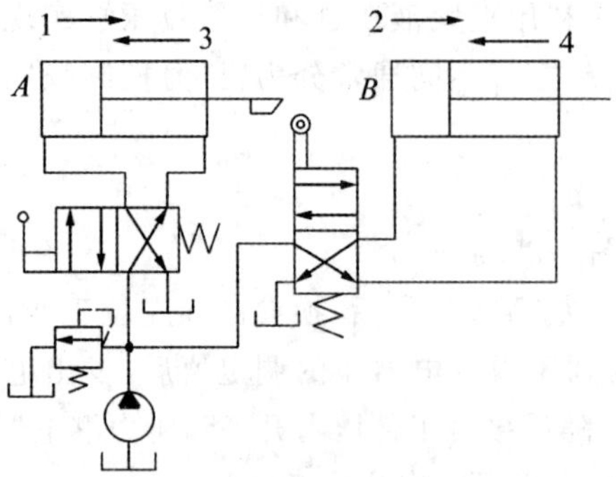

图 6-26　用行程阀的顺序动作回路

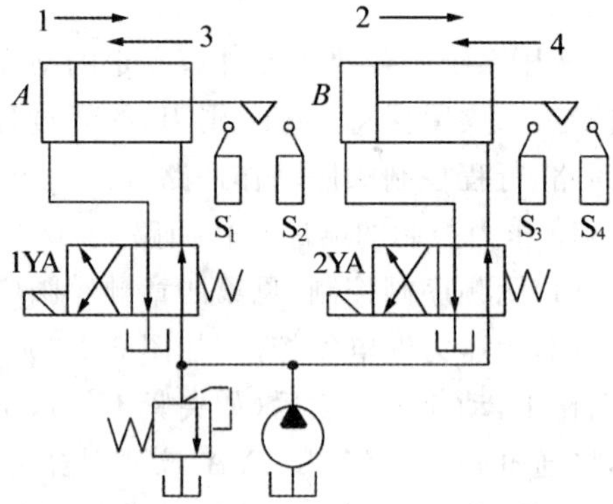

图 6-27　用行程开关的顺序动作回路

该回路结构简单，调整方便，顺序动作可靠，易于实现自动控制。但各动作转换平稳性差。

二、同步动作回路

同步动作回路是使两个或多个液压缸具有相同的速度或保持相对位置不变。理论上，可以使用两个有效面积相同的液压缸，通过调速阀控制输入两缸内的流量相等就可保证两缸同步，但由于很多因素，如泄漏、摩擦、装配精度、负载、结构弹性变形等，常常难以保证两缸同步。为此可采取适当的补偿措施。

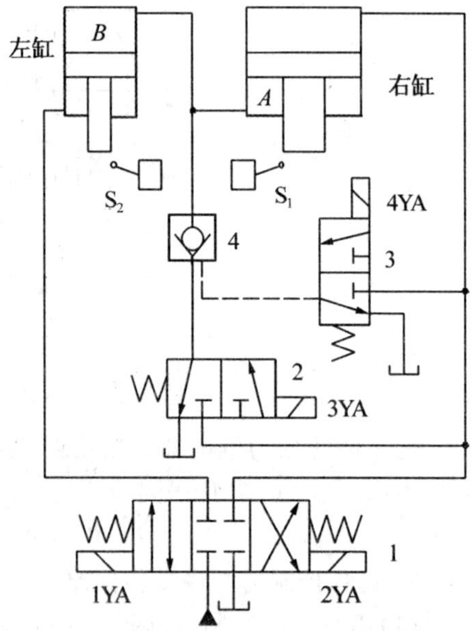

图 6-28　串联液压缸同步补偿回路

如图 6-28 所示，两液压缸串联，右缸的 A 腔有效面积与左缸的 B 腔有效面积相等，进出两腔的流量相等，实现两缸基本同步。补偿措施使同步误差在每一次下行运动结束后都可消除。原理如下：

让换向阀 2YA 电磁铁通电，右缸上腔进油，活塞下行，下腔 A 出来的液压油进入左缸上腔 B，活塞同步下行，假设右缸先运动到底，触到电气行程开关 S_1，使阀 2 电磁铁 3YA 通电，压力油便通过阀 2 右位和单向阀 4 向左缸 B 腔继续进油，推动活塞下行运动到底。若左缸先到底，触动行程开关 S_2，使阀 3 电磁铁 4YA 通电，控制压力油经过阀 3 的上位打开液控单向阀，右缸 A 腔便通过液控单向阀 4 和阀 2 左位继续回油，活塞下行运动到底。这种串联液压缸的同步回路只适用于负载较小的液压系统。

三、互不干扰动作回路

为了防止液压系统中几个液压缸由于运动速度快慢不同导致动作上的相互干扰，需采用互不干扰回路。

如图 6-29 所示，双泵供油实现的两缸快慢速互不干扰回路。液压缸 A,B 各自完成"快进—工进—快退"的工作循环。图示状态下各缸原位停止，当 3YA,4YA 都通电时，换向阀 7,8 左位工作，各缸均由大泵 2 供油作差动快进。小泵 1 不供油。设 A 缸先完成快进，由挡块作用于行程开关使阀 7 断电，阀 5 通电，切断大泵 2 对 A 缸的供油，小泵开始对 A 缸供油，且由调速阀 3 调速工进，此时 B 缸仍作快进，两缸互不影响。当两缸都转为工进后，全由小泵供油。之后，如果 A 缸先完成工进时，挡块和行程开关又使阀 5,7 都通电，A 缸由泵 2 供油，实现快退。当各电磁铁都断电时，各缸停止运动，并被锁于所在位置。

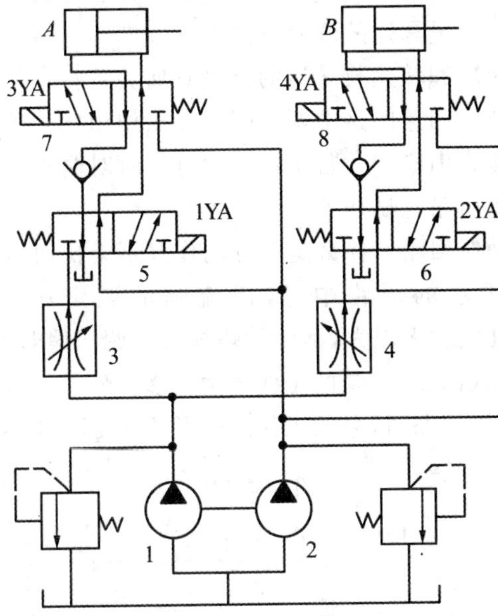

图 6-29　双泵供油多缸互不干扰回路

思考与练习

6-1　液压系统基本回路按功能可分为哪几类？

6-2　压力控制基本回路有哪些？

6-3　溢流阀在压力控制回路中有哪些作用？

6-4　什么是卸荷回路？卸荷回路常用哪些方法？

6-5　如何实现夹紧液压缸的保压？保压回路中单向阀有什么作用？

6-6　减压回路中，减压阀总是起减压作用吗？减压阀的非工作状态是什么情况？

6-7　增压回路有什么作用？何为单作用增压器的增压比？

6-8　何谓释压回路？释压回路中节流阀有什么作用？

6-9　不同控制方式的换向阀组成的换向回路各有何特点？

6-10　M 型、O 型、P 型、H 型换向阀中位时可以实现哪些基本回路？

6-11　蓄能器在回路中有什么作用？

6-12　如何实现液压缸的锁紧？锁紧效果如何？

6-13　如何实现液压缸的快速运动？

6-14　调速回路有哪些？节流调速回路有哪些？

6-15　进油节流调速回路有何速度负载特性？最大承载能力与节流阀开口有关吗？在低速轻载时的速度刚度怎样？有哪些功率损失？回路效率如何？

6-16　进油和回油节流调速回路有什么不同点？

6-17　为提高进油节流调速回路的稳定性，常用的背压阀有哪些？

6-18　容积调速中溢流阀起什么作用？常用哪一种溢流阀？为什么？

6-19　说明变量泵—变量马达的调速方法？

6-20　马达的输出转矩和转速与马达的排量有何关系？

6-21　定压式容积节流调速回路中调速阀有什么作用？分析该回路的工作特点。

6-22　应用两个调速阀串联和并联实现二次进给时对两阀开口大小有何要求？

6-23　顺序动作控制回路有哪几种？

6-24　什么是同步动作回路？什么是多缸动作互不干扰回路？

6-25　在图 6-30 所示的回路中，若溢流阀的调定压力分别为 $p_{Y1}=6\text{MPa}$，$p_{Y2}=4.5\text{MPa}$。泵出口处负载无限大，不计管路损失和调压偏差。试问：

(1)二通阀在上位接入回路时，泵的工作压力是多少？

(2)二通阀在下位接入回路时，泵的工作压力及 B 点压力各为多少？

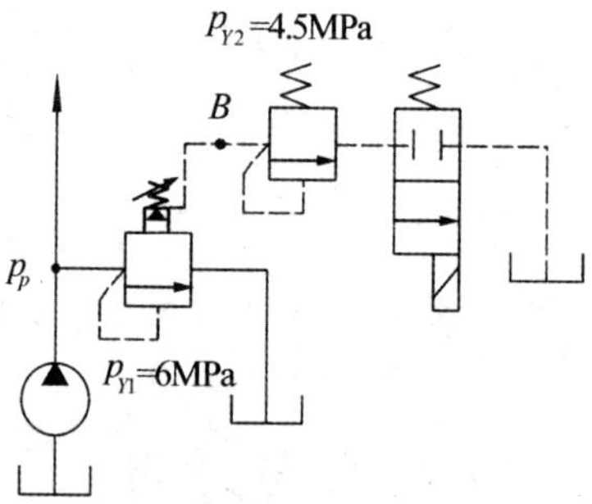

图 6-30

6-26　在图 6-31 所示的回路中，活塞运动时克服负载 $F=1200\text{N}$，活塞面积 $A_1=15\times10^{-4}\text{m}^2$，溢流阀调定压力 $p_Y=4.5\text{MPa}$，两个减压阀的调定压力分别为 $p_{J1}=3.5\text{MPa}$，$p_{J1}=2\text{MPa}$，两个减压阀非工作状态时的压力损失均为 0.2MPa。不计管路损失，试确定活塞运动时和停止在终端位置时，A，B，C 三点的压力值。

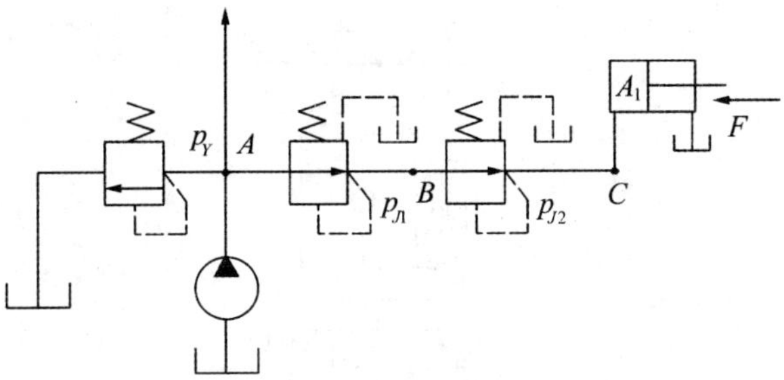

图 6-31

6-27 在图 6-32 所示的调速阀节流调速回路中，已知液压泵的出口流量 $q_p=25\text{L/min}$，$A_1=100\times10^{-4}\text{m}^2$，$A_2=50\times10^{-4}\text{m}^2$，当负载 F 由 0 增加到 30000N 时要求活塞向右移动速度保持在 $v=0.2\text{m/min}$，若调速阀要求最小压差为 $\Delta p_{min}=0.5\text{MPa}$，试问：

(1)不计调压偏差时溢流阀的调定压力是多少？

(2)液压缸可能达到的最高工作压力是多少？

(3)回路的溢流损失和节流损失各为多少？

(4)回路的最高效率 η_{max} 是多少？

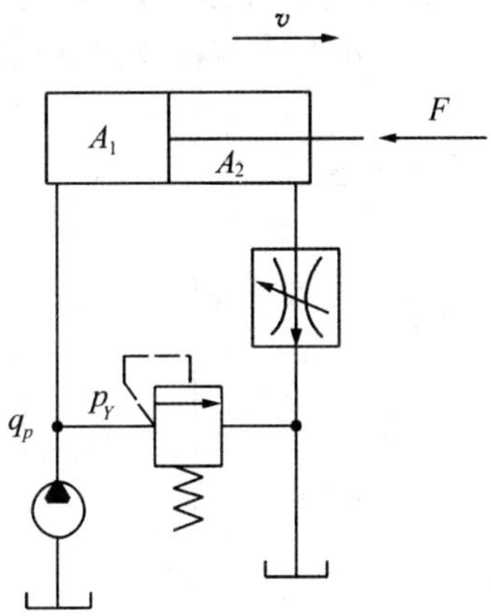

图 6-32

6-28 图 6-33 为用调速阀的进油节流加背压阀的调速回路。负载 $F=9000\text{N}$，缸两腔面积 $A_1=50\times10^{-4}\text{m}^2$，$A_2=20\times10^{-4}\text{m}^2$。背压阀调定压力 $p_B=0.5\text{MPa}$，泵的供油量 $q=30\text{L/min}$，调速阀要求最小压差为 $\Delta p_{min}=0.5\text{MPa}$。不计管路和换向阀压力损失，试问：

(1)缸速恒定时，不计调压偏差，溢流阀的最小调定压力多大？

(2)克服负载时溢流损失和节流损失各为多大？

(3)回路效率是多少？

(4)卸荷时能量损失多大？

(5)背压若增加 Δp_B，溢流阀调定压力的增量就有多大？

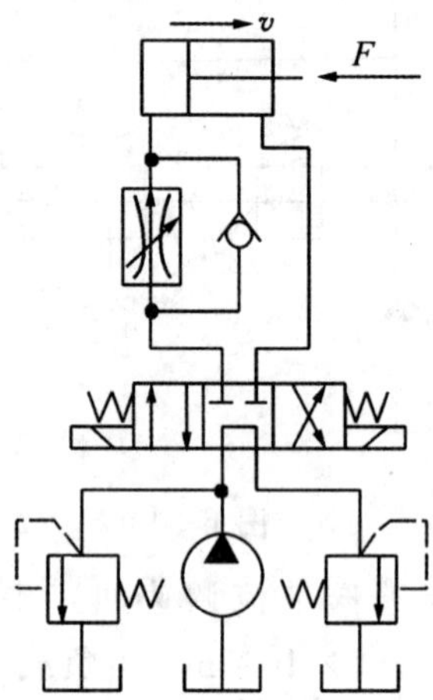

图 6-33

6-29　如图 6-34 所示，液压回路，限压式变量叶片泵调定后流量压力特性曲线，调速阀调定流量为 2.5L/min，液压缸两腔面积 $A_1=2A_2=50\times10^{-4}\,\mathrm{m}^2$，不计管路损失，试问：

(1)液压缸左腔工作压力是多少？

(2)当负载 $F=0$ 和 $F=9000\mathrm{N}$ 时的右腔压力是多少？

(3)设泵的总效率为 0.8，求系统在上述两种负载下总效率各是多少？

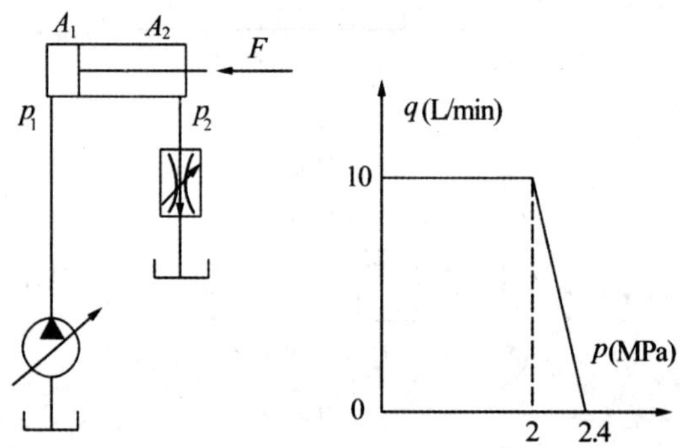

图 6-34

第七章　液压传动系统

第一节　典型液压传动系统分析

液压传动系统是根据液压设备的工作要求，选用适当的基本回路构成。其基本原理一般用液压系统图来表示。液压系统图是按国家标准图形符号绘制的，它仅仅表示各个液压元件及它们之间的连接与控制关系，并不代表它们的实际尺寸大小和空间位置。

本节主要通过三个典型实例来学习和分析液压系统，加深理解液压元件的功用和基本回路的组合原理，熟悉阅读液压系统图的基本方法，为分析和设计液压传动系统奠定必要的基础。

阅读和分析液压传动系统图可按以下方法和步骤进行：

(1)全面了解设备的功能、工作循环和对液压系统提出的各种要求；

(2)仔细研究液压系统中所有液压元件及它们之间的联系，弄清各个液压元件的类型、原理、性能和功用；

(3)分析并写出各执行件的动作循环、控制方式和相应的油液所经过的路线。

一、组合机床动力滑台液压系统

(一)概述

组合机床是一种高效专用机床，它由通用部件和部分专用部件组成，工艺范围广，自动化程度高，在成批大量生产中得到广泛的应用。液压动力滑台是组合机床上用以实现进给运动的一种通用部件，其运动是靠液压驱动的。根据加工要求，滑台台面上可设置动力箱、多轴箱或各种用途的切削头等工作部件，以完成钻、扩、铰、镗、刮端面、倒角、铣削和攻丝等工序。它对液压系统性能的主要要求是速度换接平稳，进给速度稳定，功率利用合理，发热小，效率高。

现以 YT4543 型动力滑台为例，分析其液压系统的工作原理和特点。YT4543 型动力滑台最大进给力为 45kN，快进速度约为 6.5m/min，进给速度范围为 6.6～600mm/min，它完成的典型工作循环为：快进→第一次工作进给→第二次工作进给→死挡块停留→快退→原位停止。工作循环如图 7-1 所示。

(二)YT4543 型动力滑台液压系统的工作原理

图 7-1 所示为 YT4543 型动力滑台液压系统图。下面以实现二次工作进给的自动循环为例，说明其工作原理。

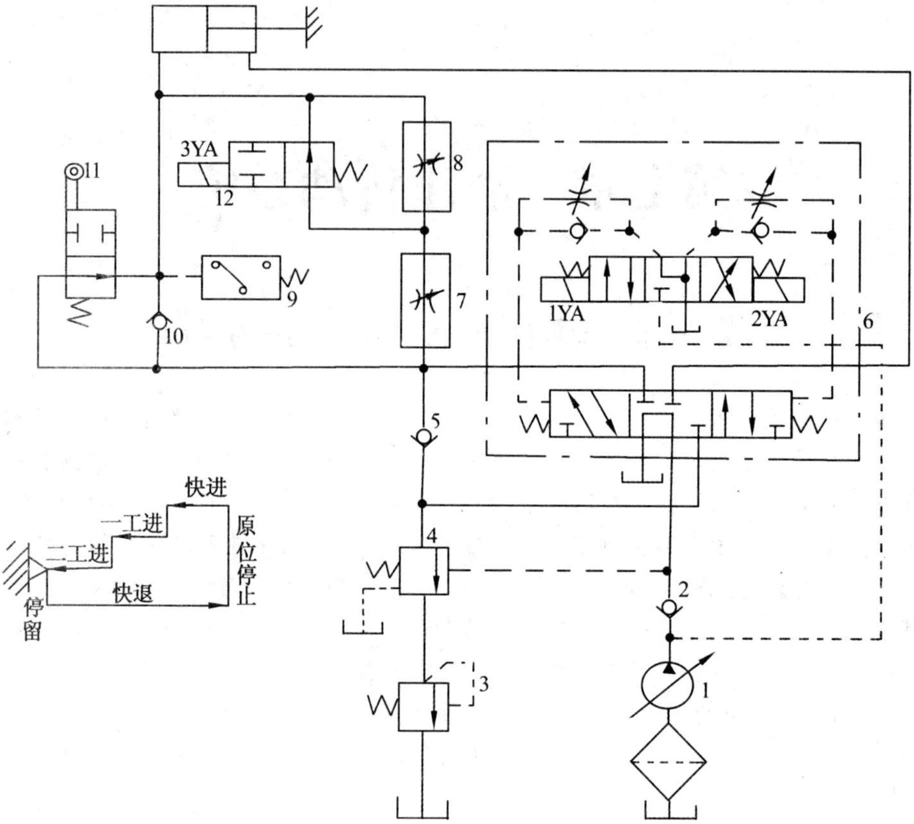

图 7-1　YT4543 型动力滑台液压系统图

1. 快进

按下启动按钮，电磁铁 1YA 通电，电液换向阀 6 的先导阀左位工作，由泵 1 输出的压力油经先导阀进入液动换向阀的左侧，使其也处于左位工作，这时的主油路为：

进油路：油箱→滤油器→泵 1→单向阀 2→换向阀 6(左位)→行程阀 11→液压缸左腔。

回油路：液压缸右腔→换向阀 6(左位)→单向阀 5→行程阀 11→液压缸左腔。

由油路可知液压缸形成两腔连通，实现差动快进。由于快进负载小，系统压力低，变量泵输出最大流量。

2. 第一次工作进给

当滑台快进到预定位置时，挡块压下行程阀 11，切断了该通路，电磁铁 1YA 继续通电，液动换向阀仍处于左位工作，这时压力油经调速阀 7、二位二通阀 12(右位)进入液压缸左腔，由于工进时系统压力升高，变量泵 1 的输油量自动减小，且与一工进调速阀 7 开口相适应，此时液控顺序阀 4 打开，单向阀 5 关闭。液压缸右腔的回油经背压阀 3 流回油箱，其主油路为：

进油路：油箱→滤油器→泵 1→单向阀 2→换向阀 6(左位)→调速阀 7→换向阀 12→液压缸左腔。

回油路：液压缸右腔→换向阀 6(左位)→顺序阀 4→背压阀 3→油箱。

3. 第二次工作进给

一工进终了时，挡块压下行程开关使 3YA 通电，这时压力油经调速阀 7 和 8 进入液压缸的左腔。液压缸右腔的回油路线与一工进时相同。此时，变量泵输出的流量自动与二工进调速阀 8 的开口相适应。进给速度的大小由调速阀 8 调节。

4. 死挡块停留

当滑台完成第二次工作进给碰到死挡块时，滑台即停留，此时液压缸左腔压力升高，使压力继电器 9 发出信号给时间继电器。停留时间由时间继电器决定。设置停留是为了提高加工位置精度。

5. 快退

当滑台停留时间结束后，时间继电器发出信号，使电磁铁 1YA，3YA 断电，2YA 通电，这时，电液换向阀 6 的先导阀右位工作，液动换向阀在其控制压力油作用下将右位接入系统。其主油路为：

进油路：油箱→滤油器→泵 1→单向阀 2→换向阀 6(右位)→液压缸右腔。

回油路：液压缸左腔→单向阀 10→换向阀 6(右位)→油箱。

滑台返回时负载小，系统压力下降，变量泵流量恢复到最大，且液压缸右腔的有效作用面积较小，故滑台快速退回。

6. 原位停止

当滑台快速退回到原位时，挡块压下原位行程开关，发出信号，使电磁铁 2YA 断电，换向阀 6 处于中位，液压缸两腔油路均被切断，滑台原位停止。此时变量泵 1 通过换向阀中位机能卸荷，输出功率接近为零。

该系统中各电磁铁及行程阀的动作顺序见表 7-1。表中“＋”表示电磁铁通电或行程阀压下，“－”表示电磁铁断电或行程阀复位。

表 7-1　　电磁铁及行程阀的动作顺序表

电磁铁、行程阀 / 动作	电磁铁			行程阀
	1YA	2YA	3YA	
快　进	＋	－	－	－
一次工进	＋	－	－	＋
二次工进	＋	－	＋	＋
死挡块停留	＋	－	＋	＋
快　退	－	＋	－	±
原位停止	－	－	－	－

（三）YT4543 型动力滑台液压系统的特点

通过前面的分析可知，该液压系统主要由这样几个基本回路组成：电液换向阀的换向回路，换向阀的卸荷回路，限压式变量泵和调速阀的联合调速回路，行程阀和电磁阀的速度换接回路，串联调速阀的二次进给调速回路等。这些基本回路决定了该液压系统的主要性能，其主要的特点如下：

(1)由于采用限压式变量泵，容积节流调速回路，无溢流功率损失，系统效率较高。且能保证稳定的低速运动，较好的速度刚性和较大的调速范围。

(2)采用限压式变量、调速阀和行程阀进行速度换接，使速度换接平稳、可靠、而且位置准确。

(3)采用限压式变量泵和液压缸差动连接的快速回路，解决了快、慢速度相差悬殊的问题，又使能量得到经济合理的利用。

(4)进油调速在回路上设置了背压阀，改善了运动的平稳性。

(5)采用电液换向阀的换向回路，换向性能好，启动平稳、冲击小。

二、外圆磨床液压系统

（一）概述

外圆磨床主要用于各种圆柱面和圆锥面以及阶梯轴等零件的精加工。为完成所需的运动，机床必须具备砂轮的旋转、工件的旋转、工作台带动工件的往复直线运动和砂轮架的周期切入运动。此外，机床还必须完成砂轮架的快进、快退和尾座顶尖的伸缩等辅助运动。在这些运动中除砂轮、工件的旋转运动由电动机驱动外，其他均为液压传动。其中，以工作台的往复直线运动要求最高。

对外圆磨床工作台的要求有：

1. 有较高的调速范围

工作台能在 0.05～4m/min 范围内实现无级调速，高精度的外圆磨床在修整砂轮时要达到 10～30mm/min 的最低稳定速度。

2. 能实现自动换向要求

机床在以上速度范围内可以实现频繁换向，并且换向过程平稳，冲击小，启动、停止迅速。

3. 换向精度高

在同一速度下，换向点动量应小于 0.02mm；不同速度下，换向点动量应小于 0.2mm。

4. 端点停留

为避免在磨削过程中因在工件两端磨削时间过短而造成尺寸有偏差，要求换向时在两端能停留一定时间(0～5s)。

5. 工作台能作微量抖动

当磨削面较短时，为提高加工效率和改善表面加工质量，工作台需作短距离(1～3mm)的 1～3 次/秒的频繁往复运动。

（二）外圆磨床工作台换向回路

为了使磨床工作台的运动获得良好的换向性能，提高换向精度，其液压系统需选用合适的换向回路。磨床工作台的换向回路一般分为时间控制制动式和行程控制制动式。

1. 时间控制制动式

图 7-2 所示为时间控制制动式换向回路。其主油路由主换向阀 3 控制。当节流阀 1 的开口调定后，换向阀 3 移动使工作台制动的时间基本不变。所以当工作台速度大时，其制动过程的冲击就大，换向点的位置精度较低。这种回路主要用于换向精度要求不高的场合，如平面磨床液压系统。

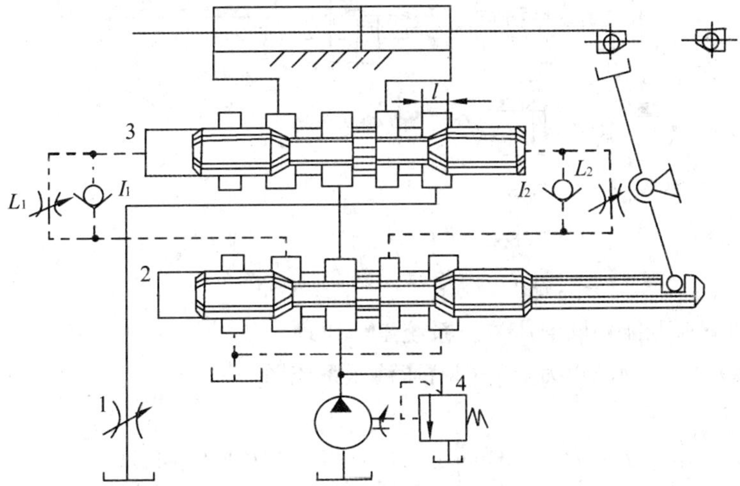

1-节流阀　2-先导阀　3-换向阀　4-溢流阀

图 7-2　时间控制制动式换向阀

2. 行程控制制动式

图 7-3 所示为行程控制制动式换向回路。其特点是先导阀 2 不仅对操纵主阀的控制压力油起控制作用，还直接参与工作台换向制动过程的控制。当图示工作台向右移动的行程即将结束时，先导阀 2 阀芯左移，液压缸右腔回油路的通流截面面积逐渐减小(即 l 减小)，对工作台起制动作用，使其速度逐渐减小。当液压缸回油通路接近于封闭，工作台运动速度很小时，主阀的控制油路开始切换，经单向阀 I_2 使换向阀 3 阀芯左移，工作台停止并换向。在此情况下，不论工作台原来的速度多大，总是在先导阀阀芯移动一定距离 l 之后，即工作台通过某一确定的行程减速后，主阀才开始换向，所以这种换向回路称为行程控制制动式换向回路。由于工作台制动过程中有预制动和终制动两步，所以工作台换向平稳，冲击小。工作台完成制动后，在一段时间内，主换向阀使液压缸两腔同时互通压力油，工作台处于停止不动的状态，直到主阀芯移动到两腔油路隔开，工作台反向启动为止，这个阶段又称为端点停留阶段，其时间可由主阀芯两端的节流阀 L_1 或 L_2 来调节。但是，由于先导阀的制动行程恒定不变，制动时间的长短和换向冲击的大小将受运动部件速度的影响。所以这种换向回路适用于机床工作部件运动速度不大，但换向精度要求较高的场合。

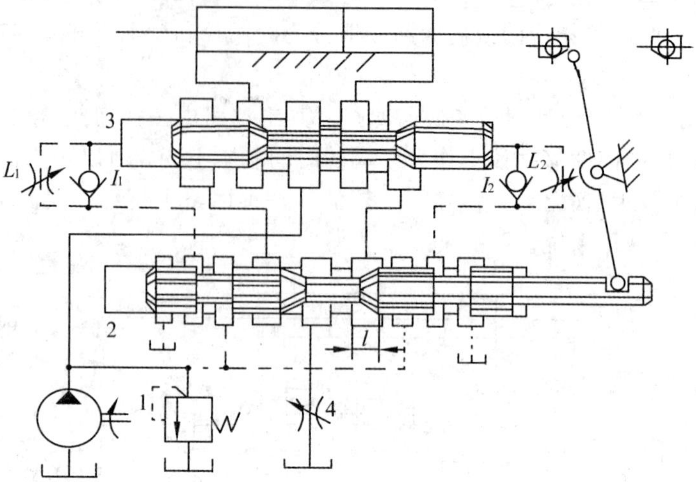

1-溢流阀 2-先导阀 3-换向阀 4-节流阀

图 7-3 行程控制制动式换向阀

(三)M1432A 万能外圆磨床液压系统工作原理

图 7-4 所示为 M1432A 万能外圆磨床液压系统图。

1. 工作台的往复运动

该机床的工作液压缸为活塞杆固定、缸体移动的双杆活塞式液压缸。在图示状态下，开停阀 A 处于右位，先导阀 C 和换向阀 D 处于右端位置，工作台向右运动，主油路油液流动路线为：

进油路：泵→换向阀 D→工作台液压缸右腔。

回油路：工作台液压缸左腔→换向阀 D→先导阀 C→开停阀 A→节流阀 B→油箱。

当工作台右移到预定位置时，工作台上的左挡块拨动先导阀阀芯，并使它最终处于左端位置上。这时控制油路上 a_2 点接通高压油，a_1 点接通油箱，使换向阀 D 处于其左端位置上，于是主油路的油液流动路线变为：

进油路：泵→换向阀 D→工作台液压缸左腔。

回油路：工作台液压缸右腔→换向阀 D→先导阀 C→开停阀 A→节流阀 B→油箱。

这时，工作台向左运动，并在其右挡块碰上拨杆后发生与上述情况相反的变换，使工作台又改变方向，向右运动；如此不停的往复运动下去，直到开停阀拨向左位时才使运动停下来。

2. 工作台换向过程

工作台换向时，先导阀先受到挡块的操纵而移动，接着又受到抖动缸的操纵而产生快跳。主换向阀的左端回油路则先后三次变换通流情况，使其阀芯产生第一次快跳、慢速移动和第二次快跳。这样就使工作台的换向经历了迅速制动、停留和迅速反向启动三个阶段。当图中先导阀被拨杆推着向左移动时，它的右制动锥逐渐将通向节流阀的通道关小，使工作台逐渐减速，实现预制动。当工作台挡块推动先导阀直到先导阀阀芯右部环形槽使 a_2 点接通高压油，左部环形槽 a_1 接通油箱时，控制油路被切换。这时左、右抖动缸便推动先导阀向左快跳，因为此时左、右缸油路为：

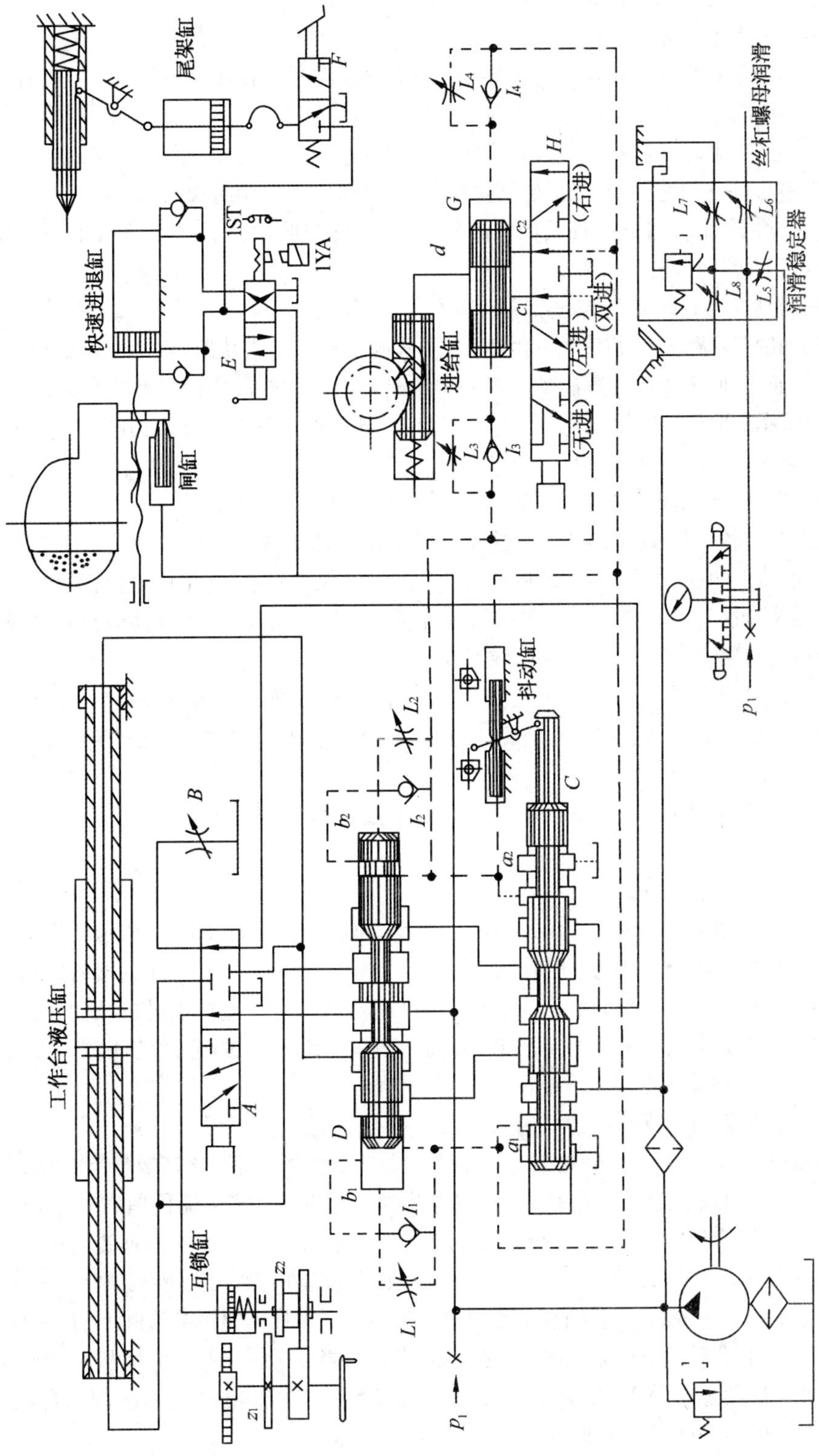

图 7-4 M1432A 型万能外圆磨床的液压系统

进油路：液压泵→精滤油器→先导阀(左位)→左抖动缸。

回油路：右抖动缸→先导阀(左位)→油箱。

由此可见，由于抖动缸的作用引起先导阀快跳，就使换向阀两端的控制油路一旦切换就迅速打开，为换向阀阀芯快速移动创造了条件。

由于主阀芯右端接通高压油，使液动换向阀阀芯开始向左移动，即：

进油路：液压泵→精滤油器→先导阀(左位)→单向阀 I_2→主换向阀阀芯右端。

而液动换向阀阀芯左端通向油箱的回路先后有三种连通情况。开始阶段如图 7-4 所示，回油路线为：

回油路：液动换向阀阀芯左端→先导阀(左位)→油箱。

由于回油路畅通无阻，阀芯移动速度很大，主阀芯出现第一次快跳，右部制动锥很快地关小主回油路的通道，使工作台迅速制动。第一次快跳使换向阀阀芯中部的台肩移到阀体中间沉割槽处，使液压缸两腔同时接通，工作台停止运动。此后换向阀阀芯在压力油作用下继续左移，直到先导阀的通道被切断，回油路线改为：

回油路：液动换向阀阀芯左端→节流阀 L_1→先导阀(左位)→油箱。

这时阀芯按节流阀 L_1 调定的速度慢速移动。由于阀体上的沉割槽宽度大于沉割槽中部台肩的宽度，液压缸两腔的油路在阀芯慢速移动期间继续保持相通，使工作台停止持续一段时间(0～5s 内调整)，这就是工作台在反向前的端点停留。最后，当阀芯慢速移动到其左部环形槽和先导阀相连的通道接通时，回油路路线又变为：

回油路：液动换向阀阀芯左端→通道 b_1→换向阀左部环形槽→先导阀(左位)→油箱。

这时，回油路又畅通无阻，阀芯出现第二次快跳，主油路被迅速切换，工作台迅速反向启动，最终完成全部的换向过程。

在反向时，先导阀和换向阀自左向右移动的换向过程与上述相同，但这时 a_2 点接通油箱，而 a_1 点接通高压油。

3. 砂轮架的快进、快退运动

砂轮架的快进、快退运动由快动阀 E 操纵，由快动缸来实现。在图 7-4 所示状态下，快动阀 E 右位接入系统，砂轮架快速前进到最前端位置，此位置是靠活塞和缸盖的接触来实现的。为了防止砂轮架在快速运动终点处引起冲击和提高终点的重复位置精度，快动缸的两端设有缓冲装置(图中未标出)，并设有抵住砂轮架的闸缸，用以消除丝杠、螺母间的间隙。快动阀的左位接入系统时，砂轮架后退到最后端位置。

4. 砂轮架的周期自动进给运动

该运动由进给阀操纵，通过砂轮架进给缸上的棘爪、棘轮、齿轮、丝杠螺母等传动副来实现。砂轮架的周期自动进给可以在任意一端(左进给或右进给)或两端停留时进给(双向进给)，也可以无进给运动，这些均由选择阀 H 的位置所决定。图 7-4 所示为双向进给位置，进给阀在操纵油路 a_1 和 a_2 点每次相互变换压力时，向左或向右移动一次，于是砂轮架便作一次间隙进给。进给量的大小由棘爪机构调整，进给快慢及运动的平稳性则通过节流阀 L_3，L_4 来保证。

砂轮架进退与头架、冷却泵电机之间可以联动。当快动阀 E 的手柄扳至到图示状态，使砂轮架快进到加工位置时，行程开关 1ST 触头闭合，主轴电动机和冷却泵电动机随即启动，使工件旋转，并送出冷却液。

为确保机床的使用安全，砂轮架快速进退与内圆磨头的使用位置互锁。当磨削内圆时，将内圆磨头翻下，压住微动开关，使电磁铁 1YA 通电吸合，快动阀 E 的手柄即被锁在快进后的位置上，不允许在磨削内圆时，砂轮架有快退动作而发生事故。

5. 工作台液动与手动的互锁

该动作由互锁缸来实现。当开停阀 A 处于图示位置时，互锁缸通入压力油，推动活塞使齿轮 Z_1，Z_2脱开，工作台运动就不会带动手轮转动。当开停阀 A 的左位接入系统时，互锁缸接通油箱，活塞在弹簧力的作用下移动，使 Z_1，Z_2 啮合，工作台就可以通过手动驱动工作台来调整工件的加工位置。

6. 尾座顶尖的退出

尾座顶尖的退出是由一个脚踏式尾架阀操纵，由尾架缸来实现。当砂轮架快速退到安全位置时，踏动脚踏板，系统中压力油通过快动阀左位接入尾架阀处，使尾架顶尖实现快速退回。

7. 其他

液压泵输出的油液还有一部分用于导轨、丝杠螺母、轴承等处的润滑。

(四)该液压系统的特点

1. 采用了活塞杆固定的双杆液压缸，既保证了左、右两个方向运动的速度一致，又减小了机床的占地面积。

2. 系统采用结构简单的节流阀式调速回路，功耗小，这对调速范围不需很大、负载较小且基本恒定的磨床来说非常适宜。此外，由于采用回油节流调速回路，液压缸回油中有背压，可防止空气渗入液压系统，有助于工作稳定和工作台的制动。

3. 系统采用了把先导换向阀和开停阀做成一个共同阀体内的液压操纵箱结构，结构紧凑，操纵方便，换向精度和换向平稳性都较高。另外，该操纵箱还能使工作台作高频抖动，有利于提高磨削质量。

三、压力机液压系统

(一)概述

液压压力机是工业部门广泛应用的一种利用静压压力加工的设备，常用于塑性材料的压制工艺，如冲压、弯曲、翻边和薄板拉伸等。也可从事校正、压装、塑料及粉末制品的压制成型工艺。

液压机对其液压系统的基本要求有：

(1)为完成一般的工艺，要求主缸(上液压缸)驱动上滑块能实现“快速下行→慢速加压→保压延时→快速返回→原位停止”的工作循环；要求顶出缸(下液压缸)驱动下滑块实现“向上顶出→停留→向下退回→原位停止”的工作循环，如图 7-5 所示。

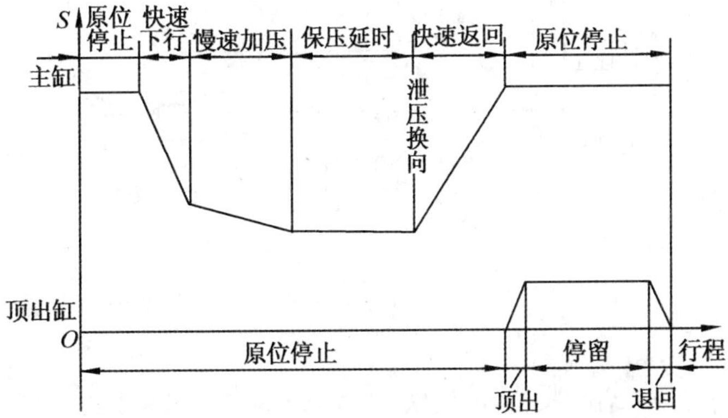

图 7-5 液压压力机工作循环图

(2)液压系统的压力要能经常变换和调节，并能产生较大的压制力(吨位)，以满足工作要求。

(3)流量大、功率大、空行程和加压行程的速度差异大。因此要求功率利用合理，工作平稳，安全可靠。

(二)YB32-200 型液压压力机液压系统工作原理

图 7-6 所示为该压力机液压系统图。该系统由恒功率式变量轴向柱塞泵给系统提供高压油，压力由远程调压阀调定。

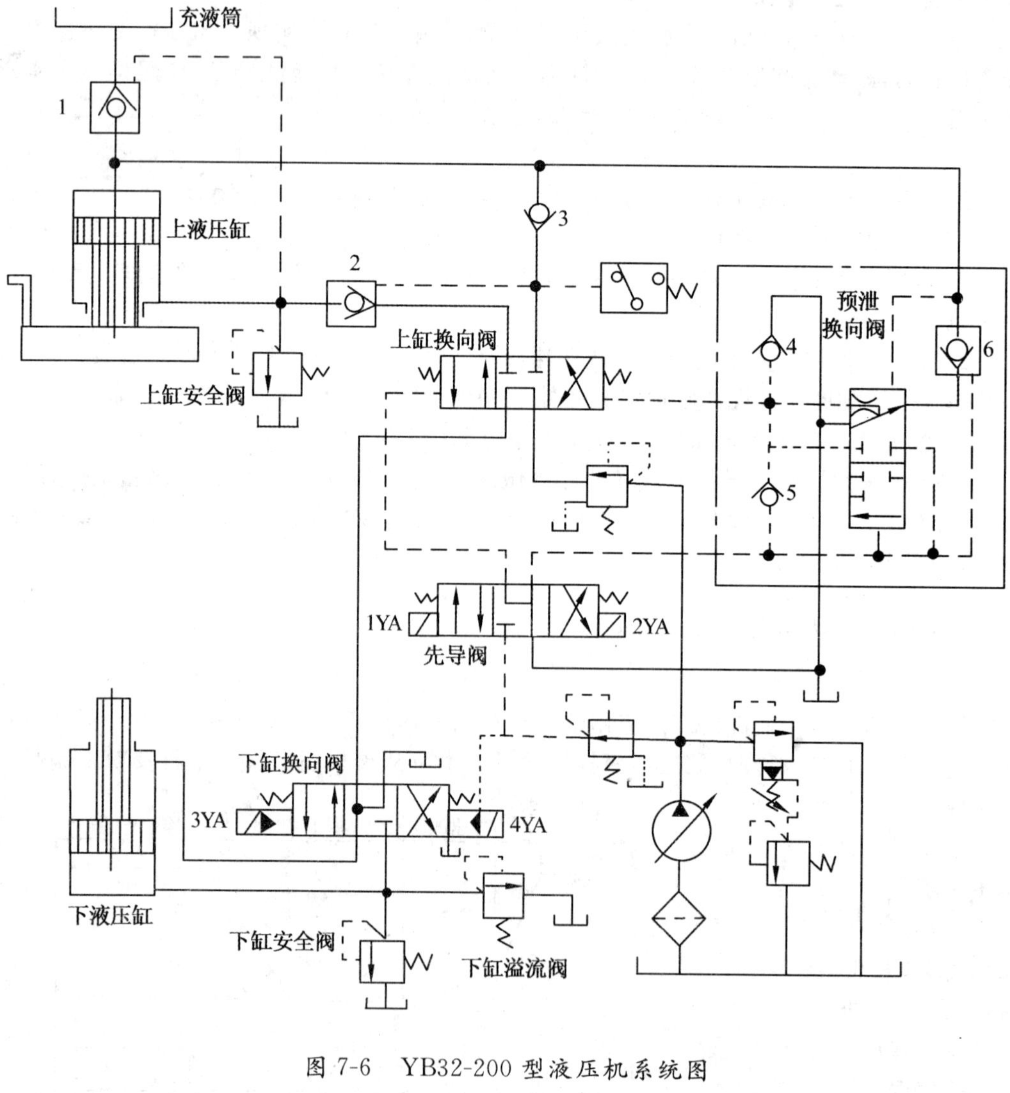

图 7-6　YB32-200 型液压机系统图

1. 快速下行

按下启动按钮，电磁铁 1YA 通电，先导阀和上缸换向阀左位接入系统，液控单向阀被打开，这时系统中压力油进入液压缸上腔，活塞连同滑块在自重作用下快速下行，尽管泵在此时输出最大流量，但主缸上腔仍因油液不足而形成负压，吸开液控单向阀，充液筒内的油便补入主缸上腔，这时其主油路为：

进油路：液压泵→顺序阀→上缸换向阀(左位)→单向阀→上缸上腔。

回油路：上缸下腔→液控单向阀2→上缸换向阀(左位)→下缸换向阀(中位)→油箱。

2. 慢速加压

上滑块在运行过程中接触到工件，这时上液压缸上腔压力升高，液控单向阀1关闭，变量泵通过压力反馈，输出流量自动减小，此时上滑块转入慢速加压。

3. 保压延时

当系统压力升高到压力继电器调定值时，压力继电器发出信号使1YA断电，先导阀和上缸换向阀恢复到中位。液压泵通过换向阀中位机能卸荷，保压时间由时间继电器控制，可在0～24分钟内调节。

4. 卸压快速返回

保压结束后，时间继电器发出信号使电磁铁2YA通电，先导阀右位接入系统，为上缸回程创造条件。但是，由于上缸上腔油压高、直径大、行程长，缸内油液在加压过程中储存了较多能量，为此，上缸先释压后再回程。先导阀右位接入系统后，控制油路中压力油打开液控单向阀6内的卸荷小阀芯，使上缸上腔的油液开始释压。压力降低后预泄换向阀阀芯向上移动，其下位接入系统，上缸换向阀右位处于工作状态，从而实现上滑块迅速返回。其主油路为：

进油路：液压泵→顺序阀→上缸换向阀(右位)→液控单向阀2→上缸下腔。

回油路：上缸上腔→液控单向阀1→充液筒。

上滑块迅速返回时，从回油路进入充液筒的油液若超过预定位置，多余油液就由溢流管流回油箱。单向阀4用于上缸换向阀由左位回到中位时补油；单向阀5用于上缸换向阀由右位回到中位时排油。

5. 原位停止

上滑块上升至预定高度，挡块压下行程开关，电磁铁2YA断电，先导阀和上缸换向阀均处于中位，这时上滑块停止运动，即原位停止。

6. 下滑块的顶出和返回和原位停止

下滑块向上顶出时，电磁铁4YA通电，这时油路为：

进油路：液压泵→顺序阀→上缸换向阀→下缸换向阀→下缸；

回油路：下缸上腔→下缸换向阀→油箱。

下滑块向上移动至下缸中活塞碰上缸盖时，便停留在这个位置上。当4YA断电、3YA通电时油路换向，下缸活塞向下退回。当3YA断电后，下缸处于中位，下缸活塞原位停止。

(三)液压系统的主要特点

(1)系统采用轴向柱塞式高压大流量恒功率变量泵供油，既符合工艺要求又节省能量。

(2)该系统为典型的以压力控制为主的液压系统。采用远程调压控制回路、使控制油路获得低压2MPa的减压回路、高压泵的低压卸荷回路、利用管道和油液弹性变形及靠阀、缸密封的保压回路、采用液控单向阀的平衡回路。

(3)系统采用了专门的释压回路，保证动作平稳，防止换向时的液压冲击和噪音。

(4)由于该系统利用上滑块自重作用实现快速下行，并利用液控单向阀1对主缸上腔补油，故结构简单，液压元件少，在中、小型液压机中常被采用。

(5)该系统中两个液压缸各有一个安全阀进行过载保护。

第二节 液压传动系统设计

液压传动系统的设计是整机设计的一部分，它除了应符合主机动作循环和静、动态性能等方面的要求外，还应满足结构简单、工作安全可靠、效率高、寿命长、经济性好、使用维护方便等条件。目前，液压系统的设计主要还是经验法，虽设计过程因各设计者的经验不同而各有差异，但总体内容一致，可分为以下几个步骤：

(1)明确设计要求，进行工况分析；

(2)拟定液压系统原理图；

(3)计算和选择液压元件；

(4)液压系统工作性能分析；

(5)绘制工作图，编制技术文件。

一、明确设计要求，进行工况分析

(一)明确设计要求

(1)明确液压系统的动作和性能要求，例如，运行方式，行程和速度范围，负载条件，运动平稳性和精度，工作循环和动作周期，同步或连锁要求，工作可靠性等。

(2)明确液压系统的工作环境，例如，环境温度、湿度、尘埃、是否易燃、外界冲击振动的情况和安装空间的大小等。

(二)工况分析

所谓的工况分析就是对执行元件负载分析和运动分析，即分析每个液压执行元件在各自工作过程中负载与速度的变化规律，一般执行元件在一个工作循环内负载、速度随时间或位移而变化的曲线，用负载循环图和速度循环图表示。图7-7所示为组合机床滑台负载和速度循环图。

1. 负载分析

液压缸与液压马达运动方式虽不同，但它们的负载都是由工作负载、摩擦阻力负载、惯性负载、背压负载等组成。

(1)工作负载 F_w 包括切削力、夹紧力、挤压力、重力等，其方向与液压缸运动方向相反时为正，相同时为负。

(2)摩擦负载包括导轨摩擦阻力 F_f 和密封装置处的摩擦力 f_s，前者根据摩擦力计算公式即可计算出来，后者在完成液压系统设计之前因无法确定密封装置参数而无法计算，一般用液压缸的机械效率 η_m 加以考虑，常取 $\eta_m=0.90\sim0.97$。

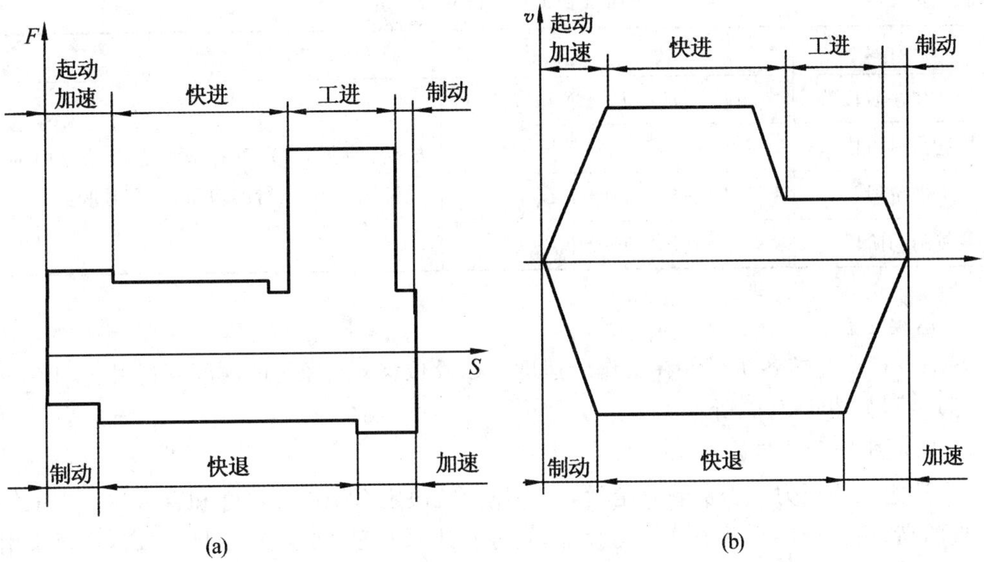

图 7-7　组合机床滑台负载和速度循环图

(3)惯性负载 F_a 是运动部件在启动加速或制动减速时的惯性力,加速为正,减速为负,可由牛顿第二定律求出

$$F_a = ma = \frac{G\Delta v}{g\Delta t} \tag{7-1}$$

式中:G——运动部件的重量。

g——重力加速度。

Δv——Δt 时内速度的变化值。

Δt——启动、制动或速度转化时间。通常取 $\Delta t=0.01\sim0.5$s,轻载低速取小值。

(4)背压负载 F_b 是液压缸回油腔背压所造成的阻力。在系统方案及液压缸结构尚未确定之前也是无法计算的,可暂不考虑,或按表 7-2 选取。

表 7-2　执行元件的背压估算值

系统类型		背压(MPa)
中、低压系统(0～8MPa)	简单的系统和一般轻载节流调速系统	0.2～0.5
	回油路带调速阀的调速系统	0.5～0.8
	回油路带背压阀	0.5～1.5
	采用带补油泵的闭式回路	0.8～1.5
中高压系统(8～16MPa)	同上	比中、低压系统高 50%～100%
高压系统(16～32MPa)	如锻压机械等	初算时背压可忽略不计

液压缸在各工作阶段中负载可按表 7-3 中表达式来计算,再以液压缸所经历的时间或行程为横坐标作出 F-t 或 F-s 负载循环图,如图 7-7(a)所示。

表 7-3　　**液压缸各工作阶段负载计算**

工作阶段	负载 F	
启动加速阶段	$F=(F_f+Fa\pm F_G)/\eta_m$	F_G为运动部件自重在液压缸运动方向的分量,液压缸上行时取正,下行时取负
快进快退阶段	$F=(F_f\pm F_G)/\eta_m$	
工进阶段	$F=(F_f\pm F_w\pm F_G)/\eta_m$	
减速制动阶段	$F=(F_f-Fa\pm F_G)/\eta_m$	

2. 运动分析

运动分析就是按各执行件在工作中速度 v 以及位移 s 或经历的时间 t 绘制 v-s 或 v-t 速度循环图,如图 7-7(b)所示。

3. 确定执行元件参数

(1)选定工作压力。当负载确定后,工作压力就决定系统的经济性和合理性。当工作压力选的高,则执行件和系统的结构紧凑,但对元件的强度、刚度及密封要求高,且要采用压力较高的液压泵;反之,如果工作压力选的低,就会增大执行元件及整个系统的尺寸,使结构变得庞大。所以应根据实际情况选取合适的工作压力。执行元件工作压力可以根据总负载或主机设备类型选取,见表 7-4 和表 7-5。

表 7-4　　**按负载选择执行元件工作压力**

负载 F/kN	<5	5～10	10～20	20～30	30～50	>50
工作压力 p/MPa	0.8～1.0	1.5～2.0	2.5～3.0	3.0～4.0	4.0～5.0	>5.0～7.0

表 7-5　　**各类液压设备常用工作压力**

设备类型	精加工机床	半精加工机床	粗加工或重型机床	农业机械、小型工程机械	液压压力机、重型机械、大中型挖掘机械、起重运输机械
工作压力 p(MPa)	0.8～2.0	3.0～5.0	5.0～10.0	10.0～16.0	20.0～32.0

(2)确定执行元件的几何参数。液压缸的几何参数是有效工作面积 A,液压马达的几何参数是排量 V。

液压缸有效工作面积由下式求得

$$A=F/(\eta_m p) \tag{7-2}$$

式中:F——液压缸的外负载(N)。

η_m——液压缸的机械效率。

p——液压缸的工作压力(Pa)。

计算出的有效面积还必须按下式进行验算

$$A\geqslant q_{\min}/v_{\min} \tag{7-3}$$

式中：q_{min}——回路中所用流量阀的最小稳定流量，或容积调速回路中变量泵的最小稳定流量。

v_{min}——液压缸应达到的最低运动速度。

当执行元件为液压马达时，其排量 $V(m^3/r)$ 计算公式为

$$V=2\pi T/(\eta_m p) \tag{7-4}$$

式中：T——液压马达的总负载转矩(N·m)。

η_m——液压马达的机械效率。

p——液压马达的工作压力(Pa)。

同样，按此式计算出的排量还必须满足液压马达最低稳定转速的要求，即

$$V\geqslant q_{min}/n_{min} \tag{7-5}$$

式中：q_{min}——能输入液压马达的最低稳定流量。

n_{min}——液压马达最低稳定转速。

4. 绘制液压执行元件的工况图

在执行元件主要结构参数确定后，就可以由负载循环图和速度循环图绘制执行元件的工况图，即执行元件在一个工作循环中的工作压力 p、输出流量 q、输出功率 P 对时间(或位移)的变化曲线图。当系统有多个执行件时，把各执行件的 q-t 流量图、P-t 功率图按系统总的工作循环综合得到的流量图和总功率图绘制。执行元件的工况图显示系统在整个工作循环回路中压力、流量、功率分布情况及最大值所在位置，是选择液压元件、液压基本回路及均衡功率分布而调整设计参数的依据。图 7-8 所示为组合机床执行元件工况图。

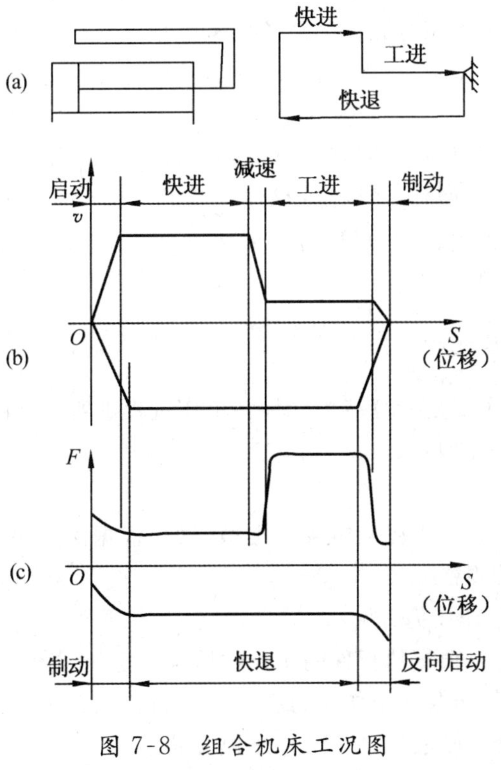

图 7-8 组合机床工况图

二、拟定液压系统原理图

拟定液压系统原理图是整个液压系统设计中最重要的一环。它是从油路原理来具体体现设计任务中提出的各项性能要求的，它的好坏直接从根本上影响整个液压系统。拟定液压系统图包括两个内容：一是分析、对比选出合适的液压回路；再就是把选出的回路组成液压系统图，常采用的方法有经验法和逻辑法。在拟定液压系统图时应考虑以下几个问题。

1. 确定所选液压执行元件的类型

设计液压系统时，可按设计所要求的运动情况选择适当的液压缸或液压马达，并分析、比较以求设计的整体效果最佳。例如，在设备的工作行程比较长时，为提高其传动刚性，常采用液压马达通过丝杠螺母机构来实现往复直线运动。在实际设计过程中，液压执行元件的选择往往还受到使用范围的大小和使用习惯的限制。

2. 确定油路类型

一般具有较大空间可以存放油箱且不需另设散热装置的系统，大都采用开式油路。凡容许采用辅助泵进行补油并借此进行冷热油交换来达到冷却目的的系统，都采用闭式油路。通常节流阀调速系统采用开式油路，容积调速系统采用闭式油路。

3. 选择液压回路

在拟定液压系统原理图时，首先应根据设备的工作特点和性能要求，确定对主机主要性能起决定影响的主要回路。例如，机床液压系统，调速和速度换接回路是主要回路；压力机液压系统，调压回路是主要回路。然后考虑其他辅助回路，例如，垂直运动部件的系统要考虑平衡回路，有多个执行元件的系统要考虑顺序动作、同步和防干扰回路等。同时还应考虑节省能源，减少发热，减少冲击，保证运动精度等问题。

4. 液压回路的综合

液压系统图就是把各种液压回路综合放到一起。进行回路综合时，在满足工作机构要求及生产率的前提下应做到：系统结构简单，经济合理，无多余元件，便于维修检测；工作安全可靠，无相互干扰现象；尽可能提高系统效率，防止系统过热；尽可能采用标准元件，减少自行设计的专用件。

三、计算和选择液压元件

液压元件的计算，主要是计算液压元件在工作过程中所承受的压力和通过的流量，以便确定液压元件的规格和型号。

(一)液压泵的选择

先根据设计要求和系统工况确定泵的类型，然后根据液压泵的最大工作压力和最大供油量来选择液压泵的规格。

1. 计算液压泵的工作压力

液压泵的工作压力是根据执行件的工作性质来决定的。若执行件在工作行程终点运动停止时压力最大，则液压泵的工作压力就等于执行件的最大工作压力。若执行件的最大压力出现在工作行程中则液压泵的工作压力应满足

$$p_P \geqslant p_1 + \sum \Delta p_1 \tag{7-6}$$

式中：p_1——执行元件的最大工作压力。

$\sum \Delta p_1$——进油路上总的压力损失，见表 7-6。

表 7-6　进油路总压力损失估算表

系统结构情况	进油路总压力损失 $\sum \Delta p_1$（MPa）
简单系统（一般节流调速和管路）	0.2～0.5
复杂系统（进油路有调速阀及管路）	0.5～1.5

2. 计算液压泵的最大供油量 q_{VP}

$$q_{VP} \geqslant K \sum \Delta q_{max} \tag{7-7}$$

式中：K——系统泄漏修正系数，一般取 K=1.1～1.3，小流量取大值，大流量取小值。

$\sum \Delta q_{max}$——系统中同时动作的各缸所需最大值流量之和。

若系统采用了蓄能器供油时，则泵的流量按一个工作循环中的平均流量来选取，此时

$$q_{VP} \geqslant \frac{K}{T} \sum_{i=1}^{n} V_i \tag{7-8}$$

式中：T——工作循环周期时间。

V_i——每个执行件在工作周期中的总耗油量。

n——执行元件个数。

3. 选择液压泵的规格

为了使液压泵工作安全可靠，液压泵必须有一定的压力储备，通常选择液压泵时，其额定压力比计算值 p_P 高 25%～60%。而对于泵的额定流量则与计算值 q_P 相当，不要超过太多，以免造成过大的功率损失。

4. 确定驱动液压泵的电机功率

（1）当液压泵在整个工作循环中输出的功率变化较小时，电机功率按下式计算

$$P = p_P q_{VP} / \eta_P \tag{7-9}$$

式中：p_P——液压泵的最大工作压力（MPa）。

q_{VP}——液压泵的输出流量（m^3/s）。

η_P——液压泵的总效率。

（2）当液压泵在整个工作循环中输出的功率变化较大，且功率循环图中最高功率持续时间很短时，电机功率按下式计算

$$P = \sqrt{\sum_{i=1}^{n} P_i^2 t_i \Big/ \sum_{i=1}^{n} t_i} \tag{7-10}$$

式中：P_i——整个工作循环中每一动作阶段内所需的驱动功率。

t_i——整个工作循环中每一动作阶段内所需的时间。

上式计算出来的为电机平均功率，计算出来后还应验算每一阶段电机的超载量是否在允许范围之内，通常电机允许短期超载 25%。

（二）阀类零件的选择

阀类零件的选择主要是根据阀的最大工作压力和最大流量来选择阀的规格。所选择的阀类零件的额定压力和额定流量要大于系统的最高工作压力和最大流量，但额定流量最大不要超过 20%。另外在选择阀类零件时要根据使用要求合理选择阀的操纵方式、安装方式、压力损失大小及工作寿命等各项性能，并考虑阀在极限状态时对工作性能的影响。

（三）液压辅助元件的选择

液压辅助元件的选择包括油箱、过滤器、蓄能器、油管、冷却器等元件的选择。选择的有关原则见第五章液压辅助元件。

四、液压系统工作性能分析

液压系统设计完毕后，需对系统的性能进行验算，以便判断系统的设计质量或确定最好的设计方案。由于液压系统的性能验算是一个复杂的问题，目前详细验算还有困难，只能用一些简化的公式进行估算，作一些定性分析。主要包括：液压系统压力损失的验算，液压系统发热温升验算。具体验算过程请参阅相关资料。

第三节　液压系统安装、调试、使用和维护

一、液压系统安装、调试

（一）液压装置的配置形式

液压装置的配置形式是指各种阀类等液压元件的装配形式。液压装置的配置形式有集中式和分散式两种。

集中式是将液压系统的动力源、阀类元件集中安装在主机外的液压泵站上。其优点是安装和维修方便，并消除了动力源振动和油温对主机工作的影响。

分散式是将动力源、各液压元件分散到主机各处。其优点是结构紧凑，占地面积小；缺点是动力源的振动、发热等会影响设备的工作精度。

（二）阀类元件的连接方式

对于机床等固定的液压设备，液压装置的配备形式常采用集中式。采用集中式时，阀类元件在液压泵站上的配置形式目前主要采用集成化配置，具体有下列三种：

1. 板式连接

如图 7-9 所示，板式连接是将各种板式液压阀统一安装在油路连接板上，元件之间的油路由板内加工的孔道形成。这种连接方式结构紧凑，调节方便，但加工较困难，且油路压力损失较大。

2. 叠加阀式连接

叠加阀式连接是由叠加阀自身阀体作为连接体直接叠加而组成的一种液压系统。这种连接方式可以实现液压元件间无管化连接，结构紧凑，体积小，重量轻，且油路压力损失小，设计安装周期短，如图 7-10 所示。

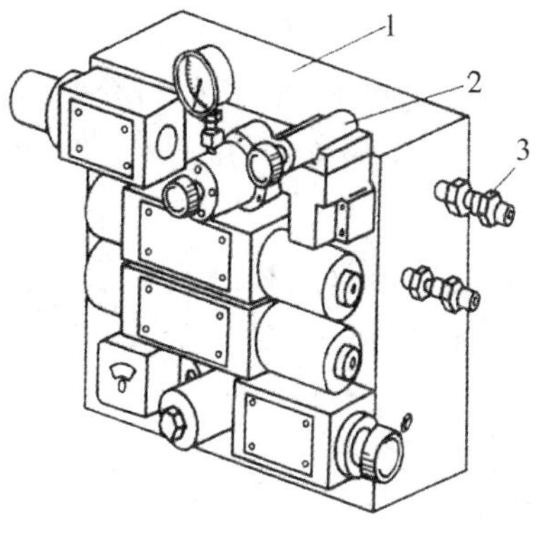

1-油路板　2-阀体　3. 管接头

图 7-9　板式连接

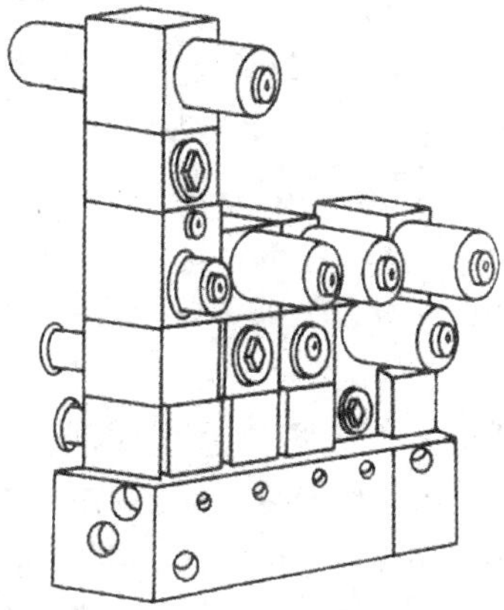

图 7-10　叠加阀式连接

3. 集成块式连接

集成块式连接是将各种基本的液压回路做成通用化的集成块，然后再将各种集成块按需要连接起来，如图 7-11 所示。各集成块周围三面用于安装液压元件，一面安装管接头，通过油管连接到执行元件。块内则钻孔形成各种回路，一般为基本回路。上下面作为结合面。通过长螺栓将各种集成块和顶盖、底板叠装起来就构成一个液压系统。这种连接方式结构紧凑，占地面积小，维修方便，压力损失小，发热小，抗外界干扰能力强，并具有系列化、标准化产品，在机床液压系统中得到广泛的应用。

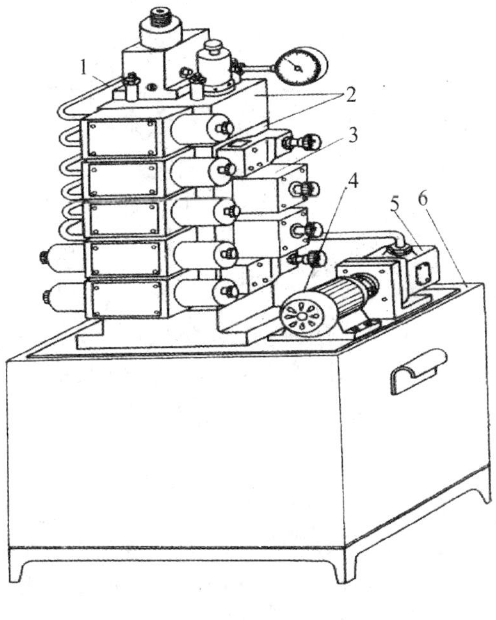

1-油管　2-集成块　3-阀
4-电动机　5-液压泵　6-油箱

图 7-11　集成块式连接

(三)液压系统的安装

液压系统安装是否正确直接影响设备的工作性能和可靠性，因此在安装之前必需认真分析液压系统工作原理图、管道联接图以及液压元件使用说明书等相关的技术文件，按要求检查各种液压元部件、辅件是否完好正确。

1. 液压泵的安装

(1)液压泵传动轴与电动机驱动轴同轴度偏差应小于 0.1mm，一般采用挠性联轴器联接，不容许采用 V 带传动，以免因 V 带轴向拉力影响泵的正常运转。

(2)液压泵的旋转方向和进、出油口方向按要求安装，不得接反。

(3)液压泵安装后吸油高度一般不得超过 0.5m。

2. 液压元件的安装

(1)液压元件在安装之前要用煤油清洗，自制重要元件应进行密封和耐压试验，试验压力取工作压力的两倍，或取最高压力的 1.5 倍。试验时应分级进行，压力每升一级检查一次。

(2)安装时不要把相似元件装错。装配时调压弹簧要全部放松，待调试时再调定压力。

(3)方向阀应保证轴线呈水平位置安装，蓄能器垂直安装。

(4)板式元件安装时，要检查进出油口处的密封圈元件是否合乎要求。安装前密封圈应突出安装平面，保证安装后有一定的压缩量，以防止泄漏。

(5)板式元件安装时，固定螺钉要按一定顺序拧紧，且拧紧力要均匀，保证元件的安装平面和元件底板平面接触良好。

3. 油管的安装

(1)安装油管时必须按设计要求进行，使油管尽量平行或垂直，不得随意改变配置方案。各支管之间尽量避免交叉。各油管之间要有一定间隙，防止相互接触，产生振动。

(2)油管尽可能的短，而且安装在牢固的地方。弯管的最小弯曲半径应大于三倍的油管半径。对于软管安装时要防止扭转，并留有一定的松弛量。

(3)吸油管下端应安装过滤器。

(4)各管道接头处要紧固密封好，吸油管不能漏气。

(5)回油管应插入油箱的油面以下，以防止飞溅泡沫和混入空气。

(6)系统中泄漏油路要采取单独回油管，避免泄漏回油时产生背压。

(7)溢流阀回油口不许与泵吸油口相接或相近，以免油温升高。

(8)全部油管应分试装和正式安装两次进行。试装后，拆下油管，用 20％的硫酸或盐酸溶液酸洗，再用 10％的苏打水中和，最后用温水清洗，待干燥后涂油进行正式安装。安装时不得有砂子和氧化皮等。

4. 液压缸的安装

(1)液压缸的基座必须有足够的刚度，避免加压时缸筒变形，活塞杆弯曲。

(2)安装前检查液压缸的密封元件和缓冲装置配置是否正确。

(3)安装时要保证液压缸活塞的轴线和运动部件导轨面的平行度要求。

(4)垂直安装的液压缸要防止自重对液压系统的影响。

(5)缸的轴向两端不能同时固定死，以适应温度变化引起的变形。

(四)液压系统的调试

液压系统在装配好或经维修、保养和重新装配后，必须经过调试才能使用。调试的目的是通过调试了解和掌握液压系统各元件、回路运行状态、工作性能，及时排除系统中存在的各种缺陷和故障，为系统的正常使用做好准备。液压系统的调试分空载调试和负载调试，调试前要根据说明书检查液压系统各液压管道、电器线路安装是否正确可靠，液压油与说明书是否一致，油标高度是否符合要求，各液压元件安装是否正确，各控制手柄是否在相应位置，各仪表安装是否正确、显示是否正常等。

1. 空载调试

(1)启动液压泵,检查其转向是否正确,运行是否正常,有无异常声响,泵是否漏气,在卸荷状态下,泵的卸荷压力是否在规定范围内。双泵供油时先启动控制用液压泵,再启动主液压泵。对油温有一定要求的液压系统,必须先对油液进行升温处理。

(2)操纵手柄,使执行件逐一空载运行,速度由慢到快,行程由小到大,直到高速全程运行以排除系统中的空气,观察其速度换接的平稳性,检查各元件、接头是否有泄漏,油箱中油液是否下降过多。

(3)检查各液压元件在规定范围内调整时是否能满足使用要求。例如,关小节流阀流量,执行件是否达到规定的最低速度和平稳性。

(4)检查各执行件是否按预定顺序和工作循环动作,各动作是否协调,动作是否平稳。

(5)一般空载运行 2～4 小时后再检查油温,液压系统要求的精度等。一切正常后才可以进行负载调试。

2. 负载调试

负载调试的目的是在规定的负载工况下运转,进一步观察液压系统的运行状态、工作性能,检查液压系统在负载后能否实现预定的工作要求。如噪声、振动、泄漏、油温、功耗、精度等是否在规定范围内。负载调试一般分轻负载,最大负载和超负载三次进行。对调试期间的各种数据要做好记录,备查。调试完毕后,一切正常才可以交付使用。

二、液压系统的使用和维护保养

为了保证液压设备的良好工作状态,延长使用寿命,必须合理、正确的使用和维护保养液压设备。

(一)液压系统的使用

(1)使用者应明白液压系统的工作原理,熟悉各种操作和调整手柄的位置及旋向等。

(2)开车前应检查液压系统上各调整手柄、手轮是否在相应位置上,电器开关和行程开关的位置是否正常,主机上工件安装是否正确、牢固,再对导轨和活塞杆进行擦拭,然后才可以开车。

(3)开车前还应检查油面,保证系统有足够的油液。液压油要定期检查更换,新设备使用三个月后即应清洗油箱,更换新油,以后每隔半年到一年进行清洗和更换一次。

(4)开车时,应先启动控制油路液压泵。

(5)工作中要随时注意油液温度,保证油温在规定范围内,一般油箱中油液温度不超过 60℃,当油温过高时需设法冷却。当油温过低时,应进行预热,使油温逐步升高,再进入正常工作状态。

(6)系统中应根据需要配置粗、精过滤器,对过滤器要经常检查、清洗和更换。

(7)油箱要加盖密封,油箱上面的通气孔要设置空气过滤器,加油时要进行过滤。

(8)有排气装置的系统要进行排气,无排气装置的系统在工作之前要进行几次空载往复运动,使之自然排出气体。

(9)对压力控制元件的调整,一般先调整溢流阀,压力从零开始逐步提高,使之达到规定的压力值,然后依次调整各回路的压力控制阀。主油路液压泵的安全溢流阀的调整压力一般要大于执行件所需工作压力的10%～25%；快速运动液压泵的压力阀的调整压力要大于所需压力的10%～20%；用卸荷压力油供给控制油路和润滑油路时，压力应保持在0.3～0.6MPa；压力继电器的调整压力一般应低于供油压力0.3～0.5MPa。

(10)流量控制阀要从最小流量开始逐步调整到大流量。同步运动执行件的流量控制阀应同时调整，保证运动的平稳性。

(11)若设备长期不使用，应将各手轮、手柄全部放松，防止弹簧产生永久变形而影响元件的性能。

(二)液压系统的维护保养

液压系统的维护保养可分为日常维护、定期检查。

1. 日常维护

日常维护指工作人员利用触觉、视觉、听觉和嗅觉等简单的方法，在液压泵启动前、后和停止运转前，检察油的质量、油量、油温、压力、泄漏、振动、噪声等情况，及时发现、解决问题，并对系统进行维护和保养，对重要设备填写“日常维护卡”。

2. 定期检查

定期检查是指每隔一固定时间就对相关元部件进行检查维修，调查日常维护中发现的异常现象的原因并进行排除。如定期更换密封件，定期清洗更换液压元件，定期检查润滑油路。定期检查时间通常与过滤器检修期相同(2～3个月)。

第四节　液压传动常见故障的分析和排除方法

一、液压传动常见故障的分析方法

液压设备是由机械、液压及电器元件等组成的统一体，结构复杂，其液压系统的故障也是各种各样的。由于内部情况从外部观察不到，要寻找故障产生的原因是比较困难的。当液压系统产生故障的时候绝不能毫无根据的乱拆，更不能把系统中的元件全部拆下来检查。只有熟悉液压系统工作原理、基本回路的功能和液压元件的结构，并且具有一定的实践经验，采用一定方法才能迅速查明故障原因，准确判断故障部位，并及时排除。

(一)设备检修人员在生产现场对故障的排除方法

在生产现场，设备检修人员可以通过“四觉诊断法”来分析判断故障产生的部位和原因，从而采取相应方法措施排除故障。

所谓“四觉诊断法”就是指经验丰富的检修人员利用触觉、视觉、听觉和嗅觉来分析判断液压系统的故障。

1. 触觉

指检修人员通过触摸来判断系统各处温度的高低和振动的大小及各元件的松动情况。

2. 视觉

指检修人员凭经验观察机构运动的力度、运动的平稳性、泄漏和油液变色的情况对故障进行分析。

3. 听觉

指检修人员根据液压泵和液压马达的异常声响、溢流阀发出的声音及油管的振动和其他异常的声音等来判断噪声和振动的大小以及元件的损坏情况。

4. 嗅觉

指检修人员通过气味来判断油液变质和液压泵发热烧结等故障。

(二)通过逻辑分析法对液压系统故障进行排除

所谓的逻辑分析法就是根据液压系统的基本原理进行逻辑分析，减少怀疑对象，逐渐逼近，找出故障发生部位的方法。故障逻辑分析的步骤，如图 7-12 所示。液压系统工作不正常归根究底可归纳为压力、流量和方向三大问题。当系统出现故障时，根据问题形式分析液压系统图并检查各元件，确认其性能和作用，初步评定系统质量状况。接着列出与故障有关的元件清单，在列清单时不要漏掉任何一个对故障有重大影响的元件。之后根据检查的难易程度安排元件检查的顺序，并列出重点检查的元件和部位。然后，进行初步检查，判断元件的选用和装配是否合理；元件的测试方法是否正确；元件的外部信号是否合适，对外部信号是否有响应等。在初检过程中要特别注意出现故障的前兆，如高温、噪声、振动和泄漏以及以前出现的类似故障和处理的方法等。如果初检没有检查出引起故障的元件，则应用仪器反复检查，直到检查出引起故障的元件，并对发生故障的元件进行修理或更换。最后在重新启动设备前要认真思考引起故障的前因后果，预测出以后可能出现的故障和隐患，以便采取相应的措施。

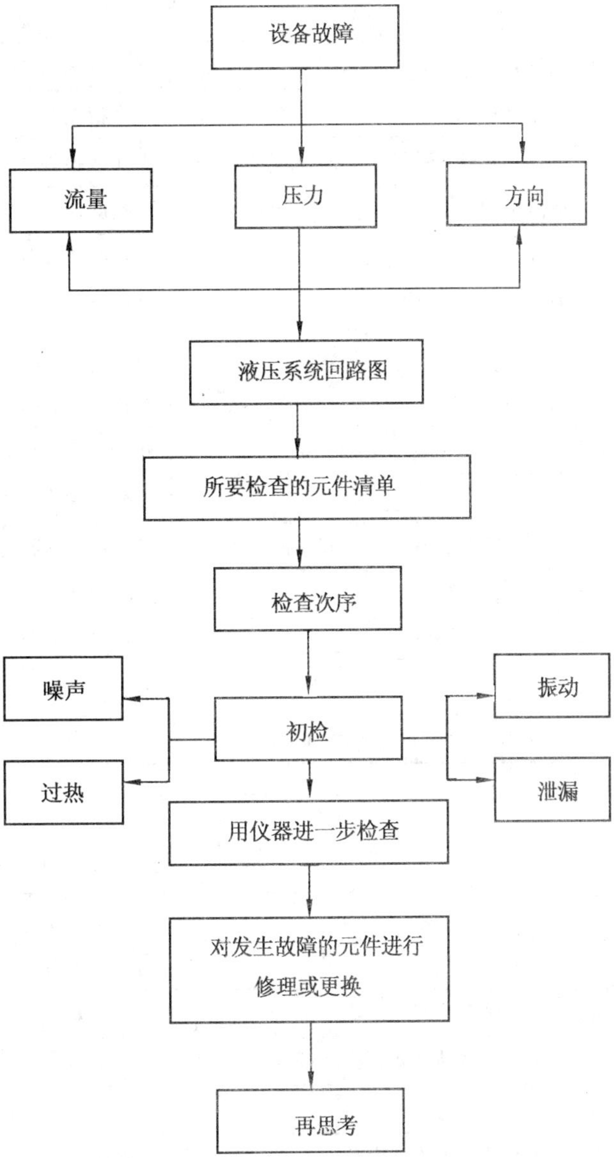

图 7-12　故障逻辑分析法排除步骤

二、液压传动常见故障及排除方法

液压系统的故障种类较多，常见的故障主要有噪声和振动、爬行、液压冲击、油温过高及泄漏等。表 7-7 到表 7-11 是常见故障的原因及排除方法。

表 7-7　系统产生噪声和振动的原因及排除方法

原　因	排除方法
1. 液压缸空气入侵	利用排气装置排气以及加强管道密封
2. 液压泵精度太低	更换精度差的零件，提高装配精度
3. 液压泵零件磨损严重	更换磨损件
4. 液压泵脉动太大	更换脉动小的液压泵
5. 叶片泵出现困油现象	修正配油盘的三角槽
6. 液压泵轴向间隙过大	进行修理或更换液压泵
7. 液压泵和电动机安装精度低	提高安装精度
8. 联轴器松动	重新安装，保证同轴度应小于 0.1mm
9. 液压泵吸油油量不足	补充油箱油液，增大吸油管管径或吸油面积，清洗过滤器
10. 油液黏度过大	更换黏度小的油液
11. 吸油管浸入油池太浅，离回油管太近	吸油口浸入油池 2/3 处，与回油管隔开
12. 溢流阀不稳定	及时清洗或修理更换溢流阀
13. 换向阀出现故障	及时修理或更换换向阀
14. 机械振动	紧固各元件、接头，加强油管的支持强度，防止共振
15. 由液压冲击引起的噪声和振动	减小液压冲击（见第一章液压冲击）

表 7-8　系统产生爬行的原因及排除方法

原　因	排除方法
1. 系统侵入空气	利用排气装置排气，加强密封，防止液压泵吸空
2. 节流阀或调速阀流量不稳定	更换性能好的元件
3. 液压缸安装精度差，与导轨面不平行	重新装配，提高安装精度，调整平行度
4. 油液污染，堵塞液压元件	更换液压油，保持油液清洁
5. 导轨等导向机构精度低	修复导向导轨
6. 导轨润滑条件差	改善润滑条件
7. 回油无背压	增设背压阀
8. 负载变化引起供油波动	选用低速稳定性好的调速阀

表 7-9　系统产生液压冲击的原因及排除方法

原　因	排除方法
1. 系统侵入空气	利用排气装置排气，加强密封，防止液压泵吸空
2. 液压缸无缓冲装置或缓冲装置失灵	增设或检修缓冲装置
3. 换向阀换向过快	换向阀阀芯做成锥角或开轴向三角槽，或者采用电液换向阀
4. 系统工作压力过高	降低系统工作压力
5. 回油无背压或背压太低	增设背压阀，提高回油背压压力
6. 运动件、油液的惯性冲击	设置制动阀和蓄能器

表 7-10　系统产生油温过高的原因及排除方法

原　因	排除方法
1. 系统压力过高	合理调整系统压力
2. 液压泵及各处联接泄漏严重	检修液压泵，加强密封，防止泄漏
3. 油箱体积小，散热性能差	适当增大油箱面积，改善散热性能，必要时增设冷却装置
4. 液压元件工作性能差或选用不合理	选择合适的液压元件，提高液压元件的工作性能
5. 油液黏度太高	选用适当黏度的油液
6. 系统沿程功率损失大	选择合适管径，减少弯头，缩短长度
7. 环境温度过高	设置反射板或利用隔热材料将系统与热源隔开
8. 定量泵功率浪费造成油温升高	将定量泵改称变量泵

表 7-11　系统产生泄漏的原因及排除方法

原　因	排除方法
1. 密封件损坏或装错	更换或重装密封件
2. 管接头松动	紧固各处接头
3. 液压元件磨损严重	更换或修配液压元件
4. 各元件结合面密封效果差	修配结合面，加强密封
5. 油管老化、破裂	更换油管
6. 相互运动件间间隙过大	减小配合间隙
7. 油液黏度太低	使用适当黏度的油液
8. 油温过高	降低油温
9. 工作压力过高	降低工作压力

思考与练习

7-1　怎样阅读和分析一个液压系统?

7-2　分析 YT4543 型动力滑台液压系统,指出它由哪些基本回路组成?各元件在系统中起什么作用?该系统有何特点?

7-3　M1432A 型万能外圆磨床的液压系统可完成机床的哪些运动,对工作台的基本要求有哪些?

7-4　阅读压力机液压系统图,分析该系统由哪些基本回路组成。

7-5　液压系统设计一般经过哪些步骤?要经过哪些计算?

7-6　已知某立式组合机床的液压动力滑台工进速度为 60mm/min,快进、快退速度为 6m/min,切削负载为 30000N,滑台自重 750kg,启动、制动时间为 0.05s,滑台对导轨的法向力为 1500N,导轨摩擦系数为 0.1,试对该液压系统进行负载分析。(滑台自重在下降过程中由液压系统中的平衡回路支承,不需进行负载分析)

7-7　已知某专用卧式铣床的切削负载为 25000N,运动部件总重 500kg,工作行程为 400mm,工进速度为 60～1000mm/min,快进、快退速度为 5m/min,启动、制动时间为 0.05s,工作台采用平面导轨,摩擦系数为 0.1。试设计该机床的液压系统。

7-8　液压系统常见的故障有哪些?如何排除?

7-9　空气侵入液压系统会造成什么样的不良后果?如何解决?

第八章　液压伺服控制系统

液压伺服控制系统是根据液压传动原理建立起来的一种自动控制系统。在这种系统中，执行元件能以一定的精度，自动地按照输入信号的变化规律跟随控制元件运动而进行自动控制，所以称为液压伺服控制系统，也称为跟踪系统或随动系统。

第一节　概　述

一、液压伺服系统的工作原理

如图 8-1 所示，是一个简单的液压伺服系统工作原理图。该系统主要由四通滑阀和液压缸组成，两者是一个整体，液压泵以恒定的压力向系统供油。当滑阀处于中间位置时，阀口关闭，液压缸静止不动。当滑阀接收到外部输入的信号，向右移动一个位移 x_i 时，滑阀阀芯向右移动一个位移 x_v，此时 a、b 口就有一个相应的开口量，$x_v=x_i$，压力油经 a 口流入液压缸，由于活塞固定，缸体向右移动，直到位移 $x_p=x_i$，即 $x_v=0$，此时，阀口关闭，液压缸停止运动，处于新的平衡位置上。如果滑阀阀芯收到一个相反的信号，则液压缸也向相反的方向跟随运动。

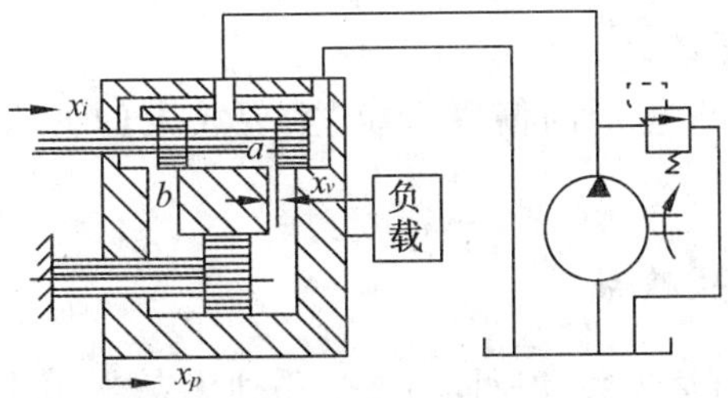

图 8-1　液压伺服系统原理图

在该系统中，由于阀体和缸体是一个整体，构成一个反馈系统，输出的信号能与输入的信号进行实时比较，有偏差缸体就继续移动，直到偏差消除为止，所以该系统能精确地复现输入位移量。

由此可见，一个液压伺服系统具有以下特点：

(1)液压伺服系统是一个位置跟随系统,系统的输出量能自动地、快速而准确地复现输入量。

(2)液压伺服系统是一个力的放大装置,执行件的输出功率比输入量大几百倍,甚至上千倍,功率放大所需能量由液压系统提供。

(3)液压伺服系统正常工作必须带反馈装置,如果没有反馈装置,则输出信号不能与输入信号进行比较,也就不能产生随动运动。

(4)液压伺服系统有一个误差系统,通过该系统,输出信号与输入信号进行实时比较,直到误差消除为止才可停止运动。否则将一直运动下去。

液压伺服系统的工作原理也可以用方框图来表示,如图 8-2 所示。

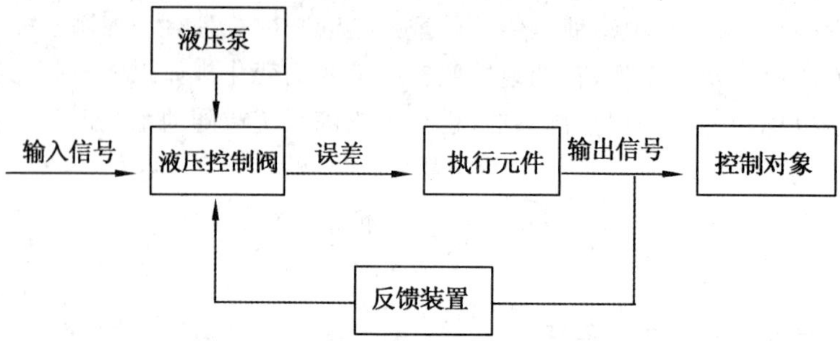

图 8-2 伺服系统工作原理方框图

二、液压伺服系统的分类

液压伺服系统从不同的角度有如下分类:

(1)按控制方式可分为阀控系统(节流式)和变量泵控系统(容积式),其中阀控系统又分为滑阀式、转阀式、喷嘴挡板式和喷管式。

(2)按控制信号可分为机液伺服系统、电液伺服系统和气液伺服系统。

(3)按所控制的物理量可分为位置控制系统、速度控制系统、加速度控制系统、力控制系统和其他物理量控制系统。

4. 按功用可分为实现仿形的伺服系统、实现放大的伺服系统和实现同步的伺服系统。

三、液压伺服系统的优缺点

液压伺服系统除具有液压传动所固有的一系列优点外,还具备承载能力大、控制精度高、响应速度快、自动化程度高、体积小、重量轻等优点。

但是,液压伺服元件加工精度高,成本高;对油液污染较敏感,可靠性受影响;在小功率系统中不如微电子控制灵活。随着科技的不断发展,液压伺服控制的缺点将不断得到克服,在自动化技术领域中,液压伺服控制将有着广泛的应用前景。

第二节　液压控制阀

液压控制阀是液压伺服系统中最基本的，也是最重要的组成部分，它起着信号转换、功率放大和反馈的作用，其性能直接影响系统的工作性能。常见的液压控制阀有滑阀、射流管阀和喷嘴挡板阀。

一、滑　阀

滑阀结构形式多样，应用也较普遍。根据滑阀控制的边数不同可分为单边控制式、双边控制式和四边控制式三种。

1. 单边滑阀

图 8-3 所示为单边滑阀。控制边的开口量 x_s，控制着液压缸右腔的压力和流量，从而控制液压缸运动的速度和方向。来自泵的压力油进入单杆液压缸的有杆腔，再通过活塞上小孔 a 进入无杆腔，压力由 p_s降为 p_1，然后通过滑阀唯一的节流边流回油箱。在液压缸不受外载荷的情况下，$p_sA_2=p_1A_1$. 当滑阀根据信号向左移动时，开口量 x_s增大，无杆腔压力减小，于是 $p_1A_1<p_sA_2$，缸体向左移动。因为缸体和阀体是一个整体，所以阀体左移使开口量 x_s减小，直至达到新的平衡。这种阀制造容易，但工作精度较差。

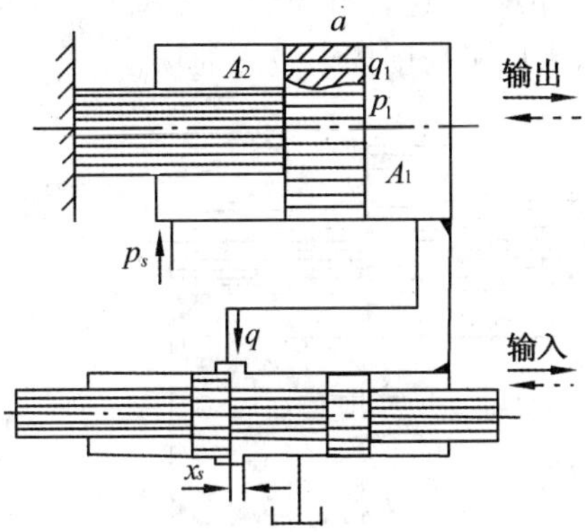

图 8-3　单边滑阀的工作原理

2. 双边滑阀

图 8-4 所示为双边滑阀，它有两个边起控制液流的作用。压力油一路直接进入液压缸的有杆腔，另一路经滑阀左控制边的开口 x_{s1}和液压缸无杆腔相通，并经滑阀右控制边开口 x_{s2}流回油箱。当滑阀向左移动时，x_{s1}减小，x_{s2}增大，液压缸无杆腔压力 p_1减小，缸体左移，直至达到新的平衡状态。反之，液压缸向右移动。双边滑阀灵敏度高，工作精度也比单边滑阀高。单边滑阀和双边滑阀用于一般控制精度的系统。

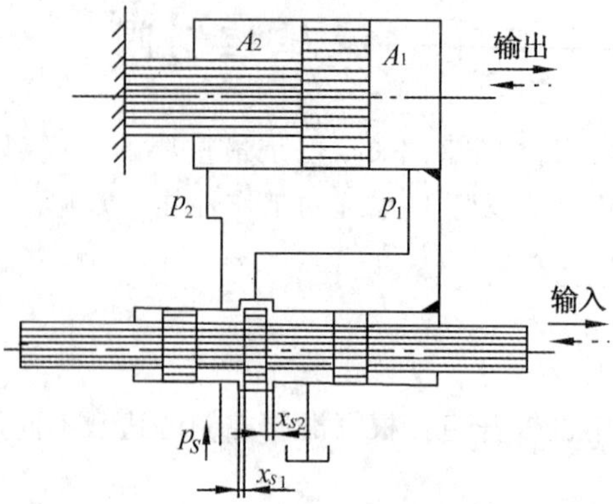

图 8-4 双边滑阀的工作原理

3. 四边滑阀

图 8-5 所示为四边滑阀。它有四个边起控制液流的作用，开口 x_{s1}，x_{s2} 分别控制进入液压缸两腔的压力油，开口 x_{s3}，x_{s4} 分别控制液压缸两腔的回油。当滑阀向左移动时，液压缸左腔进油口 x_{s1} 减小，回油口 x_{s3} 增大，p_2 迅速减小；同时，液压缸右腔进油口 x_{s2} 增大，回油口 x_{s4} 减小，p_1 迅速增大，这样活塞迅速左移。由于活塞和阀体是一个整体，所以阀体左移，直至达到一个新的平衡位置。这种滑阀灵敏度和工作精度比双边滑阀都要高，但结构工艺性也差，制造成本高，常用于精度要求较高的场合。

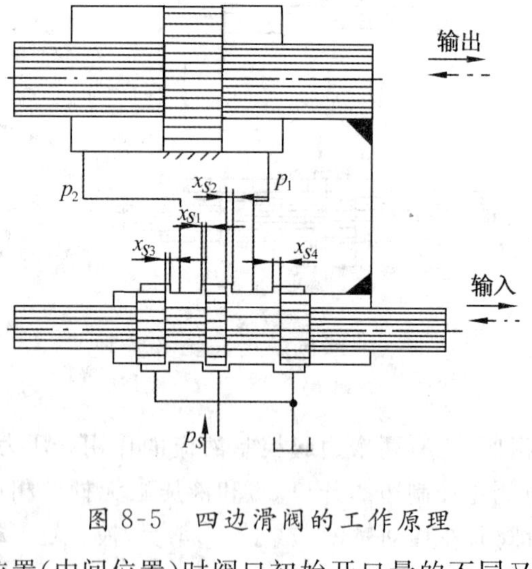

图 8-5 四边滑阀的工作原理

滑阀根据在平衡位置(中间位置)时阀口初始开口量的不同又可分为正开口、零开口和负开口三种情况。

(1)正开口。如图 8-6(a)图所示，阀芯台肩宽度 b 小于阀体沉割槽的宽度 B，即 $b<B$，这种开口就称为滑阀的正开口。当阀芯处于中间位置时，两个方向都有油液通过，它的位移一流量特性曲线线性度较差，存在不灵敏区，稳定性较差，不适用于大功率场合，在工程机械中常用于液压转向系统。

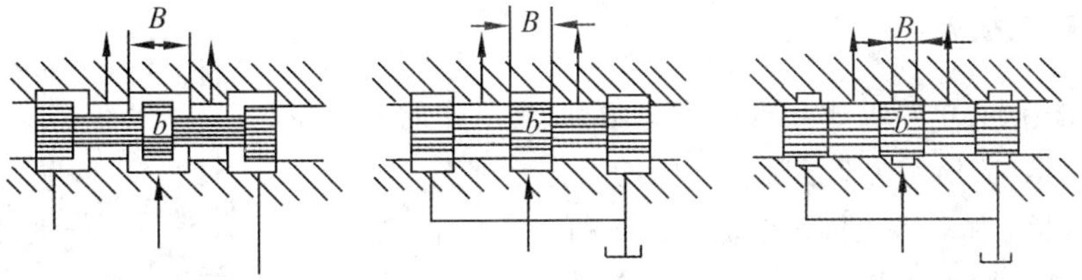

(a) 正开口　(b) 零开口　(c) 负开口

图 8-6　滑阀开口的类型

(2)零开口。如图 8-6(b)所示，$b=B$，这种开口称为滑阀的零开口。当阀芯处于中间位置时，既无开口量，也无搭盖量，通往液压缸的油口被封闭，没有压力油泄露回油箱；当液压缸载荷一定时，流向液压缸的流量和阀芯位移有线性关系，不存在死区，灵敏度最高，应用也最广。由于零开口制造困难，实际制造中允许小于±0.025mm 的微小开口量偏差，位移流量曲线是一个近似的线性关系。

(3)负开口。如图 8-6(c)所示，$b>B$，称为滑阀的负开口。当阀芯处于中间位置时，可以断开液压泵和执行件的通路，阀芯需移动一小段距离才能打开阀口，因此存在不灵敏区，但无中位泄露损失，位移流量特性曲线线性度不好，应用较少，仅适用于执行件定位的系统。

二、射流管阀

如图 8-7 所示，它由射流管、接受板和液压缸等元件组成。射流管在输入信号的作用下可绕中心 O 左右摆动一个不大的角度；接受板上有两个并列的接受孔 a 和 b，分别与液压缸两腔相通。压力油由通道进入喷管，从端部的锥形喷口射出，经接受孔进入液压缸。油液经过锥形喷口时，因通流截面减小，流速增加，压力能变成动能；当油液进入接受孔通道后，由于通流面积增大，流速减小，油液的动能又转变为压力能，推动液压缸工作。若喷管处于两个接受孔中间的对称位置，则两接受孔内的油液相等，液压缸不动。若给喷管一个信号，则喷管将绕轴线摆动一个很小的偏角而偏离中间位置(如顺时针方向摆动)，一个接受孔道内的油压会升高(a 孔道)，而另一个孔道内油压会降低(b 孔道)，液压缸在压力差的作用下就会向右移动。由于液压缸和接受板刚性连接在一起，形成负反馈，液压缸右移时偏角逐渐减小，直到喷管恢复中间位置，达到新的平衡状态，活塞两腔压力相等，液压缸才停止运动。反之，液压缸向左运动。这就是射流管阀式液压伺服系统的工作原理。

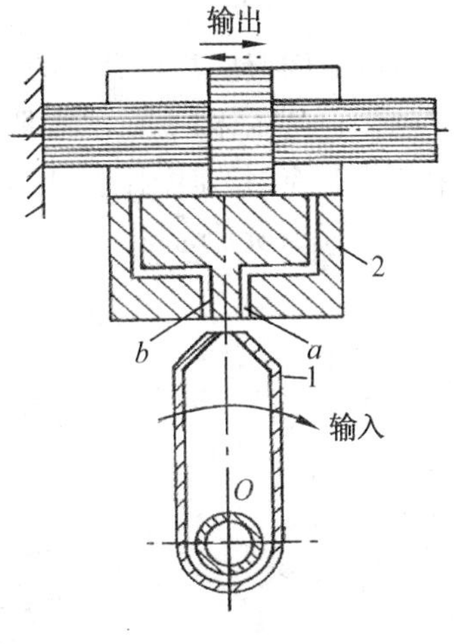

1-射流管　2-接收板

图 8-7　射流管阀的工作原理

射流阀的优点是结构简单，动作灵敏，抗污染能力强，工作可靠。它的缺点是射流管运动部件惯性大，工作性能差，功率损耗大，效率低，供油压力过高时易引起振动。此种控制阀只适用于低压小功率场合，如液压仿形机床的液压伺服系统。

三、喷嘴挡板阀

喷嘴挡板阀有单喷嘴式和双喷嘴式两种，其工作的基本原理相同。如图 8-8 所示为双喷嘴挡板阀的工作原理图。它由挡板 4、左右喷嘴 1 和 7、左右固定节流小孔 2 和 6 等元件组成。挡板和两个喷嘴共同组成两个可变节流通道 3 和 5。当挡板处于中间位置时，两喷嘴腔内压力相等，液压缸静止不动，压力油经两个固定节流小孔和可变节流通道流回油箱。当挡板收到输入信号控制向左偏移时，则可变节流通道 3 关小，5 开大，由于流量的变化引起液压缸左腔压力上升，右腔压力下降，液压缸在压力差的作用下左移，直到达到新的平衡位置为止。这就是喷嘴挡板阀式液压伺服系统的工作原理。

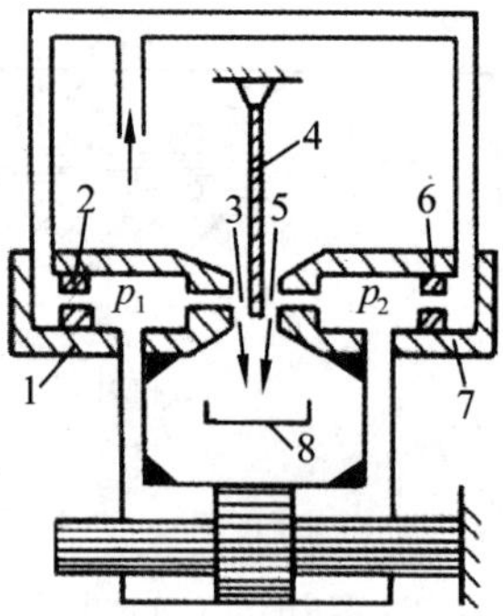

1,7-喷雾　2,6-固定节流小孔　3,5-节流孔道　4-挡板　8-油箱

图 8-8　双喷嘴挡板式

喷嘴挡板阀的优点是结构简单，加工方便，运动部件惯性小，反应快，精度和灵敏度高。缺点是无功损耗大，抗污染能力较差，常用于多级放大伺服控制系统的前置级。

第三节　电液伺服阀

电液伺服阀是将微弱的电信号转变为大功率液压能输出的电液联合控制的多级伺服元件。它具有体积小、结构紧凑、控制精度高和放大倍数大等优点，常用于自动控制系统中的位置控制、速度控制、压力控制和同步控制。

图 8-9 所示为一种典型的电液伺服阀的结构原理图。它由电磁和液压两部分组成。

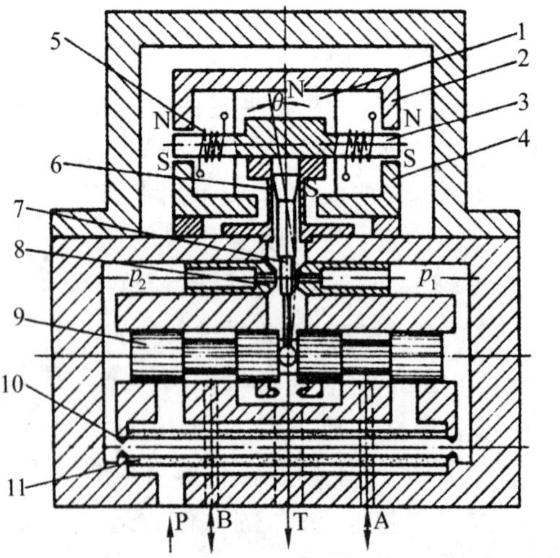

1-永久磁铁　2,4-导磁体　3-衔铁　5-线圈　6-弹簧管　7-挡板　8-喷嘴　9-滑阀　10-固定节流孔　11-过滤器

图 8-9　电液伺服阀的结构原理

电磁部分是一个力矩马达,液压部分是一个两级液压放大器。第一级是双喷嘴挡板阀,称为前置放大级;第二级是零开口四边滑阀,称功率放大级。

1. 力矩马达

力矩马达的作用是把电信号转换为力矩输出。它主要由一对永久磁铁 1、导磁体 2 和 4、衔铁 3、线圈 5、内置挡板 7 和弹簧管 6 等组成。永久磁铁把上下两块导磁体磁化成 N 极和 S 极,形成一个固定磁场。当没有控制电流时,力矩马达无输出,衔铁由固定在阀座上的弹簧管支撑在上下导磁体的中间位置上。当有输入信号电流通过时,衔铁被磁化,如果通入的电流使衔铁左端为 N 极,右端为 S 极,基于同性相斥、异性相吸的原理,衔铁将逆时针偏转。同时弹簧管弯曲变形,产生反力矩,使电磁铁偏转一定的 θ 角就停止。电流越大,产生的转角越大,两者成正比关系。电流反向输入时,衔铁也反向偏转。这样,电信号就转变成力矩信号输出了。

2. 液压放大器

力矩马达产生的力矩很小,无法直接操纵滑阀以产生足够的液压功率。它必须经过两级放大处理,即前置放大和功率放大。

液压前置放大级是一个双喷嘴挡板阀,它主要由挡板 7、喷嘴 8、固定节流孔 10 和过滤器 11 等组成。当无信号通过时,衔铁处于中位,挡板也处于中位,滑阀左右两腔压力相等,阀芯处于中间位置,无油液通过,因此,无液压信号输出。当有电信号通过时,衔铁偏转一定角度,力矩马达通过弹簧管带动挡板偏转,造成滑阀两端压力不等,推动阀芯移动。

功率放大器是由一个四边滑阀和挡板下的反馈弹簧片等组成。设输入的电信号使衔铁逆时针偏转,则滑阀阀芯在压力差的作用下左移,传递动力的液压主油路被接通。同时,挡板下的小球也随着阀芯左移,使挡板下的弹簧发生弹性变形,形成反力矩,阻止阀芯向左移动;另一方面,带动挡板移向中间位置,使阀芯两端的压力差减小,形成负反馈。当阀芯在压力差、弹簧片的弹力共同作用下达到平衡时就停止在新的位置上。阀的开口量是由输入的电流的大小所决定的,电流越大,阀芯的移动量越大,输出的流量越大。输入反向电流时,输出的流量也反向。

由于滑阀阀芯的位置是由反馈弹簧片的弹性变形力反馈到电磁铁的上与电磁力平衡而决定的,所以此阀被称为力反馈式电液伺服阀。

第四节　液压伺服控制系统实例

一、车床液压仿形刀架

图 8-10 所示为装在卧式车床上的液压仿形刀架的工作原理图。它是一种机液伺服系统,由正开口双边滑阀控制。

仿形刀架安装在纵向床鞍上,仿形刀架液压缸的轴线与主轴轴线成 45°～60°的角度,工作时随纵向床鞍一起作纵向进给运动。样件 7 安装在床身后侧固定不动。液压缸的活塞 2 固定在刀架 1 的底座上,缸体连同刀架可在刀架底座的导轨上沿液压缸轴线方向运动。伺服滑阀 11 的一端弹簧 5,经杆 4 使触头 6 压在样件 7 上。

液压缸有杆腔与供油路相通，其压力等于供油压力 p_s。液压缸无杆腔经滑阀的两个开口 x_1，x_2 分别与供油路和回油路相通。如果液压缸两腔面积之比为 $A_2:A_1=2:1$，当阀心处于中位时，$x_1=x_2$，$p_2:p_1=1:2$ 时，液压缸平衡。工作开始，控制阀的触头 6 还没有与样件 7 接触时，控制阀阀芯在弹簧力的作用下下移，使 x_1 减小，x_2 增大，$p_2<\frac{1}{2}p_1$，缸体在压力油的作用下带动刀架 1 和阀体向下移动。当触头碰到样件后，阀芯不动，阀体在液压缸的带动下继续前移，直到 $x_1=x_2$，$p_2=\frac{1}{2}p_1$ 时，刀架停止运动。

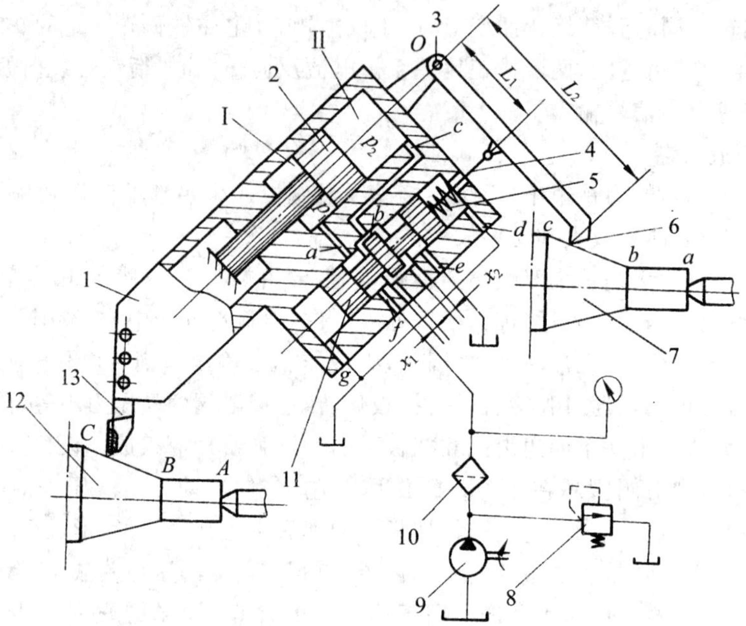

1-仿形刀架　2-活塞　3-支点　4-杆　5-弹簧　6-触头　7-样件
8-溢流阀　9-液压泵　10-过滤器　11-伺服滑阀　12-工件　13-车刀

图 8-10　车床液压仿形刀架的工作原理

当床鞍带动刀架以速度 v 纵向进给，触头 6 沿样件 ab 段移动，由于阀芯和阀体之间无相对运动，控制阀开口量 $x_1=x_2$，液压缸保持不动，加工出工件上 AB 段圆柱部分。当触头沿 bc 段运动时，触头绕支点 O 逆时针旋转，带动阀芯向上移动，使 x_1 增大，x_2 减小，$p_2>\frac{1}{2}p_1$，液压缸在压力油的作用下带动刀架上移，直到 $x_1=x_2$。这样，床鞍在工件 BC 段不断的以一定的速度 v 纵向进给时，液压缸也以一定的速度后退，两者速度合成就加工出工件 BC 段锥面。

由此可见，液压仿形刀架是通过伺服系统使刀架以一定的仿形精度按样件输入的信号自动完成工件的加工。液压仿形刀架适合于中、小批生产的自动化。

二、钢带张力控制系统

在钢带的生产过程中，要求控制钢带的张力，为此，常用液压伺服系统来实现恒张力控制，如图 8-11 所示。牵引辊 2 和加载装置 8 使钢带具有一定张力。但由于种种原因，张力可能会产生波动，为此在转向辊 4 的轴承上设置一力传感器 5，用于检测带材的张力，并用伺服液压缸 1 带动浮动辊 6 来调节张力。当实测张力与所要求张力不符时，偏差电压经放大器 9 放大后输入到电液伺服阀 7，电液伺服阀 7 的输出使液压缸 1 带动浮动辊运动，调整钢带的张紧程度以减小偏差，所以这是一个张力控制系统。

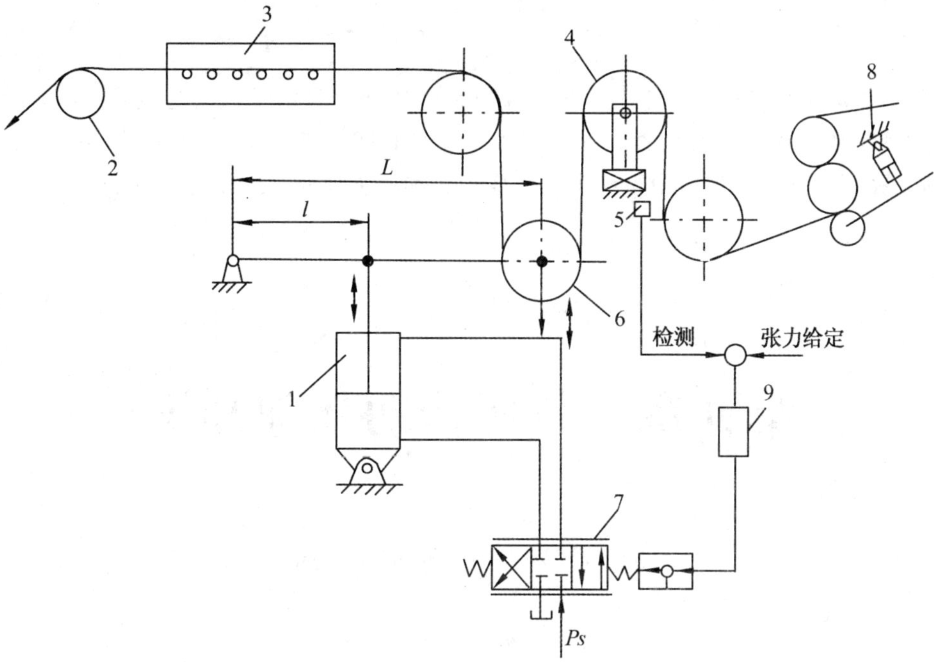

1-伺服液压缸　2-牵引辊　3-加载装置　4-转向辊　5-力传感器
6-浮动辊　7-电液伺服阀　8-加载装置　9-放大器

图 8-11　钢带张力控制系统原理图

思考与练习

8-1　什么是液压伺服系统？举例说明伺服系统是如何构成反馈控制的。

8-2　液压伺服系统有何特点？

8-3　液压伺服系统可分为哪几类？

8-4　滑阀式伺服阀按工作边数可分为几类？哪种控制性能最好？

8-5　若液压仿形刀架上的控制阀与液压缸分开，形成一个系统中的两个独立部分，仿形刀架能工作吗？为什么？

8-6　如果双喷嘴阀挡板式电液伺服阀有一喷嘴被堵塞，会出现什么现象？

第二篇　气压传动

气压传动系统是以压缩空气为工作介质来传递动力和信号的一门技术，它包括传动技术和控制技术两方面的内容。由于气压传动具有防火、防爆、节能、高效、无污染等优点，所以在国内外工业生产中得到了广泛应用。本篇主要介绍气压传动技术。

第九章　气压传动基础知识

第一节　空气的性质

一、空气的组成

自然界的空气是由若干种气体混合组成的，其主要成分是氮(N_2)和氧(O_2)，其他气体所占比例很小。此外，空气中含有一定量的水蒸气，含有水蒸气的空气称为湿空气，不含有水蒸气的空气称为干空气。大气中的空气基本上都是湿空气。

标准状态下(即温度 $t=0℃$，压力 $p=0.1013MPa$)，干空气的组成成分如表 9-1 所示。

表 9-1　　干空气的组成

成　分	氮(N_2)	氧(O_2)	氩(Ar)	二氧化碳(CO_2)	其他气体
体积分数%	78.03	20.93	0.932	0.03	0.078
质量分数%	75.50	23.10	1.28	0.045	0.075

二、空气的基本状态参数

1. 密度

空气具有一定的质量，常用密度表示单位体积内的空气的质量，用 ρ 表示，即

$$\rho=\frac{m}{V} \tag{9-1}$$

空气的密度与温度、压力有关。对于干空气，密度可以写成

$$\rho=\rho_0\frac{273}{T}\times\frac{p}{p_0} \tag{9-2}$$

式中：ρ_0——标准状态下干空气的密度，$\rho_0=1.293\ \mathrm{kg/m^3}$。

T——热力学温度，$T=273.1+t$，单位是 K。

t——温度，单位是℃。

p——绝对压力，单位是 MPa。

p_0——标准状态下干空气的压力，$p_0=0.1013$ MPa。

2. 黏度

气体在流动过程中，空气质点之间相对运动产生阻力的性质叫空气的黏度。空气的黏度受温度影响较大，随温度的升高而增大，主要是由于温度升高后，空气内分子运动加剧，使原本间距较大的分子之间碰撞增多的缘故。而压力的变化对黏度的影响很小，且可忽略不计。空气的黏度随温度的变化，如表 9-2 所示。

表 9-2　　空气的运动黏度与温度的关系(压力为 0.1013MPa)

t/℃	0	5	10	20	30	40	60	80	100
$\nu/(10^{-4}\mathrm{m^2\cdot s^{-1}})$	0.133	0.142	0.147	0.157	0.166	0.176	0.196	0.21	0.238

3. 压缩性和膨胀性

气体因分子间的距离大，内聚力小，故分子可自由运动。因此，气体的体积容易随压力和温度发生变化。

气体体积随压力增大而减小的性质称为压缩性；而气体体积随温度升高而增大的性质称为膨胀性。气体的压缩性和膨胀性都远大于液体的压缩性和膨胀性，故研究气压传动时，应予以考虑。

气体体积随压力和温度的变化规律服从气体状态方程。

4. 湿空气

空气中含有水分的多少对系统的稳定性和元件使用寿命有直接影响，因此不仅各种气动元器件对含水量有明确的规定，并且常采用一些措施防止水分带入。

含有水蒸气的空气称为湿空气，其所含水分的程度用湿度和含湿量来表示，湿度的表示方法有绝对湿度和相对湿度之分。

(1)绝对湿度。绝对湿度指每立方米湿空气中所含水蒸气的质量，常用 x(单位为 $\mathrm{kg/m^3}$)表示，即

$$x=\frac{m_s}{V} \tag{9-3}$$

式中：m_s——湿空气中水蒸气的质量；

V——湿空气的体积。

(2)饱和绝对湿度。湿空气中水蒸气的分压力达到该湿度下蒸气的饱和压力时，此时的绝对湿度称为饱和绝对湿度，即

$$x_b=\frac{p_b}{R_sT} \tag{9-4}$$

式中：p_b——饱和空气中水蒸气的分压力(N/m^2)。

R_s——水蒸气的气体常数；$R_s=462.05N\cdot m/(kg\cdot K)$。

T——热力学温度(K)。

(3)相对湿度。相对湿度指在某温度和总压力下，其绝对湿度和饱和绝对湿度之比，即

$$\varphi=\frac{x}{x_b}\times 100\%=\frac{p_s}{p_b}\times 100\% \tag{9-5}$$

式中：x, x_b——绝对湿度与饱和绝对湿度。

p_s, p_b——蒸气的分压力和饱和水蒸气的分压力。

当空气绝对干燥时，$p_s=0, \varphi=0$；

当空气达到饱和时，$p_s=p_b, \varphi=100\%$。

一般湿空气的 φ 值在 0～100%之间变化，通常情况下，空气的相对湿度在 60%～70%范围内，人体感觉舒适，气动技术中规定各种阀的相对湿度应小于 95%。

(4)空气的含湿量。空气的含湿量指每千克质量的干空气中所混合的水蒸气的质量，即

$$d=\frac{m_s}{m_g} \tag{9-6}$$

式中：m_s, m_g——水蒸气的质量和干空气的质量。

第二节　气体状态方程

气体的压力、温度和体积这三个参数表征气体处于某种状态。气体从一种状态变化到另一种状态称为状态变化，本节介绍几种常见的气体状态变化过程。

一、理想气体状态方程

不计黏性的气体称为理想气体。空气可近似视为理想气体。一定质量的理想气体在状态变化的某一平衡状态时，其状态方程为

$$\frac{pV}{T}=\text{常数} \tag{9-7}$$

$$pV=mRT \tag{9-8}$$

式中：p——气体绝对压力，单位为 Pa。

V——气体体积，单位为 m^3。

T——气体的热力学温度，单位为 K。

m——气体的质量，单位为 kg。

R——气体常数，单位为 J/(kg·K)。干空气，$R=287.1$J/(kg·K)。水蒸气，$R=462.05$J/(kg·K)。

二、理想气体状态变化过程

1. 等容变化过程（查理定律）

一定质量的气体，在状态变化过程中体积保持不变，则有

$$\frac{p_1}{T_1}=\frac{p_2}{T_2}=\text{常数} \tag{9-9}$$

式(9-9)表明，当体积不变时，气体对外不作功，压力的变化与温度的变化成正比。当压力上升时，气体的温度随之上升，系统内能增加。

2. 等压变化过程（盖－吕萨克定律）

一定质量的气体，在状态变化过程中压力保持不变，则有

$$\frac{V_1}{T_1}=\frac{V_2}{T_2}=\text{常数} \tag{9-10}$$

式(9-10)表明，当压力不变时，温度上升，气体膨胀；温度下降，气体被压缩。

3. 等温变化过程（波意耳定律）

一定质量的气体，在状态变化过程中温度保持不变，则有

$$p_1V_1=p_2V_2=\text{常数} \tag{9-11}$$

式(9-11)表明，当温度不变时，气体压力上升，气体体积被压缩；气体压力下降，气体体积膨胀。在等温过程中，无内能变化，加入系统的热量全部变成气体所做的功。在气动系统中很多工作过程都可视为等温过程，如气缸工作、管道输送空气等。

4. 绝热过程

绝热过程是一定质量的气体和外界没有热量交换的状态变化过程。气动系统的快速充、排气过程可视为绝热过程。在绝热过程中，状态参数之间有如下关系

$$\frac{p_1}{p_2}=\left(\frac{\rho_1}{\rho_2}\right)^k \tag{9-12}$$

或

$$p_1V_1^k=p_2V_2^k \tag{9-13}$$

式中：k——绝热指数，对空气来说 $k=1.4$；饱和蒸气 $k=1.3$

在绝热过程中，系统靠消耗自身内能对外做功。

5. 多变过程

不加任何限制条件的气体状态变化过程称为多变过程，变化前后状态参数之间的关系为

$$p_1V_1^n=p_2V_2^n=\text{常数} \tag{9-14}$$

式中：n——多变指数。

多变指数 n 在状态变化过程中是一个不变的常数，其具体的数量是根据具体的状态变化性质而定的。

等容、等压、等温、绝热，这些变化过程都是多变过程的一个特例。

当 $n=0$ 时，$pV^0=p=$常数，为等压变化过程；

当 $n=1$ 时，$pV=$常数，为等温变化过程；

当 $n=\pm\infty$时，$p^{1/n}V=p^0V=V=$常数，为等容变化过程；

当 $n=K$ 时，$pV^K=$常数，为绝热变化过程，$K=1.4$。

第三节　气体的流动规律

一、气体流动的基本方程

1. 连续性方程

气体在管道内流动时，根据质量守恒定律，通过流管任意截面的气体质量流量都相等。即

$$q_m=\rho_1 v_1 A_1=\rho_2 v_2 A_2 \tag{9-15}$$

式中：ρ——气体的密度(kg/m^3)。

v——气体运动的平均速度(m/s)。

A——流管的截面面积(m^2)。

2. 伯努利方程

在流管的任意截面上，根据质量守恒定律，得出的伯努利方程为

$$\frac{v^2}{2}+gh+\int\frac{dp}{\rho}+gh_w=\text{常量} \tag{9-16}$$

式中：h——位置高度(m)。

h_w——阻力损失。

因气体是可以压缩的，按式(9-12)绝热状态计算，对于压缩气体，$\rho\neq$常数，因而有

$$\rho=\rho_1\left(\frac{p}{p_1}\right)^{1/k} \tag{9-17}$$

代入式(9-16)并积分可得：

$$\frac{\rho v^2}{2}+\rho gh+\frac{k}{k-1}p+\rho gh_w=\text{常量} \tag{9-18}$$

3. 气动元件的流通能力

单位时间内通过阀、管路等气动元件的气体体积或质量，称为该元件的流通能力。目前，流通能力大致有以下几种表示方法，即有效截面积 S 值和流量 q 等。

(1)有效截面积 S 值。气体流过节流孔时，如时图 9-1 所示，由于实际流体存在黏性，其流束的收缩比节流孔实际面积还小，此最小截面积称为有效截面积，它就代表了节流孔的流通能力。这个有效截面积只能用实验方法测定，经常用定积容器放气法来测定，如图 9-2 所示。测出有关数据后再用下式计算。

$$S=\left(12.9\times10^{-3}V\,\frac{1}{t}\lg\frac{p_1+0.1013}{p+0.1013}\right)\sqrt{\frac{273.6}{T}}\,\mathrm{m^2} \tag{9-19}$$

式中：V——容器的体积(m^3)。

p_1——容器内初始压力(MPa)。

p——放气后容器内剩余压力(MPa)。

t——放气时间(s)。

T——以热力学温度表示的室温(K)。

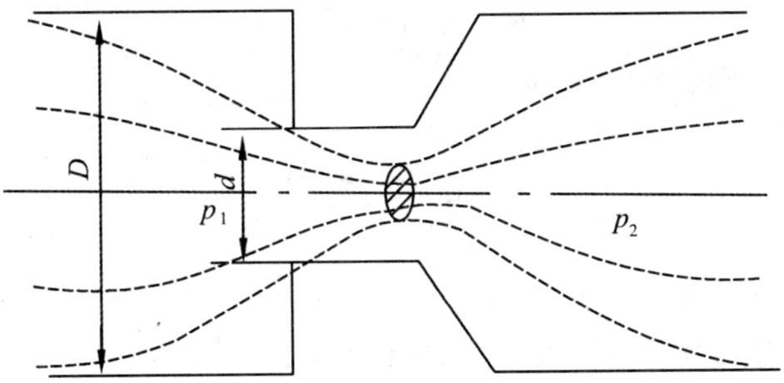

图 9-1　节流阀有效截面积

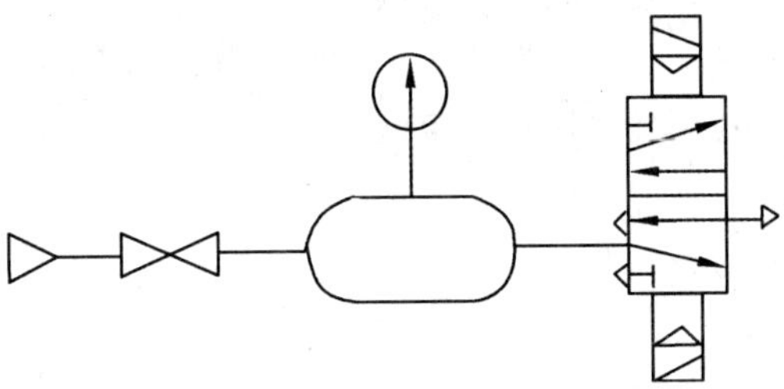

图 9-2　节流阀有效截面积值的测定

若在回路中有多个阀类元件连接使用时，可用一总有效面积来代替。

①当 n 个元件并联时有效面积为

$$S=S_1+S_2+S_3+\cdots+S_n \tag{9-20}$$

②当 n 个元件串联时有效面积为

$$\frac{1}{S^2}=\frac{1}{S_1^2}+\frac{1}{S_2^2}+\frac{1}{S_3^2}+\cdots+\frac{1}{S_n^2} \tag{9-21}$$

(2)流量 q_V。当气流通过气动元件时，元件进口压力 p_1 保持不变，使出口压力 p_2 降低，若降低到 $p_2/p_1<0.528$ 时，则气流达到声速；当 $p_2/p_1>0.528$ 时称之为亚声速区。流量分别按下式计算。

当 $p_2/p_1<0.528$(在声速区)时

$$q_V=113S(p_1+0.1013)\sqrt{\frac{273.16}{T_1}} \tag{9-22}$$

当 $p_2/p_1>0.528$(在亚声速区)时

$$q_V = 226S\sqrt{\Delta p(p_2 + 0.1013)}\sqrt{\frac{273.16}{T_1}} \tag{9-23}$$

式中：p_1，p_2——进口和出口压力(MPa)。

S——有效截面积(mm^2)。

T——进口气体温度(K)。

q_V——换算成自由状态后空气流量(L/min)。

自由状态的流量 q_V 与受压状态的流量 q 之间的关系为

$$q_V = q\frac{p + 0.1013}{0.1013} \tag{9-24}$$

式中：p——受压状态下的压力(MPa)。

思考与练习

9-1　空气的基本状态参数有哪些？

9-2　什么是湿空气的绝对湿度、饱和绝对湿度、相对湿度？

9-3　把绝对压力 $p=0.1$MPa，温度为 20℃的某容积 V 的干空气压缩为 $1/10V$，试分别按等温、绝热过程计算压缩后的压力和温度。

9-4　什么是气动元件的流通能力？可以用哪些方法来表示气动元件的流通能力？

9-5　已知某气动阀在环境温度为 20℃、气源压力为 0.5MPa 的条件下进行实验，测得气动阀进、出口压差 $\Delta p=0.02$MPa，额定流量 $q=2.5m^3/h$，试求该阀有效截面积 S。

第十章　气源装置及气动辅助元件

第一节　气源装置

一、压缩空气站及空气压缩机

(一)压缩空气站

压缩空气站是气压系统的动力源装置,一般规定:排气量大于或等于 $6 \sim 12m^3/min$ 时,就应独立设置压缩空气站;若排气量低于 $6m^3/min$ 时,可将压缩机或气泵直接安装在主机旁。

气压传动系统所使用的压缩空气必须经过干燥和净化处理后才能使用,因为压缩空气中的水分、油污和灰尘等杂质会混合而成胶体渣质,若不经处理而直接进入管道系统时,将导致机器和控制装置故障,损害产品质量,增加气动设备和系统的维护成本。因此必须对压缩空气进行干燥和净化处理。对于一般的压缩空气站除空气压缩机外,还必须设置过滤器、后冷却器、油水分离器和储气罐等净化装置,其流程装置,图 10-1 所示。

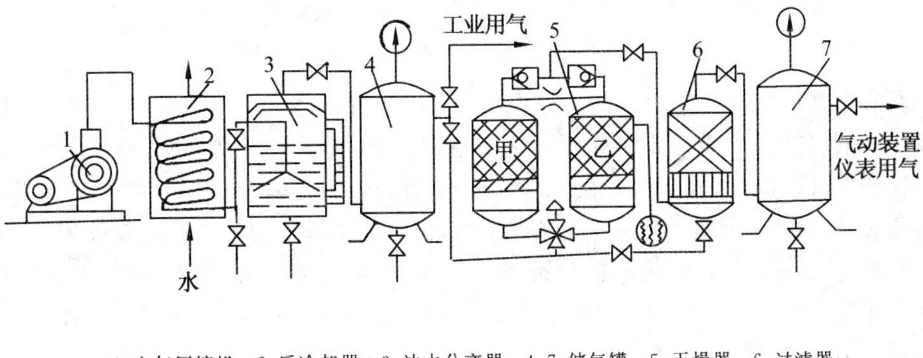

1-空气压缩机　2-后冷却器　3-油水分离器　4,7-储气罐　5-干燥器　6-过滤器

图 10-1　气源系统组成示意图

图 10-1 中,1 为空气压缩机,用以产生压缩空气,一般由电动机带动。其吸气口装有空气过滤器,以减少进入空气压缩机内气体的杂质。压缩机输出的空气进入后冷却器 2 进行冷却,当温度下降到 40℃～50℃时使油气与水气凝结成油滴和水滴,然后进入油水

分离器3,使大部分油、水和杂质从气体中分离出来;将得到的初步净化的压缩空气送入储气罐4中(此时称为一次净化系统)。对于要求不高的气压系统即可从储气罐直接供气,但对仪表用气和质量要求高的工业用气,则必须进行二次和多次净化处理。即将经过一次净化处理的压缩空气再送进干燥器5进一步除去气体中的残留水分和油。经过滤器6是进一步清除压缩空气中的渣子和油气。经过处理的气体进入储气罐7,可供给气动设备和仪表使用。

(二)空气压缩机

空气机压缩机是气压发生装置,是将机械能转换为气体压力能的转换装置。

1. 空气压缩机的分类

空气压缩机的种类很多,按工作原理主要分为容积式和速度式两类。两种压缩机的原理比较见表10-1。目前,使用最广泛的是容积式中的活塞式空气压缩机,图10-2所示为活塞式空气压缩机的工作原理图。

表10-1　容积式和速度式压力机工作原理比较

按工作原理分	工作原理
容积式	压缩气体的体积,使单位体积内气体分子的密度增加来提高压缩空气的压力
速度式	提高气体分子的运动速度,使气体分子的动能转化为压力能来提高压缩空气的压力

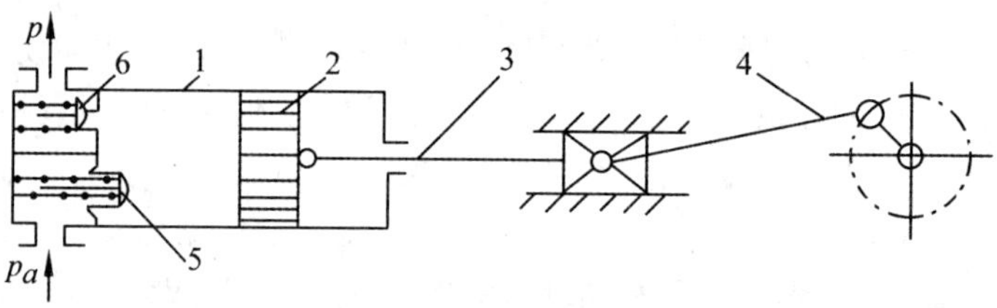

1-缸体　2-活塞　3-活塞杆　4-曲柄连杆机构　5-吸气阀　6-排气阀

图10-2　活塞式空气压缩机工作原理图

活塞式空气压缩机是通过曲柄连杆机构使活塞作往复运动而实现吸、压气,并达到提高气体压力的目的。当活塞2向右运动时,气缸1的体积增大,压力降低,排气阀6关闭,外界空气在大气压的作用下,打开吸气阀5进入气缸内,此过程称为吸气过程。当活塞2向左运动时,气缸1的体积减小,空气受到压缩,压力逐渐升高而使吸气阀5关闭,排气阀6被打开,压缩空气经排气口进入储气罐,这一过程称为压缩过程。单级单缸压缩机就是这样循环往复运动,不断产生压缩空气。大多数空气压缩机是多缸多活塞的组合。

2. 空气压缩机的选用原则

选择空气压缩机主要根据气压传动系统所需要的工作压力和流量两个主要参数,见表10-2。

表 10-2　　空气压缩机的选用

选择方法	基本型式	说　明
按输出压力选择(MPa)	低压空气压缩机	0.2～1.0
	中压空气压缩机	1.0～10
	高压空气压缩机	10～100
	超高压空气压缩机	＞100
按输出流量选择(m^3/min)	微型	＜1
	小型	1～10
	中型	10～100
	大型	＞100

二、气源净化装置

压缩空气净化设备一般包括:后冷却器、油水分离器、储气罐、干燥器、分水滤气器。

1. 后冷却器

后冷却器的作用是使温度高达 120℃～150℃ 的空气压缩机排出的气体冷却到 40℃～50℃,并使其中的水蒸气和被高温氧化的变质油雾冷凝成水滴和油滴,以便对压缩空气实施进一步净化处理。

后冷却器有水冷式和风冷式两大类。水冷式是通过强迫冷却水沿压缩空气流动方向的反方向流动来进行冷却,如图 10-3 所示;风冷式是靠风扇产生的冷空气吹向带散热片的热空气管道。

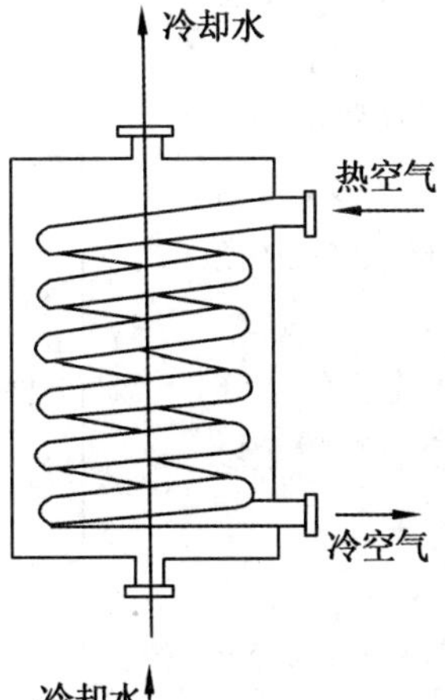

图 10-3　后冷却器

2. 油水分离器

油水分离器的作用是将压缩空气中的冷凝水和油污等杂质分离出来,使压缩空气得到初步净化。图 10-4 为撞击挡板式油水分离器，因固态、液态的物质密度比气态物质的密度大得多，依靠气流撞击隔壁时的转折和旋转离心作用，使气体上浮，液态和固态物下沉，固液态杂质积聚在容器底部，经排污阀排出。

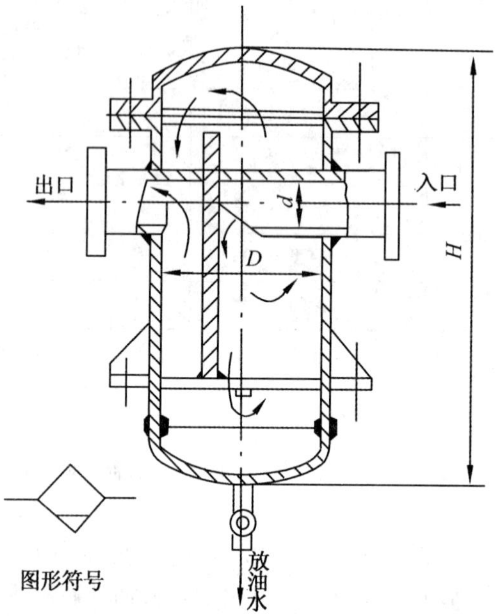

图 10-4　撞击挡板式油水分离器

3. 储气罐

储气罐的主要作用是储存一定数量的压缩空气，减少输出气流脉动，保证气流连续性，减弱管道振动，进一步分离压缩空气中的水分和油分。储气罐一般多采用焊接结构，有立式和卧式两种，以立式居多，其结构，如图 10-5 所示。罐的高度 H 为其内径的 2～3 倍。进气口在下，出气口在上，并尽可能加大两管口之间的距离，以利于充分分离空气中的杂质。选择储气罐容积时，可参考下列经验公式：

$q<0.1\text{m}^3/\text{s}$　　取 $V_c=1.2\text{m}^3$

$q=0.1\sim0.5\text{m}^3/\text{s}$　取 $V_c=1.2\sim4.5\text{m}^3$

$q>0.5\text{m}^3/\text{s}$　　取 $V_c=4.5\text{m}^3$

式中：q——压缩机的额定排气量(m^3/s)。

V_c——储气罐的容积(m^3)。

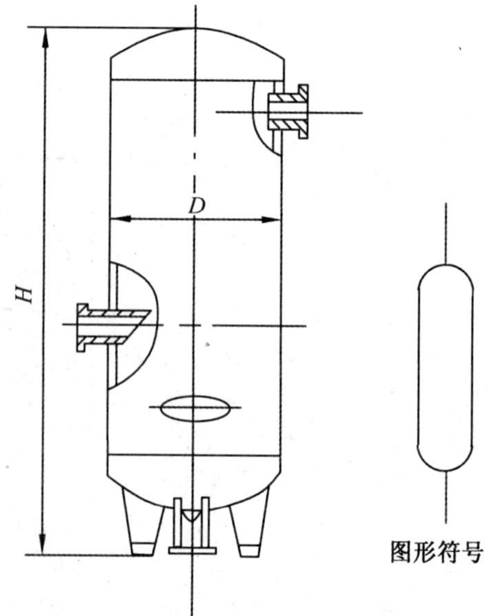

图 10-5　储气罐

后冷却器、油水分离器和储气罐都属于

压力容器，制造完毕后，应进行水压试验。目前，在气压传动中，后冷却器、油水分离器和储气罐三者一体的结构形式已被采用，这使压缩空气站的辅助设备大为简化。

4. 干燥器

干燥器的作用是进一步除去压缩空气中含有的水分、油分、颗粒杂质等，使压缩空气干燥，提供的压缩空气，用于对气源质量要求较高的气动装置、气动仪表等。目前，在工业上常用的压缩空气干燥方法是冷冻法和吸附法。干燥器的结构如图 10-6 所示。

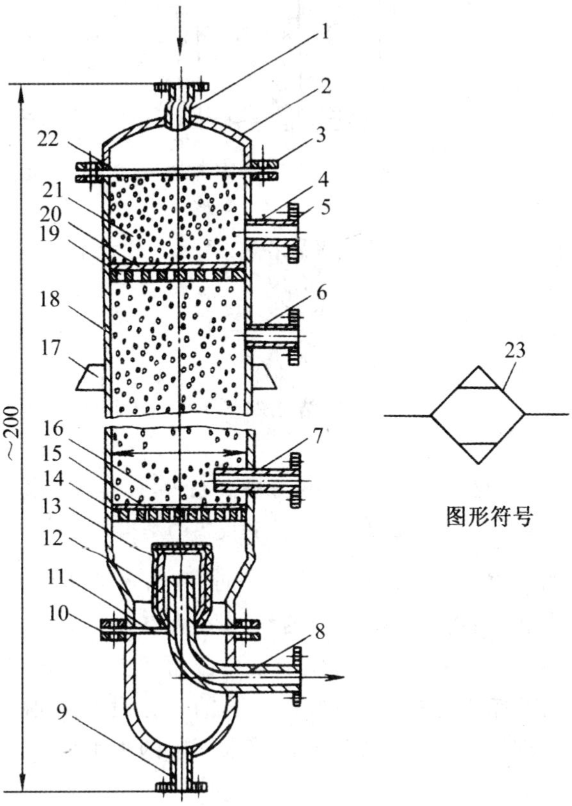

1-湿空气进气管　2-顶盖　3,5,10-法兰　4,6-再生空气排气管　7-再生空气进气管
8-干燥空气输出管　9-排水管　11,22-密封垫　12,15,20-钢丝过滤网　13-毛毡
14-下栅板　16,21-吸附剂层　17-支撑板　18-筒体　19-上栅板

图 10-6　吸附式干燥器

5. 分水滤气器

分水滤气器又称二次过滤器，其主要作用是分离水分，过滤杂质。滤灰效率可达 70%～90%。QSL 型分水滤气器在气动系统中应用很广，其滤灰效率可达 95%，分水效率大于 75%。在气动系统中，依进气方向一般把分水滤气器、减压阀、油雾器称为气动三大件，又称气动三联件，这是气动系统中必不可少的气动元件。三大件应安装在用气设备的近处，压缩空气经过三联件的最后处理，进入各气动元件及气动系统。因此，三联件是气动元件及气动系统使用压缩空气质量的最后保证。图 10-7 所示为分水滤气器的结构

简图。

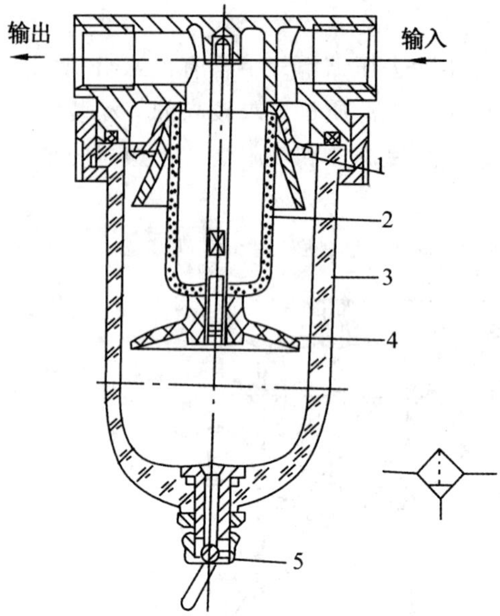

(a) 结构图　(b) 职能符号

1-旋风叶子 2-滤芯 3-储水杯 4-挡水板 5-手动放水阀

图 10-7 分水滤气器的结构

从输入口进入的压缩空气被旋风叶子 1 导向，沿储水杯 3 的四周产生强烈的旋转，空气中夹杂的较大的水滴、油滴等在离心力的作用下从空气中分离出来，沉降到杯底；然后气体通过中间的滤芯 2，少量的灰尘、雾状水被拦截而滤去，洁净的空气便从输出口输出。为防止气流的漩涡卷起储水杯中的积水，在滤芯的下方设置了挡水板 4。为保证分水滤气器的正常工作，应及时打开放水阀 5，放掉储水杯中的积水。

第二节　气动辅助元件

气动控制系统中，许多辅助元件往往是不可缺少的，如油雾器、消声器、转换器和管件等。

一、油雾器

气动系统中的各种气阀、气缸、气动马达等，其可动部分需要润滑，但以压缩空气为动力的气动元件都是密封气室，所以只能以某种方法将油混入气流中，随气流带到需要润滑的地方。油雾器就是这样一种特殊的注油装置。其作用是使润滑油雾化后，随压缩空气一起进入需要润滑的部件，达到润滑的目的。目前，气动控制阀、气缸和气动马达主要是靠这种带有油雾的压缩空气来实现润滑的，其优点是方便、干净、润滑质量高。

图 10-8 所示为普通油雾器的结构。压缩空气由输入口进入后，一部分由小孔 a 通过

特殊单向阀的钢球 10 进入存油杯 13 的上腔 c，油面受压，使油经过吸油管 1 将钢球 2 顶起，钢球 2 不能封住它到节流阀 9 的通油孔，油可以不断地经节流阀 9 的阀口进入滴油管 14，再滴入喷嘴 8 中，被主通道中的高速气流引射出，雾化后从输出口输出。节流阀 9 可以在 0～200 滴/分的范围内调节滴油量，可通过透明的视油器 3 观察滴油情况。

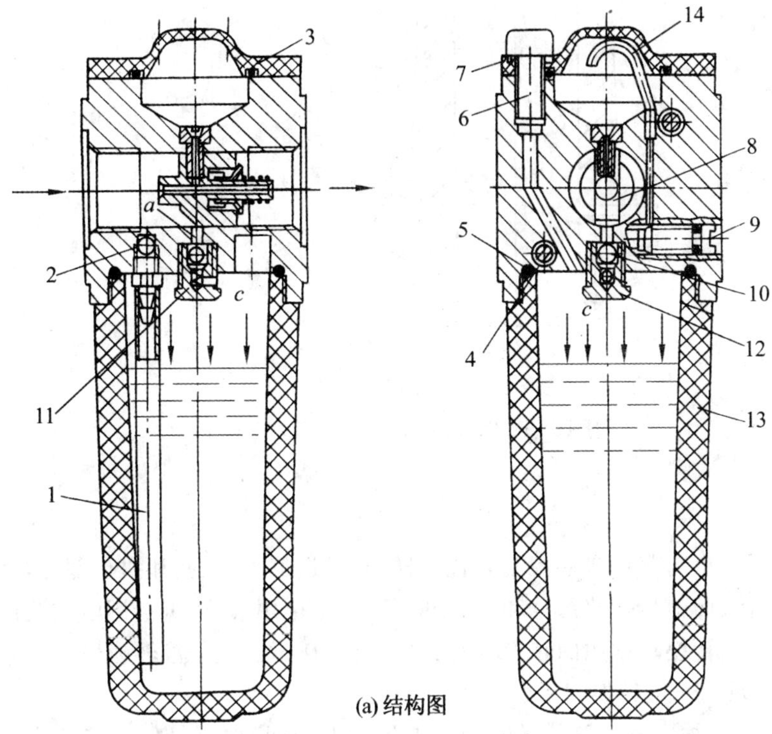

(a) 结构图

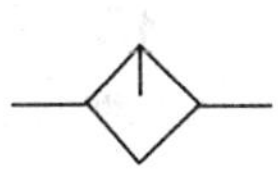

(b) 职能符号

1-吸油管　2,10-钢球　3-视油窗　4-螺栓　5,7-密封圈　6-油塞　8-喷嘴组件
9-节流阀　11-弹簧　12-阀座　13-存油杯　14-滴油管

图 10-8　油雾器的结构

这种油雾器也称为一次油雾器。二次油雾器能使油滴在油雾器内进行两次雾化，使油雾粒度更小、更均匀，输送距离更远。

油雾器一般应安装在分水滤气器、减压阀后，尽量靠近换气阀，与阀的距离一般不应超过 5m，应避免把油雾器安装在换向阀与气缸之间，以避免漏掉对换向阀的润滑。

二、消声器

气动回路与液压回路不同，它没有回收气体的必要，压缩空气使用后直接排入大气，因排气速度较高，会产生尖锐的排气噪声。为降低噪声，一般在换向阀的排气口上安装消声器。消声器是一种允许气流通过而使声能衰减的装置，能够降低气流通道上的空气动力性噪声。目前，使用的消声器种类繁多，主要有阻性消声器、抗性消声器和阻抗复合式消声器等。图 10-9 所示为阻性消声器的结构图，消声套是用铜颗粒烧结成形。

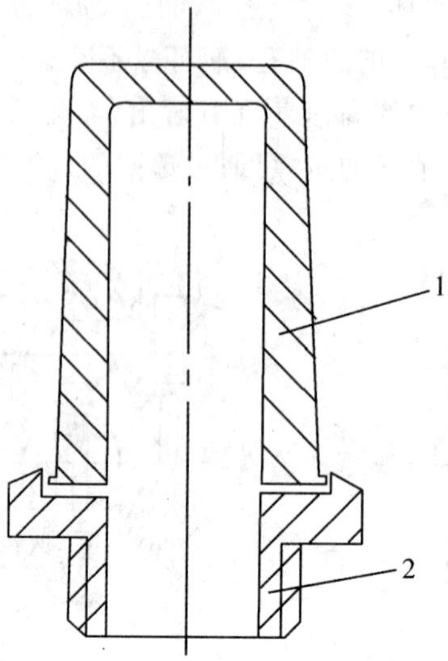

1-消声套　2-管接头

图 10-9　阻性消声器

三、转换器

在气动控制系统中，也与其他自动控制装置一样，有发送信号、控制和执行部分，其控制部分工作介质是气体，而信号传感部分和执行部分不一定全用气体，可能用电或液体传输，这就要通过转换器来转换。常用的转换器有：气—电、电—气、气—液转换器。

1. 气—电转换器及电—气转换器

气—电转换器是将压缩空气的气信号转变成电信号的装置，即用气信号接通或断开电路的装置，也称为压力继电器。

电—气转换器的作用正好与气—电转换器的作用相反，它是将电信号转换成气信号的装置。各种电磁换向阀都可作为电—气转换器。

2. 气—液转换器

气动系统中常用到气液阻尼缸或使用液压缸作执行元件，以求获得较平稳的速度，因而就需要一种把气信号转换成液压信号的装置，这就是气—液转换器。

四、管件和管路系统

管道连接件包括管子和各种管接头。有了管路连接，才能把气动控制元件、气动执行元件以及辅助元件等连接成一个完整的气动控制系统。因此，实际应用中管路连接是必不可少的。

管子可分为硬管及软管两种。如总气管等一些固定不动、不需要经常装拆的地方用硬管；连接运动部件、临时使用、希望装拆方便的管路应使用软管。硬管有钢管、铁管和紫铜管等；软管有塑料管、尼龙管和橡胶管等。常用的有紫铜管和尼龙管。

气动系统中的管接头的结构及工作原理与液压管接头基本相似，在此不再介绍。

思考与练习

10-1　简述活塞式空气压缩机的工作原理。

10-2　气源净化装置各元件的作用是什么？如何确定储气罐的容积？

10-3　气动三联件是什么？它们的安装顺序如何？

10-4　简述油雾器的作用及工作原理。

10-5　转换器在气动系统中有何作用？

第十一章　气动执行元件

气缸和气动马达是气动传动中常用的执行元件，是将压缩空气的压力能转变为机械能的能量转换装置。气缸用于实现直线往复运动或摆动，气动马达则用于实现连续回转运动。

第一节　气　缸

气缸是用于实现直线运动并是作功的元件，是气动系统中最常用的一种执行元件。与液压缸相比，它具有结构简单、制造成本低、污染少、便于维修、动作迅速等优点，但由于推力小，所以广泛应用于轻载系统。

一、气缸的分类

气缸常用的分类有以下几种：

1. 按压缩空气对活塞端面作用力的方向分

(1)单作用气缸。气缸在压缩空气作用下实现单向运动，活塞的复位靠弹簧力、自重或其他外力。

(2)双作用气缸。双作用气缸的往返运动全靠压缩空气来完成。

2. 按气缸结构不同分

(1)活塞式气缸

(2)叶片式气缸

(3)薄膜式气缸

(4)气液式阻尼缸

3. 按气缸安装方式分

(1)固定式气缸。气缸安装在机体上固定不动，有耳座式、凸缘式和法兰式。

(2)轴销式气缸。气缸围绕一固定轴可作一定角度的摆动。

4. 按气缸的功能分

(1)普通气缸。包括单作用气缸和双作用气缸。常用于无特殊要求的场合。

(2)特殊气缸。用于有特殊要求的场合。如薄膜式气缸、气液式阻尼缸、冲击气缸、摆动气缸和回转气缸等。

二、标准化气缸的参数

目前，在设计和生产中要求尽可能选用标准化气缸。

1. 标准化气缸的标记和系列

标准化气缸使用的标记是用符号“QG”表示气缸，符号“A，B，C，D，H”表示五种系列，具体的标记方法是：

QG | A B C D H　缸径 × 行程

五种标准化气缸的标记和系列为：

QGA——无缓冲普通气缸　　QGB——细杆（标准杆）缓冲气缸

QGC——粗杆缓冲气缸　　QGD——气液阻尼缸

QGH——回转气缸

例如：QGA100×125 表示直径为 100mm，行程为 125mm 的无缓冲普通气缸。

2. 标准化气缸的主要参数

标准化气缸的主要参数是缸筒内径 D 和行程 L。因为在一定的气源压力下，缸筒内径标志气缸活塞的理论输出力，行程标志气缸的作用范围。

标准化气缸系列有 11 种规格：

缸径 D(mm)：40，50，63，80，100，125，160，200，250，320，400

行程 L(mm)：对无缓冲气缸：$L=(0.5\sim2)D$

对有缓冲气缸：$L=(1\sim10)D$

三、气缸的结构

根据以上气缸的分类，本书重点介绍以下几种气缸的结构和工作原理：

1. 单作用气缸

单作用气缸是指压缩空气仅在气缸的一端进气，并推动活塞运动，而活塞的返回则是借助于其他外力，如重力、弹簧力等，其结构原理如图 11-1 所示。

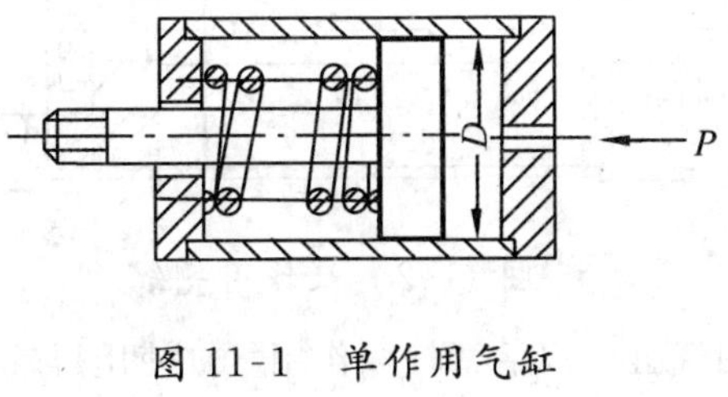

图 11-1　单作用气缸

单作用气缸由于单边进气，其结构简单，耗气量小；缸体内安装弹簧减小了空间，使活塞的有效行程缩短；由于用弹簧复位，使压缩空气的能量有一部分用来克服弹簧的弹力，减小了活塞杆的输出推力。另外复位弹簧的弹力随其变形大小而变化，因此活塞杆的推力和运动速度在行程中是有变化的。

基于以上特点，单作用活塞式气缸多用于短行程及对活塞杆推力、运动速度要求不高的场合，如定位和夹紧装置。

气缸工作时，活塞杆输出的推力必须克服弹簧的阻力及各种阻力，推力可用式(11-1)计算

$$F=\frac{\pi}{4}D^2 p\eta-F_s \tag{11-1}$$

式中：F——活塞杆上的推力(N)。

D——活塞直径(mm)。

p——气缸工作压力(Pa)。

F_s——弹簧力(N)。

η——气缸的效率，一般取 0.7～0.8，活塞运动速度＜0.2m/s 时取大值，活塞运动速度＞0.2m/s 时取小值。

2. 双作用气缸

(1)单杆双作用气缸是使用得最为广泛的一种普通气缸，其结构，如图 11-2 所示。这种气缸工作时活塞杆上的输出力用下式计算：

$$F_1=\frac{\pi}{4}D^2 p\eta \tag{11-2}$$

$$F_2=\frac{\pi}{4}(D^2-d^2)p\eta \tag{11-3}$$

式中：F_1——当无杆腔进气时活塞杆上的输出力。

F_2——当有杆腔进气时活塞杆上的输出力。

D——活塞直径(mm)。

d——活塞杆直径(mm)。

p——气缸工作压力(Pa)。

η——气缸的效率，一般取 0.7～0.8，活塞运动速度＜0.2m/s 时取大值，活塞运动速度＞0.2m/s 时取小值。

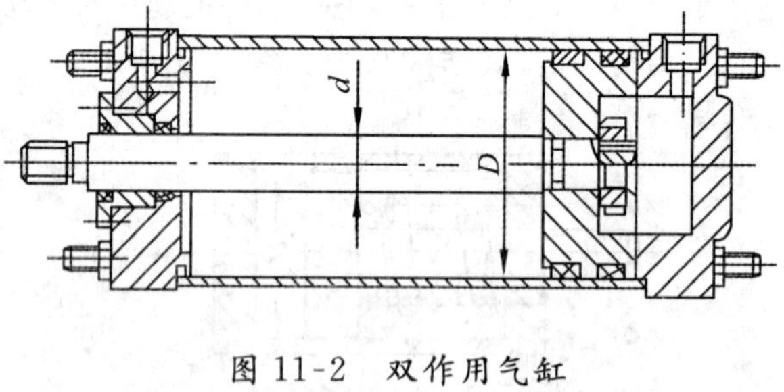

图 11-2　双作用气缸

(2)双活塞杆双作用气缸。双活塞杆双作用气缸使用得较少，其结构与单活塞杆气缸基本相同，只是活塞两侧都装有活塞杆。因两端活塞杆直径相同，所以活塞往复运动的速度和输出力均相等，其输出力用式(11-3)计算。这种气缸常用于气缸加工机械及包装机械等设备上。

(3)缓冲气缸。这种气缸的运动速度一般都较快，常达 1m/s，为了防止活塞与气缸端盖发生碰撞，必须设置缓冲装置，使活塞接近端盖时逐渐减速，其结构如图 11-3 所示，此气缸的两侧都设置了缓冲装置。在活塞到达行程终点前，缓冲柱塞将柱塞孔堵死，活塞再

向前运动时,被封闭在缸内的空气被压缩,将吸收部件的惯性力所产生的动能,从而使运动速度减慢。在实际应用中,常使用节流阀将封闭在气缸内的空气缓慢地排出。

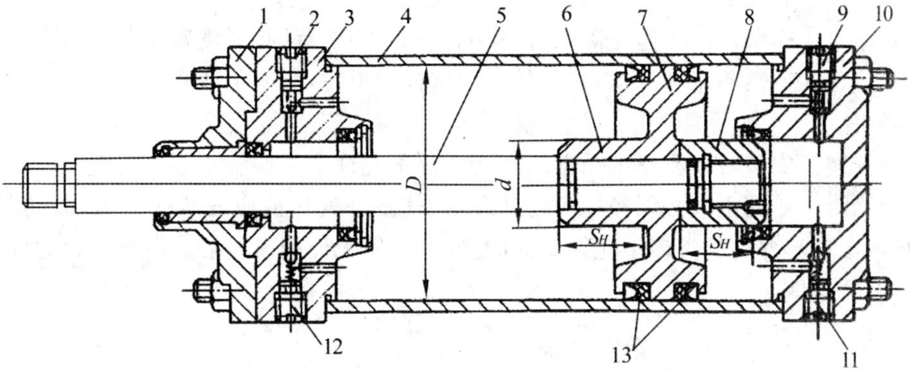

1-压盖 2,9-节流阀 3-前缸盖 4-缸体 5-活塞杆 6,8-缓冲柱塞
7-活塞 10-后缸盖 11,12-单向阀 13-Y 型密封圈

图 11-3 缓冲气缸

另外气液阻尼缸、薄膜式气缸、冲击气缸、回转气缸、微型气缸等各种类型的气缸在气动领域中得到广泛的应用。

四、气缸的选择和使用要求

使用气缸应首先立足于选择标准气缸,其次才是设计气缸。如果要求高速运动,应选用大内径的进气管道。对于行程中途有变动的情况,为使气缸速度平稳,可选用气液阻尼缸。当要求行程终端无冲击时,则应选用缓冲气缸。

1. 气缸的选择步骤

气缸的选择步骤如图 11-4 所示。

(1)缸内径的确定。根据气缸输出力的大小来确定气缸内径。

(2)安装方式。根据负荷的运动方向来选择。工件作周期性的转动或连续转动时,应选用旋转气缸,此外在一般场合应尽量选用固定式气缸。如有特殊要求,则选用相适应的特种气缸或组合气缸。

(3)根据气缸行程确定活塞杆直径。气缸的行程一般比所需行程长 5~10mm。活塞杆为受压杆件,其强度是很重要的问题,应采用高强度钢、对其进行热处理和加大活塞杆直径等方法提高其强度(请参阅相关手册)。

(4)确定密封件的材料。标准气缸密封件的材料一般为丁腈橡胶。

(5)确定有无缓冲装置。根据工作要求确定有无缓冲装置。

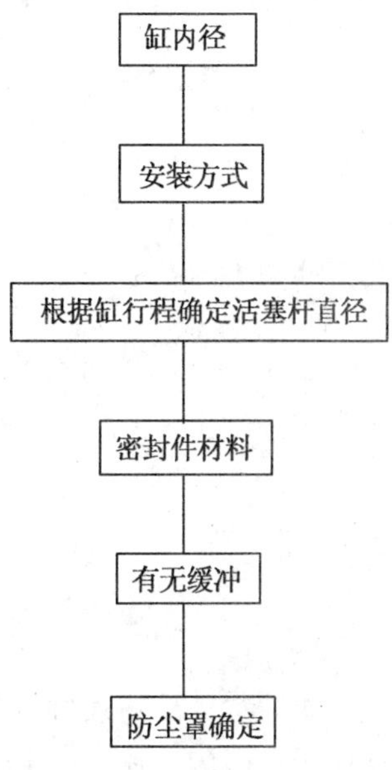

图 11-4 气缸选择步骤

(6)防尘罩的确定。气缸在沙土、尘埃、风雨等恶劣条件下使用时，有必要对活塞杆进行特别保护。防尘罩要根据周围环境温度选定(请参阅相关手册)。

2. 气缸的使用要求

(1)正常工作条件。工作气源压力在 0.3～0.6MPa 范围，环境温度在－35℃～80℃。

(2)行程。一般不用满行程，特别是在活塞杆伸出时，应避免活塞杆碰撞缸盖，否则容易破坏零件。

(3)安装。安装时要注意运动方向。活塞杆不允许承受偏载或轴向负载。

(4)润滑。压缩空气必须经过净化处理，在气缸进气口前应安装油雾器，以利气缸工作时相对运动部件的润滑。不允许用油润滑时，可用无油润滑气缸。在灰尘大的场合，运动件应设防尘罩。

第二节　气动马达

一、气动马达

气动马达简称气马达，是将压缩空气的压力能转换为机械能的气动执行元件，即将压缩空气的能量转换为机构的回转运动。

1. 气动马达的分类和工作原理

气动马达按结构形式可分为：叶片式、活塞式、齿轮式等。最常用的是叶片式气马达和活塞式马达。本书以介绍叶片式气马达为例，简单介绍气马达的工作原理。

图 11-5 所示为双向旋转叶片式气马达结构原理图，其主要由叶片 1、转子 2、定子 3 及壳体构成。

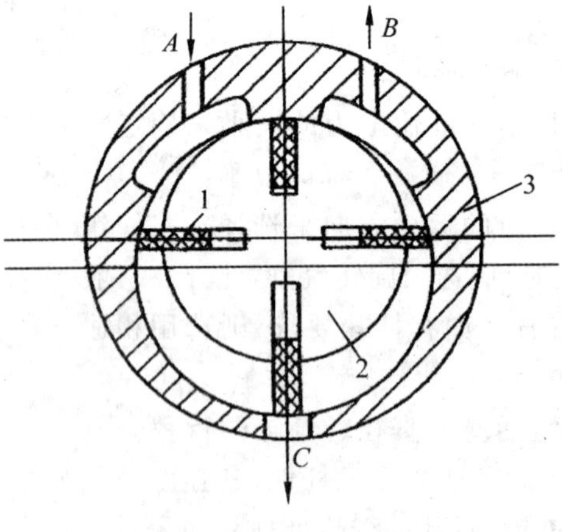

1-叶片　2-转子　3-定子

图 11-5　双向旋转叶片式气马达

压缩空气从输入口 A 进入，作用在工作腔两侧的叶片 1 上。由于转子偏心安装，气压作用在两侧叶片上产生转矩差，使转子 2 按逆时针旋转。废气从排气口 C 排出，残余气体经输出口 B 排出。若改变压缩空气的输入方向(即压缩空气从孔 B 进入，从孔 A 和

C 输出)，即可改变转子的转向。

2. 气马达的选择和使用要求

(1)气马达的选择。选择气马达主要从负载状态出发。不同类型的气马达具有不同的特点和适用范围。常用气马达的特点及应用如表 11-1 所示。至于所选气马达的具体型号、技术规格、外形尺寸等，可参考有关手册及产品样本。

表 11-1　　常用气马达的特点及应用

型　式	转　矩	速　度	功　率	耗气量 $Q(m^3/min)$	应　用
活塞式	中高转矩	低中速	0.7～20kW	0.7～1.7	结构复杂，应用于拉管机、起重机、绞车等负荷较大、中高转矩、中低速的场合
叶片式	低转矩	高速	0.1～18kW	1.0～1.7	结构简单，维修容易，适用于起动转矩小的中小功率的机械，如手提工具、传送带、升降机、泵等
薄膜式	高转矩	低速度	小于 1kW	1.2～1.4	适用于控制要求很精确，起动转矩极高和速度低的机械

由气马达的工作特性及特点可见，气马达工作适应性甚强，可适用于无级调速、频繁启动、经常换向、高温潮湿、易燃易爆、不便人工操纵及有过载可能的场合。目前，气马达主要应用于矿山机械、专业性的机械制造业、油田、化工、造纸、炼钢、船舶、航空等行业。随着气压传动的发展，气马达的应用将日趋广泛。

(2)气马达的使用要求。润滑是气马达正常工作不可缺少的一环，气马达在得到正确、良好润滑的情况下，可在两次检修期间至少实际运转 2500～3000h。一般应在气马达的换向阀前配置油雾器，并按期补油，以使油雾混入压缩空气后再进入马达中，从而得到不间断的润滑。

思考与练习

11-1　气缸有哪些类型？与液压缸相比较，气缸有哪些特点？

11-2　标准化气缸有几种系列？其主要参数是什么？具体的标记方法是什么？

11-3　单作用气缸的内径 $D=63mm$，复位弹簧的最大反力为 150N，工作压力 $p=0.5MPa$，气缸效率为 0.4，该气缸的推力为多少？

11-4　气缸有何使用要求？气马达有何使用要求？

11-5　叶片式气马达的工作原理是什么？

第十二章 气动控制元件

在气压传动系统中的控制元件是控制和调节压缩空气的压力、流量、流动方向和发送信号的重要元件，利用它们可以组成各种气动控制回路，使气动执行元件按设计的程序正常地进行工作。控制元件按功能和用途可分为方向控制阀、压力控制阀和流量控制阀三大类。此外还包括各种逻辑功能的气动逻辑元件等。

第一节 气动控制阀

气动控制阀的功能、工作原理等和液压控制阀相似，本节列出了三大类气动控制阀及其特点。

一、方向控制阀

气动方向控制阀的功用、工作原理与液压方向控制阀相似，分类方法也大致相同。本节简单介绍各种方向控制阀的符号及特点。气动方向控制阀分为单向型控制阀和换向型控制阀，如表 12-1 所示。

表 12-1　　方向控制阀分类

类别	名　称	符　号	特　点
单向型控制阀	单向阀	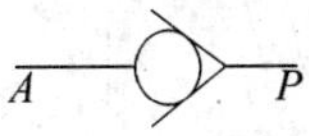	气流只能向一个方向流动而不能反向流动
	梭阀(或门)	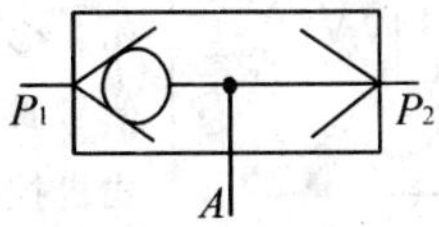	两个单向阀反向串联的组合，两个输入口中任一口有输入信号则输出口便有输出。使用于手动——自动回路的转换中，在气动回路中起逻辑“或”的作用
	双压阀(与门)	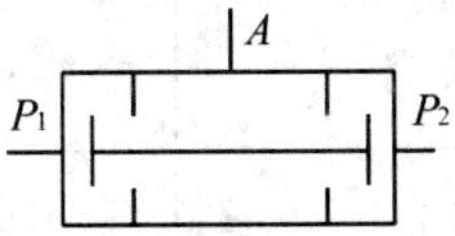	两个单向阀的组合，该阀只有两个输入口 P_1，P_2 同时进气时，A 口才有输出。使用于互锁回路中，起逻辑“与”的作用
	快速排气阀	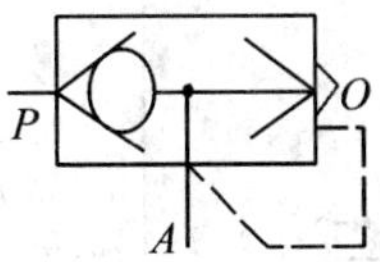	常装在换向阀和气缸之间，它使气缸不通过换向阀而快速排出气体，可加快气缸往复动作速度。实验证明，安装快排阀后，气缸运动速度可提高4～5倍
换向型控制阀	气压控制换向阀	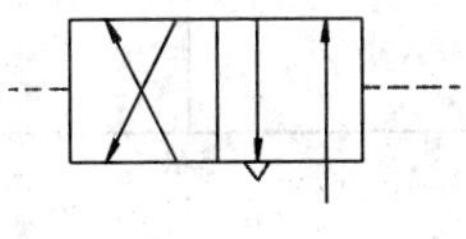	以气压为动力切换主阀，操作安全可靠，适用于易燃、易爆、潮湿和多粉尘等场合。但远距离控制或遥控较困难
	电磁控制换向阀	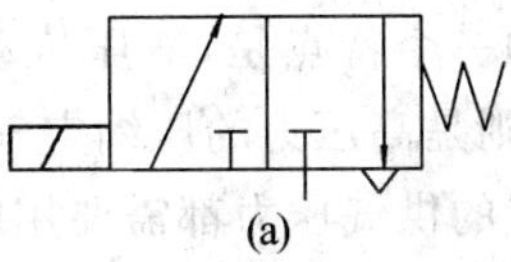 (a) 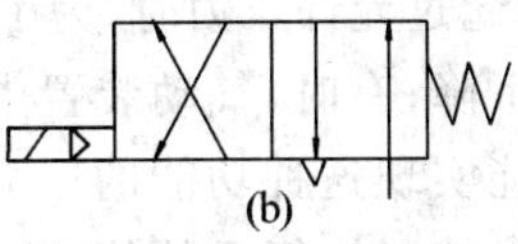 (b) 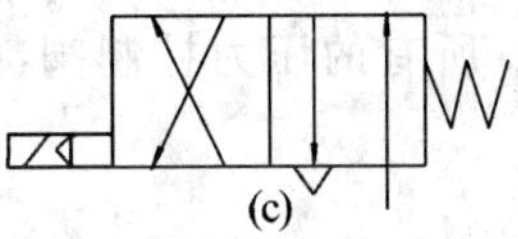 (c)	用电磁力获得轴向力使得阀芯迅速移动来实现阀的切换。与液压传动中的电磁控制换向阀一样，也由电磁铁控制部分和主阀两部分组成。其工作原理与液压阀的相类似，只是两者的工作介质不同。(a)为直动式电磁阀，(b)(c)为先导式电磁阀，其中(b)为气压加压控制，(c)为气压泄压控制

续表

换向型控制阀	机械控制换向阀	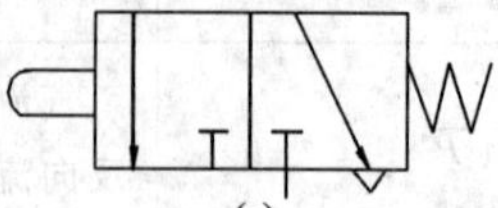 (a) 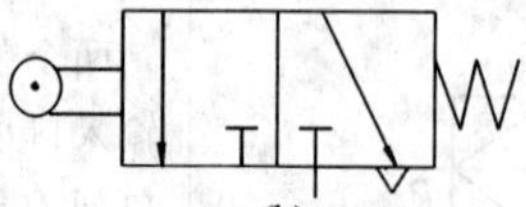 (b) 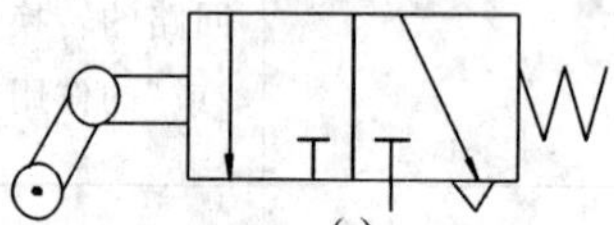 (c)	靠机动(行程挡块、凸轮或其他机械外力等)推动阀芯使阀产生切换动作。多用于行程程序控制系统,作为信号阀使用,也称行程阀。(a)为直动式机控阀,(b)为滚轮式机控阀,(c)为可通过式机控阀
	人力控制换向阀	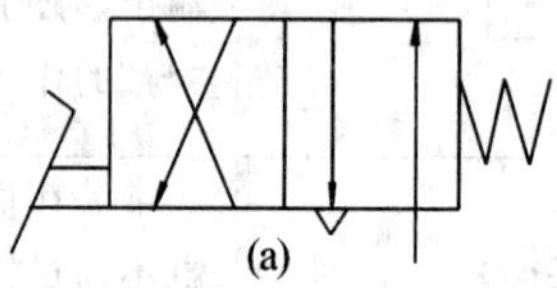 (a) 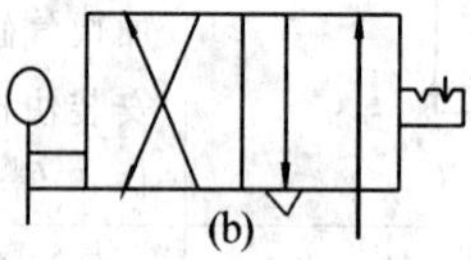 (b) 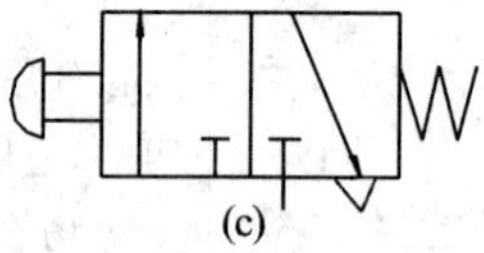 (c)	靠人力来使阀产生切换动作。分为手动及脚踏两种方式。(a)为脚踏式,(b)为手柄式,(c)为按钮式

二、压力控制阀

气压传动系统与液压传动系统不同的一个特点是,液压传动系统的液压油是安装在每台设备上液压源直接提供;而气压传动则是高压力的压缩空气储于储气罐中,然后减压到适用于系统的压力。因此每台气动装置的供气压力都需要用减压阀(又称调压阀)来减压,并保持供气压力值稳定;当管路中压力超过允许压力时,为了保证系统的工作安全,往往用溢流阀实现自动排气,以使系统压力下降;有时,气动装置中要依据气压的大小来控制两个以上的气动执行机构的顺序动作,能实现这种功能的压力控制阀称为顺序阀。因此,压力控制阀用来控制压缩空气的压力以控制执行元件的输出力或控制执行元件实现顺序动作的,可分为三类,如表 12-2 所示。所有的压力控制阀都是利用空气压力和弹力相平衡的原理来工作的。

表 12-2　　**压力控制阀**

类别	名　称	符　号	特　点
压力控制阀	减压阀	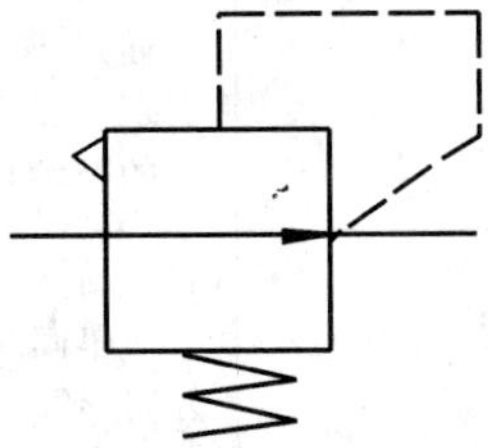	将较高的输入压力调整到低于输入压力的调定压力输出，并能保持输出压力稳定，即对压缩空气起稳压和减压作用，同时还与分水滤气器、油雾器一起共同组成气动三联件
	溢流阀	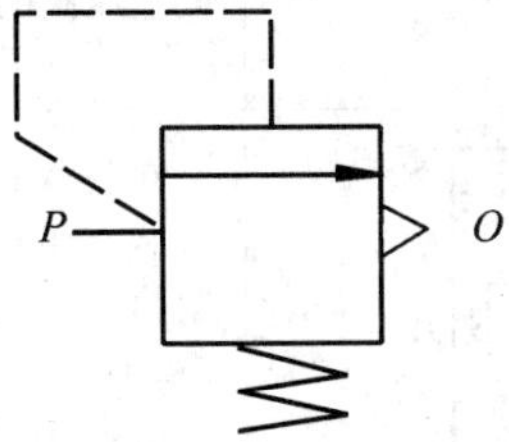	保证气动系统或储气罐的安全，当压力超过一定值时，实现自动向外排气，使压力回到某一定值范围内，也称安全阀
	顺序阀	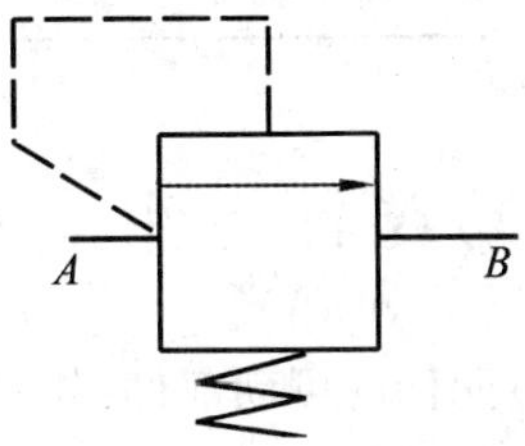	按调定的压力控制执行元件顺序动作或输出压力信号

三、流量控制阀

在气压传动系统中，经常要求控制气动执行元件的运动速度，这要靠调节压缩空气的流量来实现。用来控制气体流量的阀，称为流量控制阀。流量控制阀是通过改变阀的通流截面积来实现流量控制的元件，它包括节流阀、单向节流阀、排气节流阀等。如表 12-3 所示。

应当指出，由于空气具有可压缩性，故用气动流量控制阀控制气动执行元件的运动速度，其精度远不如液压流量控制阀。特别是在超低速控制中，要按照预定行程变化来控制速度，只用气动是很难实现的。故气缸的运动速度一般不得低于 30mm/s。在外部负载变化较大时，仅用气动流量阀也不会得到满意的调速效果。为提高其运动平稳性，建议采用气液联动的方式。

表 12-3　　流量控制阀

类别	名　称	符　号	特　点
流量控制阀	节流阀	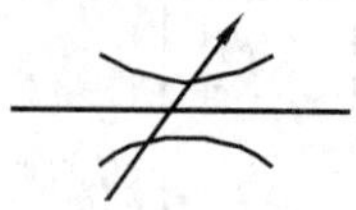	通过改变节流口的流通面积来实现流量调节，其工作原理同液压阀的节流阀相似
	单向节流阀	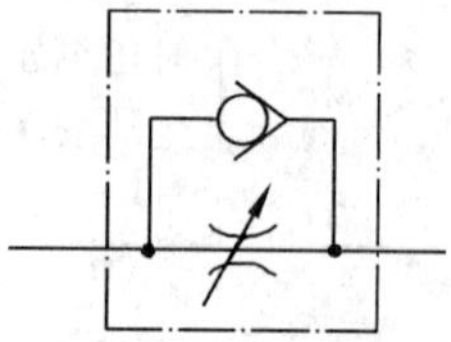	由单向阀和节流阀组成，只对一个方向的气流有节流作用，对另一个方向的气流流动不节流。其工作原理同液压阀的单向节流阀相似
	排气节流阀	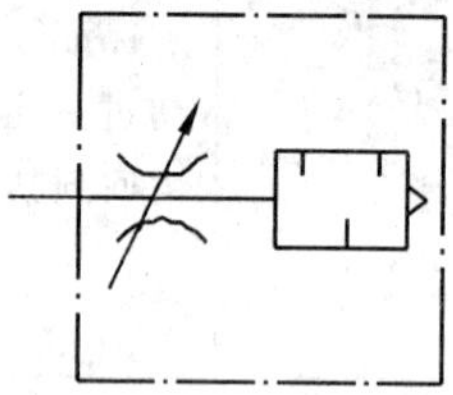	在排气口装有消声器的节流阀，常装在主控阀的排气口上，用以控制执行元件的速度并降低排气噪声。其工作原理同节流阀相似，也是靠调节通流截面积来调节阀的流量的

第二节　气动逻辑元件

气动逻辑元件是以压缩空气为介质，通过元件的可动部件（如膜片、阀芯）在气控信号作用下动作，改变气流方向以实现一定逻辑功能的气体控制元件。实际上气动方向控制阀也具有逻辑元件的各种功能，所不同的是它的输出功率较大，尺寸大。而气动逻辑元件的尺寸较小，在气动控制系统中广泛采用各种形式的气动逻辑元件（逻辑阀）。

一、气动逻辑元件的分类及特点

气动逻辑元件的种类较多，其分类情况如图 12-1 所示。

- 气动逻辑元件
  - 按工作压力分
    - 高压元件（工作压力 0.2～0.8MPa）
    - 低压元件（工作压力 0.02～0.2MPa）
    - 微压元件（工作压力 0.02MPa 以下）
  - 按逻辑功能分
    - 或门元件
    - 与门元件
    - 是门元件
    - 非门元件
    - 记忆元件
  - 按结构形式分
    - 截止式元件
    - 滑阀式元件
    - 膜片式元件

图 12-1　气动逻辑元件的分类

气动逻辑元件有如下特点：

元件流通孔道较大，元件抗污染能力较强；结构简单，连接方便，调试容易，抗恶劣工作环境能力强；响应速度较慢，在强烈冲击和振动条件下，有可能出现误动作。

二、高压截止式逻辑元件

高压截至式逻辑元件是依靠控制气压信号推动阀芯或通过膜片的变形推动阀芯动作，改变气流的流动方向，以实现一定逻辑功能的逻辑元件。这类元件的特点是行程小、流量大、工作压力高、对气源净化要求低，便于实现集成安装和实现集中控制，其拆卸也很方便。

1. 是门元件

图 12-2 所示为是门元件的工作原理图，图中 A 为信号输入口，S 为信号输出口，中间口接气源 P。当 A 输入口无信号时，气源压力使阀芯 2 上移，如图 12-2 所示位置。关闭

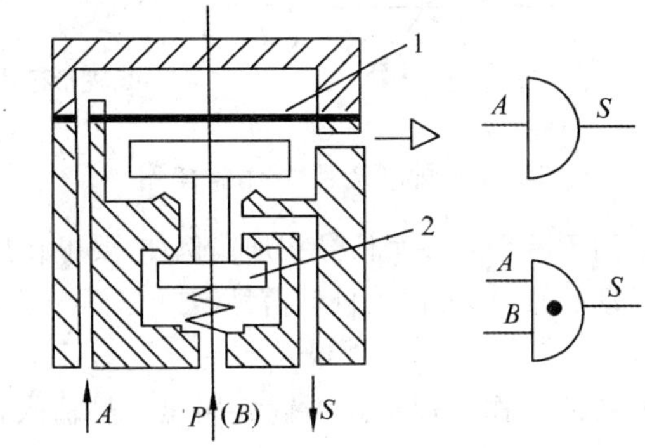

(a) 工作原理　(b) 图形符号

1-膜片　2-阀芯

图 12-2　是门和与门元件工作原理图

输出口 S 通道，使输出口 S 与排气口相通，S 无输出；当 A 有输入信号时，膜片 1 在输入信号的作用下将阀芯 2 推动下移，封住输出 S 与排气口间通道，P 与 S 相通，S 有输出。即：无输入信号时无输出；有输入信号时有输出。是门元件的逻辑元件可以用逻辑函数式来表示：

$$S=A \tag{12-1}$$

是门元件在回路中可用作输入输出信号波形的整形和信号的放大等。另外，是门元件属于有源元件，实际使用中必须接上气源。

2. 与门元件

如果将图 12-2 所示的与门元件的气源 P 改为另一输入信号 B，则就成了一个与门元件。只有当 A,B 同时有输入信号时，S 才有输出。与门元件的逻辑元件可以用逻辑函数式来表示：

$$S=AB \tag{12-2}$$

与门元件常用于两个或多个信号之间的互锁。这种元件属于无源元件，工作时，不需加气源。

3. 或门元件

图 12-3 所示为或门元件工作原理图。当输入口 A 有信号时，阀板封闭下阀口，A 与 S 相通，输出口 S 有气信号；同样，B 输入口有气信号时，阀板向上封闭上阀口，B,S 相通，输出口 S 也有气信号输出。若 A,B 两个口均有输入，则信号强者将关闭弱者的阀口，输出口 S 仍然有气信号输出。或门元件的逻辑元件可以用逻辑函数式来表示：

$$S=A+B \tag{12-3}$$

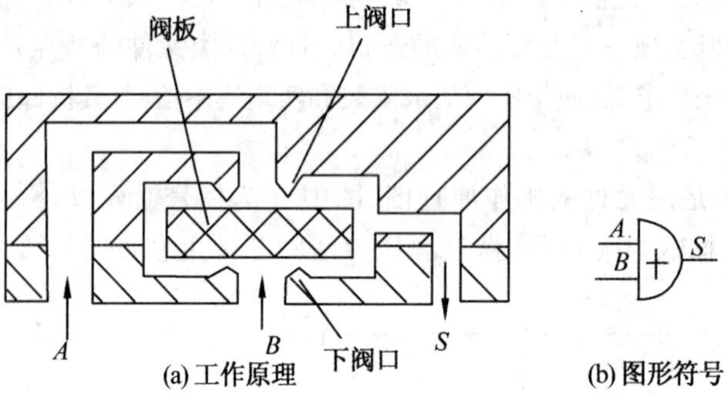

图 12-3 或门元件工作原理图

或门属于无源元件，常用于两个或多个信号相加。例如，要求在控制某个执行元件的换向阀换向时，即可加入手动信号，也可加入自动信号。

4. 非门元件

图 12-4 所示为非门元件的工作原理图。A 输入端无信号输入，阀芯在气源压力 P 作用下上移，P,S 相通，输出端 S 有信号输出。当 A 输入端有信号输入，阀芯在膜片的作用下关闭气源口 P，P,S 通道切断，输出端 S 无信号。实现了逻辑“非”的功能。非门元件的逻辑元件可以用逻辑函数式来表示：

$$S=\overline{A} \tag{12-4}$$

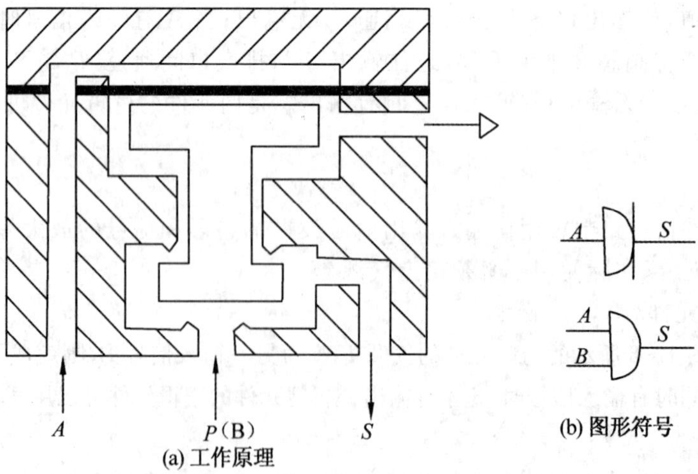

图 12-4 非门与禁门元件工作原理图

在控制回路中，如果需要某一信号的反相信号时，可直接采用非门元件。非门元件属于有源元件，在实际应用中必须连接气源。

5. 禁门元件

若将图 12-4 非门元件中将气源口 P 换接另一输入信号 B，就变成了禁门元件的工作原理图。其中 A 是 B 的禁止信号。当无禁止信号 A 时，信号 B 可通过，此时，输出端 S 有信号输出。当有禁止信号 A 输入时，在顶杆推动下膜片紧压在下阀座上，下阀座被堵住，信号 B 被禁止通过，输出端 S 便无信号输出。禁门的逻辑关系可用逻辑函数式表达，即：

$$S=\overline{A}B \tag{12-5}$$

禁门元件在回路中很有用，在某些条件不允许某个信号通过时，经常用禁门禁止此信号通过，这样可以提高回路的可靠性。

6. 记忆元件

“双稳”和“单稳”都是记忆元件，它们在逻辑回路中有很重要的作用。图 12-5 是双稳元件工作原理图。图示位置阀芯 2 被控制信号 A 推至右端，气源 P 与 S_1 口相通，S_2 口与排气口 O 相通。撤去控制信号 A，阀芯仍保持右位，S_1 保持有气输出，记忆了控制信号 A。当控制信号 B 有输入，则阀芯移至左端，S_2 与气源 P 相通，S_1 与排气口 O 相通。撤去控制信号 B，仍保持有气输出，记忆了控制信号 B。

双稳元件属于有源元件，在实际应用中应连接气源。

以上所介绍的几种气动逻辑元件，除记忆元件外，没有相对滑动的零部件，因此工作时不会产生摩擦，故在回路中使用逻辑元件时，不必加油雾器润滑。

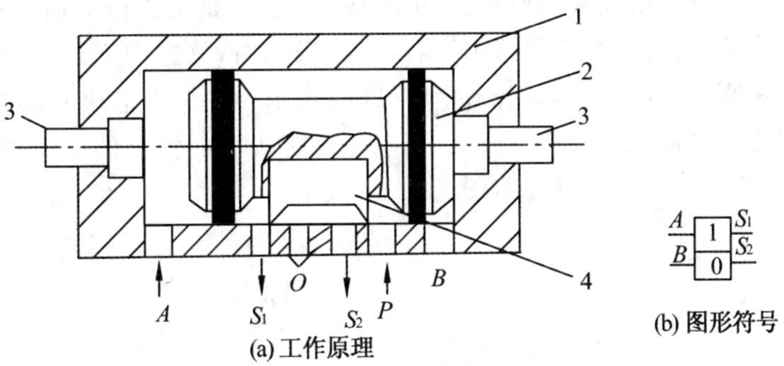

(a) 工作原理　　(b) 图形符号

1-阀体　2-阀芯　3-手动按钮　4-滑块

图 12-5　双稳元件工作原理图

思考与练习

12-1　气动控制阀包括哪些元件？

12-2　画出逻辑元件的图形符号并说明其功能。

12-3　“是门”元件与“非门”元件结构相似，“是门”元件中阀芯底部有一弹簧，“非门”元件中却没有，说明“是门”元件中弹簧的作用，去掉该弹簧“是门”元件能否正常工作，为什么？

第十三章　气动基本回路

气压传动系统形式多种多样，但和液压传动系统一样，是由各种基本回路组成的。熟悉和掌握其基本回路有助于更好地分析、设计和使用各种气动系统。

第一节　方向控制回路

方向控制回路是用换向阀控制压缩空气的流动方向来控制执行元件机构运动方向的回路，简称换向回路。

一、单作用缸换向回路

图 13-1 所示为单作用缸换向回路。其中，图 13-1(a)是用二位三通电磁换向阀控制的单作用气缸的升降运动。在该回路中，当电磁铁通电时，气缸向上运动；当电磁铁失电时，气缸活塞在弹簧力的作用下返回。图 13-1(b)所示为三位四通电磁阀控制的单作用气缸的伸、缩和任意位置停留的换向回路，当电磁铁都失电时换向阀处于中位，气缸停止不动，但定位精度不高，且定位时间不长。

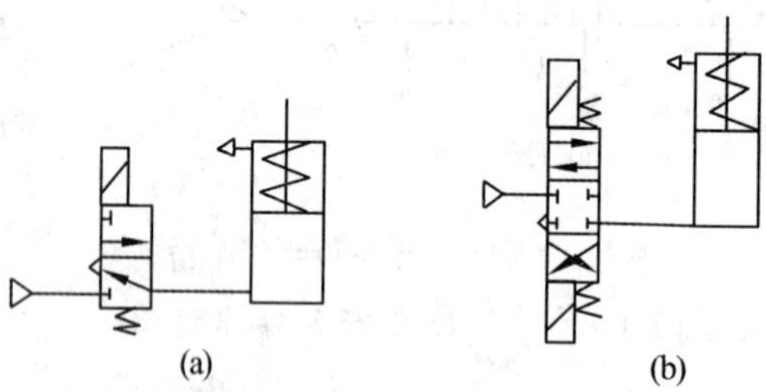

图 13-1　单作用气缸换向回路

二、双作用气缸换向回路

图 13-2 所示为各种双作用缸换向回路。其中图 13-2(a)是一个二位五通换向阀控制的简单的换向回路。图 13-2(b)是由两个二位三通阀控制的换向回路，当 A 有信号时，气缸推出，反之气缸退回。图 13-2(c)是由行程阀和二位五通换向阀组合的换向回路。图

13-2(d)(e)(f)都是双电控或双气控的换向回路，换向阀两端的控制电磁线圈或按钮不能同时操作，否则会出现误操作，(f)图还能实现任意位置的停留，但停留时间不长，精度也较低。

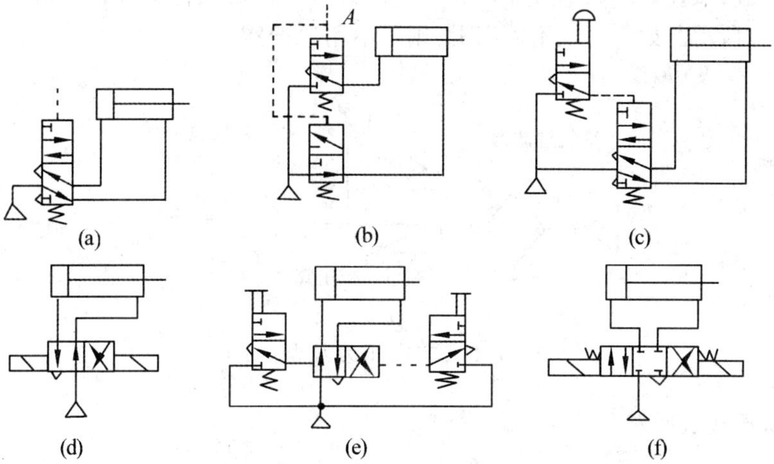

图 13-2　双作用气缸换向回路

第二节　压力控制回路

压力控制回路的作用是控制和调节系统的压力。常用的压力控制回路有一次压力控制回路、二次压力控制回路和高低压转换回路。

一、一次压力控制回路

一次压力控制是指把空气压缩机的输出压力控制在一定值以下，一般情况下，空气压缩机的出口压力为 0.8MPa，并设置储气罐，储气罐上装有压力表、安全阀等，如图 13-3 所示。它常采用外控式溢流阀 1 来控制，也可采用带电触点的压力表 2 代替溢流阀 1 来控制空气压缩机的启动、停止。

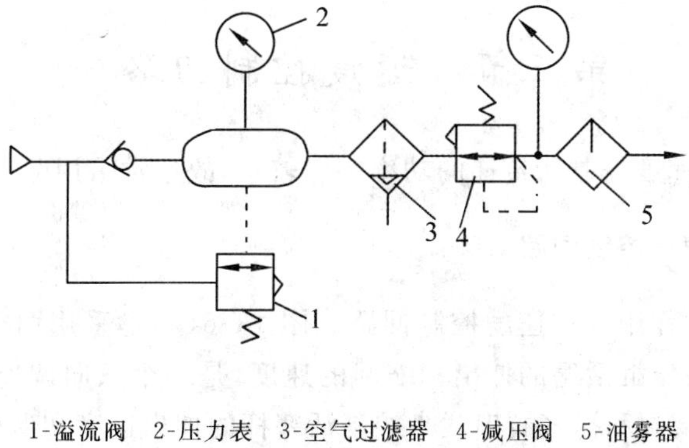

1-溢流阀　2-压力表　3-空气过滤器　4-减压阀　5-油雾器

图 13-3　一次压力控制回路

二、二次压力控制回路

二次压力控制回路是指为保证气动系统的使用压力在一定范围内，在系统气源进口处利用空气过滤器、减压阀、油雾器(气动三大元件，可做成联件形式)组成的压力控制回路，如图 13-4 所示。如果系统不需润滑，则可不用油雾器。

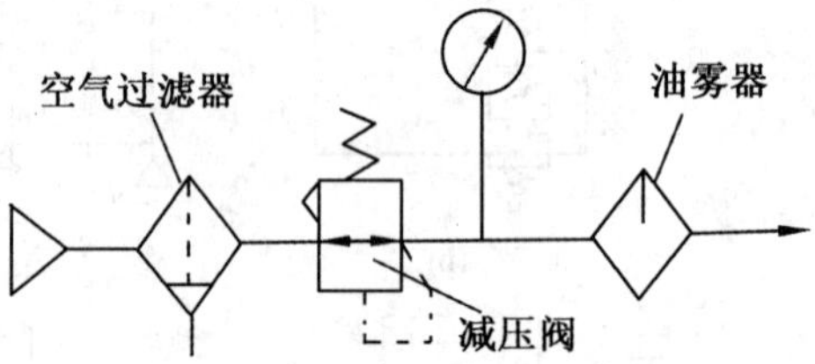

图 13-4 二次压力控制回路

三、高低压转换回路

在实际应用中，某些气动系统需要有高低压的选择。如果采用调节减压阀的办法来解决，在使用过程中会比较麻烦，通常采用图 13-5 所示的回路来解决这个问题。在图中用两个减压阀分别调出所需的两个压力 p_1，p_2，再通过气控换向阀，根据系统要求，输出所需的压力，当然也可用其他控制方式的阀来控制。

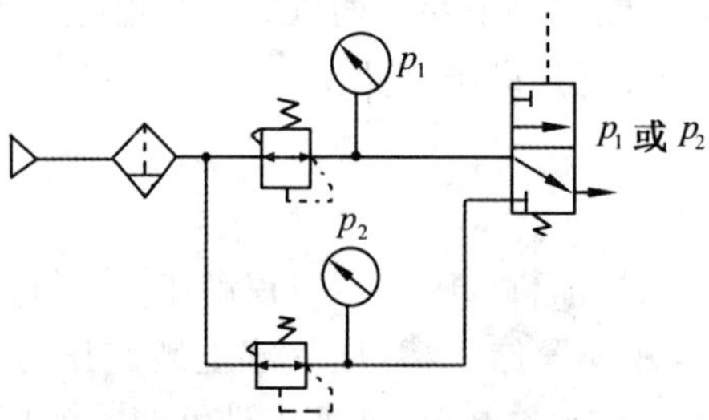

图 13-5 高、低压转换回路

第三节 速度控制回路

由于气压传动的速度控制所传递的功率一般较小，故通常采用节流调速。

一、单作用气缸速度控制回路

图 13-6 所示为单作用气缸速度控制回路。图 13-6(a)是采用两个相反安装的单向节流阀，可分别控制液压缸活塞的伸出和缩回的速度，是一个双向调速的速度控制回路。图 13-6 (b)是采用节流阀和排气阀串联来控制活塞杆的伸出速度和退回，伸出时，利用节流阀调节速度；退回时，使用快排气阀排气，气缸快速返回，返回时速度不可调。

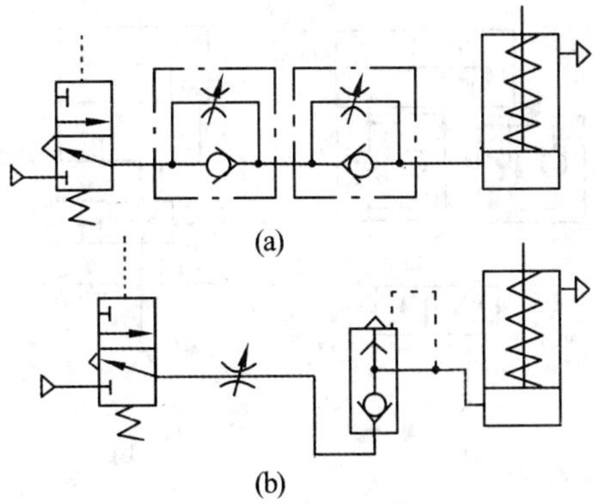

图 13-6　单作用气缸速度控制回路

二、双作用气缸速度控制回路

1. 单向调速回路

双作用缸单向调速回路与液压系统相仿，也有进口、出口节流调速之分，但在气动系统中称节流供气和节流排气，如图 13-7 所示。

图 13-7(a)是采用供气节流调速的方式，由于空气具有可压缩膨胀的特性，当负载与活塞运动方向相反时易产生“爬行”现象；当负载与活塞运动方向相同时易产生“跑空”现象。所以供气节流调速多用于垂直安装的气缸的供气回路。

在水平安装的气缸中通常采用图 13-7(b)所示的排气节流调速方式。这种节流调速方式由于存在背压，从而减少了“爬行”现象。采用这种节流调速方式，气缸速度随负载变化较小，运动较平稳，且能承受反向负载。

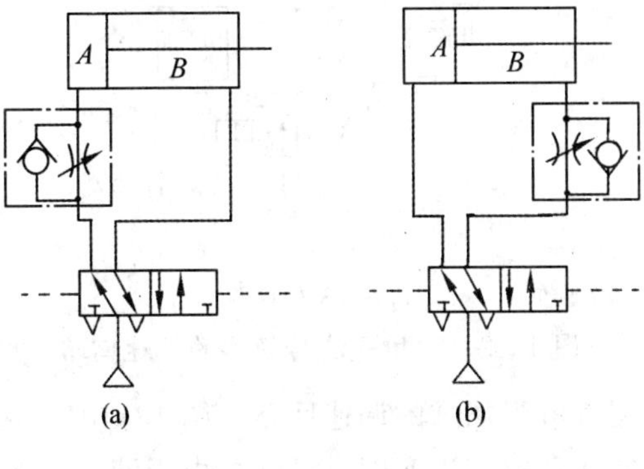

图 13-7　双作用缸单向调速回路

2. 双向调速回路

双向调速回路指在气缸的进、排气口均装设节流阀进行调速的回路。图13-8(a)是采用单向节流阀式的双向节流调速回路，图 13-8(b)是采用排气节流调速的双向节流调速回路。

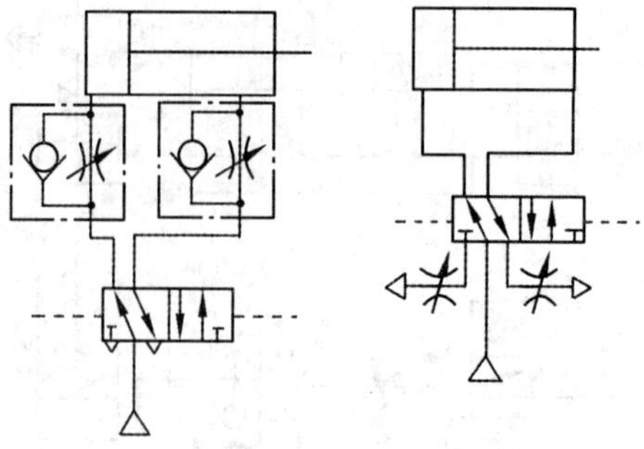

图 13-8 双向调速回路

三、气液联动速度控制回路

由于空气具有易压缩膨胀的物理特性，前面几种调速方式只适用于负载变化不大的场合。当负载变化较大时，为获得准确而平稳的速度，通常采用气液联动速度控制回路。它是以气压做动力，利用气液转换器或气液阻尼缸将气压传动转变为液压传动，从而控制执行机构的速度。这种速度控制方式在气压传动中应用较广泛。

图 13-9 所示为利用气液转换器的调速回路。它利用气液转换器将气压转变为液压，再利用液压油驱动低压液压缸，从而获得平稳易控的活塞运动速度，调节节流阀的流量就可以改变活塞的速度。

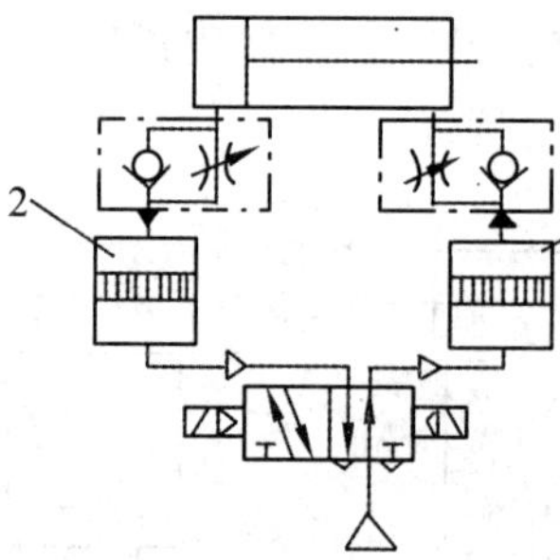

1，2-气液转换器

图 13-9 利用气液转换器的调速回路

图 13-10 所示为利用气液阻尼缸的调速回路。图 13-10(a)为慢进快退回路，调节单向节流阀的流量就可控制活塞的前进速度；返回时，由于液压缸无杆腔的油液通过单向阀流向液压缸的有杆腔，故返回速度较快，高位油箱起补充泄漏油液的作用。图 13-10(b)为能实现机床工作循环中常用的"快进→工进→快退"动作的回路，当 K_2 有信号输入时，换向阀换向，活塞向左运动，液压缸无杆腔的油液通过 a 口进入液压缸有杆腔，气缸快速向左运动；当活塞将 a 口关闭时，液压缸无杆腔的油液被迫从 a 口经节流阀进入液压缸有杆腔，活塞工作进给，调节节流阀流量就可控制工进速度；当 K_2 信号消失，K_1 信号输入

时，换向阀换向，活塞向右快速返回。

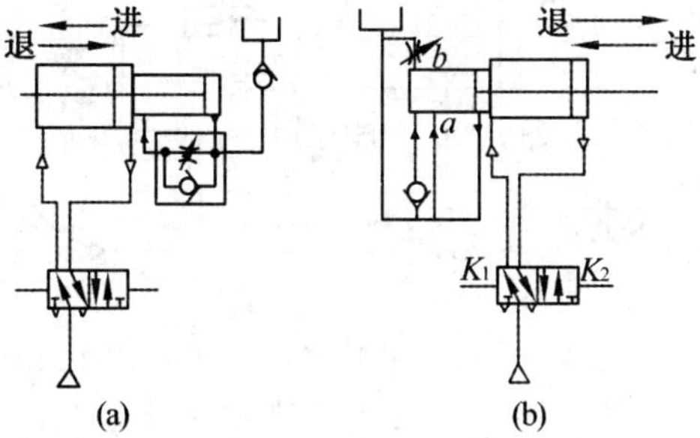

图 13-10　用气液阻尼缸的速度控制回路

第四节　其他回路

一、安全保护回路

1. 过载保护回路

图 13-11 所示为典型的过载保护回路，当活塞杆在伸出途中，如遇到偶然障碍或运动受阻时，气缸无杆腔压力上升，顺序阀 2 打开，压缩空气经梭阀 3 使换向阀 1 换向，右位接入系统，活塞立即退回，保护设备的安全。

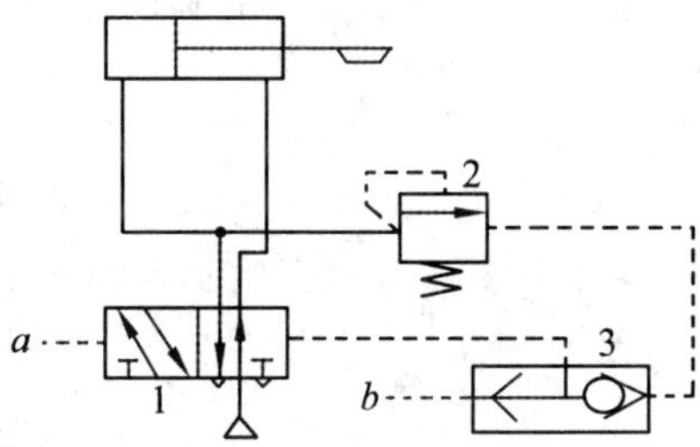

1-主控阀　2-顺序阀　3-梭阀

图 13-11　过载保护回路

2. 互锁回路

图 13-12 所示为多缸互锁回路，该回路保证任意时刻只有一个气缸动作，防止其他气缸同时动作。在回路中利用梭阀 1,2,3 和换向阀 4,5,6 实现互锁。如换向阀 7 左位被接通，则换向阀 4 左位接通，气缸 A 运动。与此同时，气缸 A 进气管路上的压缩空气经梭阀 1 使换向阀 6 锁住，再通过梭阀 2 使换向阀 5 锁住。这样，即使换向阀 8,9 有信号，气缸 B,C 也不会动作，就实现了互锁。如果要更改气缸的动作，则必须提前使缸的气控阀复位。

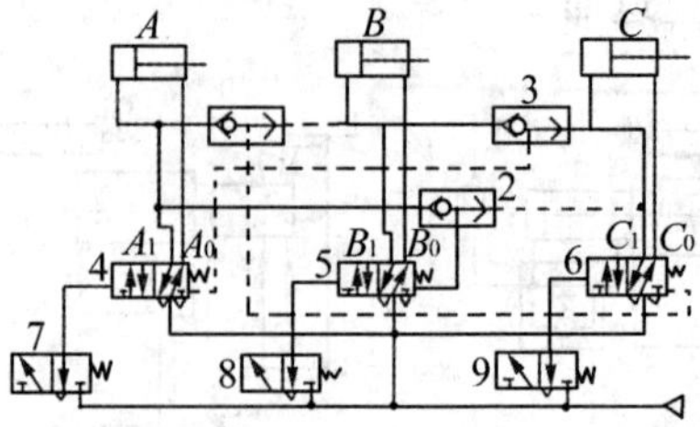

1,2,3-梭阀　4,5,6-主控阀　7,8,9-二位三通换向阀

图 13-12　互锁回路

3. 双手同时操作回路

图 13-13 所示为双手同时操作回路。该回路是使用两个启动用的手动换向阀,只有同时按下两个阀时气缸才动作,起到安全保护作用。常应用在冲床、锻压机床上,对操作人员的手起保护作用。

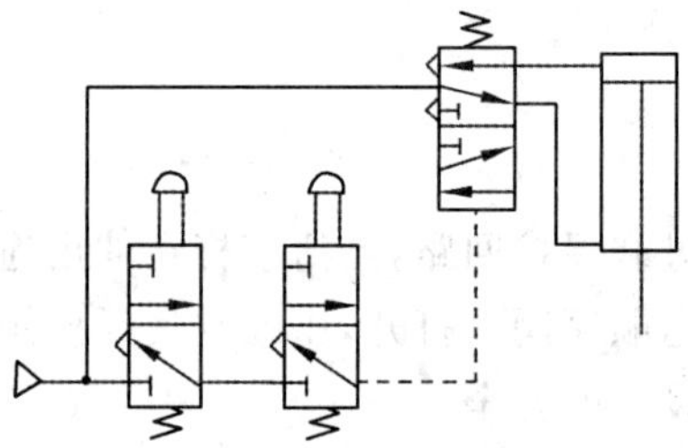

图 13-13　双手操作回路

二、同步动作回路

1. 机械连接的同步回路

图 13-14 所示为利用刚性零件将两缸活塞连接起来的简单的同步回路。该种同步回路同步可靠,但两缸的空间位置受到限制。

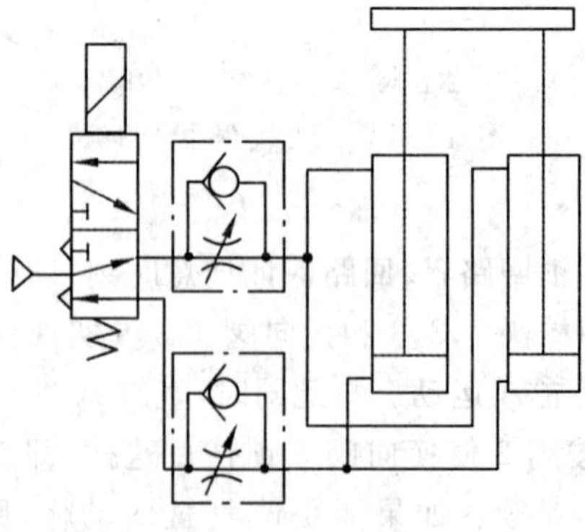

图 13-14　机械连接的同步回路

2. 气液联动的同步回路

图 13-15 所示为采用气液转换的同步回路。图中缸 1 的左腔与缸 2 的右腔连通，内部注入液压油。只要保证两缸的缸径相同就可以实现同步动作。但当发生泄漏或油中混入空气时会影响两缸的同步性，此时可打开气堵 6 放气并补入油液。

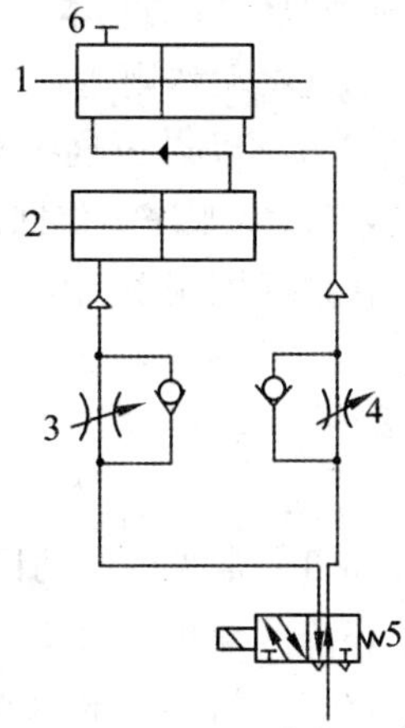

1,2-气缸　3,4-单向节流阀
5-电磁阀　6-气堵

图 13-15　气液转换的同步回路

三、往复动作回路

1. 单往复运动回路

如图 13-16 所示为利用机动换向和手动换向阀组成的位置控制式单往复运动回路。按下手动阀后，二位五通换向阀换向，气缸外伸；当活塞杆挡块压下机动阀后，二位五通换向阀换向，如图示位置，气缸缩回，完成一次往复运动。

2. 多往复运动回路

图 13-17 所示为多往复运动回路。当手动阀换向时，压缩空气经阀 3 发出信号使气控换向阀 2 换向，气缸活塞杆外伸，阀 3 复位，气路封闭，阀 2 不能复位，当活塞杆行至挡块压下行程阀 4 时，阀 2 开始排气，气控换向阀 2 失去信号，阀 2 复位到图示位置，活塞杆缩回，阀 4 复位。当活塞行至终点时又压下行程阀 3，换向阀 2 再次换向，如此往复循环。待放开阀 1 后，阀 2 复位，活塞返回，停止动作。

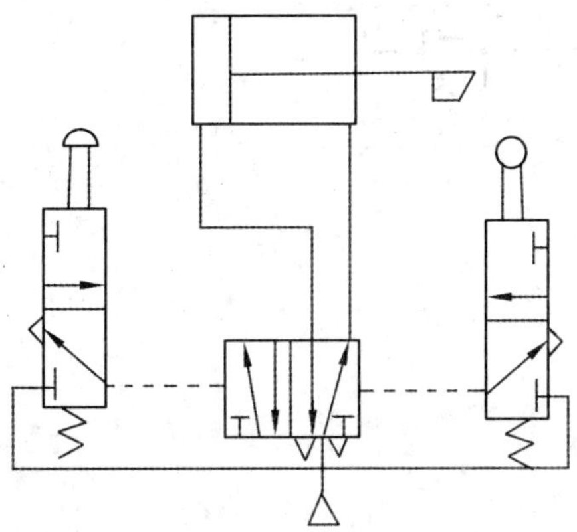

图 13-16　单往复动作回路

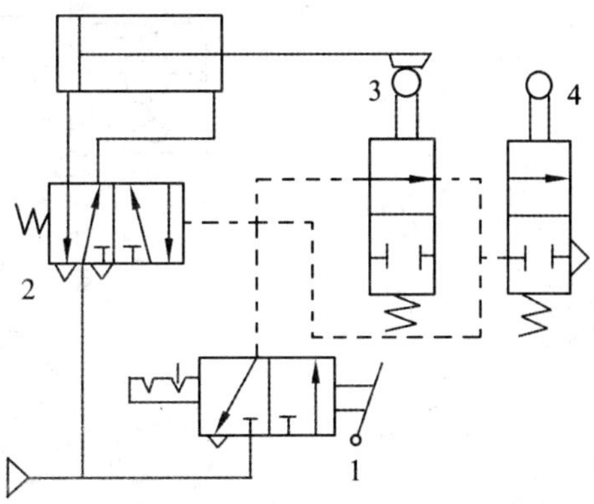

1-手动阀　2,3,4-换向阀

图 13-17　连续往复动作回路

四、多缸顺序动作回路

两个或两个以上的气缸按一定顺序动作的回路，称为多缸顺序动作回路。多缸顺序动作回路应用广泛，在一个循环里，若气缸只作一次往复，称为单往复顺序，若某些气缸作多次往复，就称为多往复顺序。若用 $A,B,C,\cdots$ 表示气缸，用 1,0 表示活塞的伸出和退回，则两只气缸的基本顺序动作回路有 $A_1B_0A_0B_1$、$A_1B_1B_0A_0$ 和 $A_1A_0B_1B_0$ 三种。而三只气缸的基本动作则达到十五种之多，如 $A_1B_1C_1A_0B_0C_0$，$A_1A_0B_1C_1C_0B_0$，$A_1A_0B_1C_1B_0C_0$，$A_1B_1C_1A_0C_0B_0$，…这些顺序回路都属于单往复顺序，即在每一个程序里，气缸只作一次往复，多往复顺序动作回路，其顺序的形成方式比单往复顺序多得多。

在程序控制系统中，把这些顺序动作回路都称为程序控制回路。

思考与练习

13-1 常见的气动回路有哪些？

13-2 分析如图 13-18 所示回路的工作过程，并指出各元件的名称。

13-3 利用两个双作用气缸、一只顺序阀、一个二位单电控换向阀设计顺序动作回路。

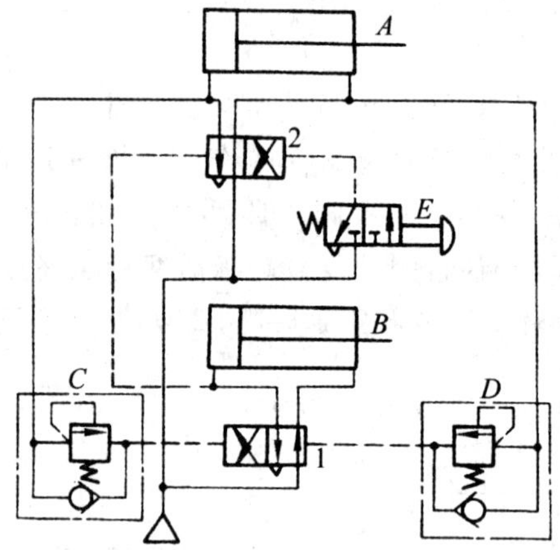

图 13-18

第十四章　气压传动系统

第一节　气压传动系统实例

一、气动夹紧系统

图 14-1 所示为机床夹具的气动夹紧系统。它的动作循环是：垂直活塞杆下降将工件压紧，两侧的气缸活塞杆再同时前进，对工件两侧进行夹紧，加工完后，各气缸退回，松开工件。

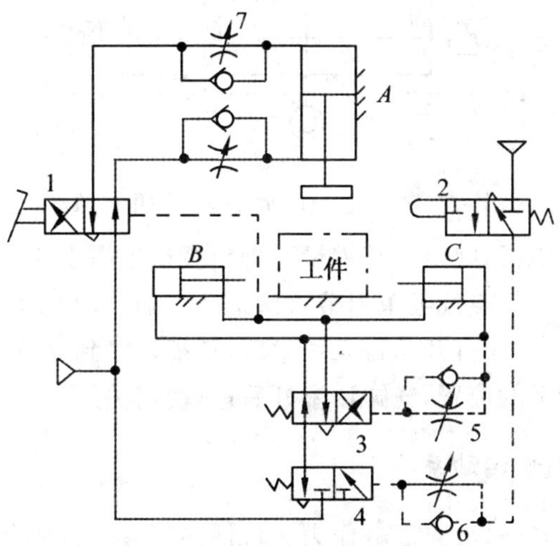

图 14-1　气动夹紧系统

用脚踩一下脚踏阀 1，压缩空气经单向节流阀 7 进入气缸 A 的无杆腔，夹紧头下降夹紧工件，当压下行程阀 2 后，压缩空气经单向节流阀 6 发出信号，气控换向阀 4（调节节流阀开度可控制阀 4 的延时接通时间）换向。这样压缩空气经过气控阀 3 进入 B，C 气缸的无杆腔，使活塞杆伸出夹紧工件，工件开始加工。

加工的同时，流经阀 3 的一部分压缩空气经单向节流阀 5 进入阀 3 的右控制端，经过一段时间后(通过节流阀控制时间的长短),发出信号,阀 3 换向,两侧气缸退回,同时,流经阀 3 的一部分压缩空气进入脚踏阀的右控制端,发出信号,脚踏阀复位,压缩空气进入 A 气缸的有杆腔,使夹紧头退回原位。

夹紧头上升的同时,行程阀 2 复位,气控阀 4 复位,由于 B,C 气缸的无杆腔通过阀 3 和 4 排气,阀 3 自动复位到左位,完成一个工作循环。该回路为单循环工作回路,只有再踏下脚踏阀 1 才能进行下一个工作循环。

二、旋转门的自动开闭系统

旋转门是左右两扇门绕两端的枢纽旋转而开的门。图 14-2 所示为旋转门的气动、自动开闭回路。此回路只能实现单方向开启,不能反向打开,常用于为防止危险,只适宜于单向通行的地方。

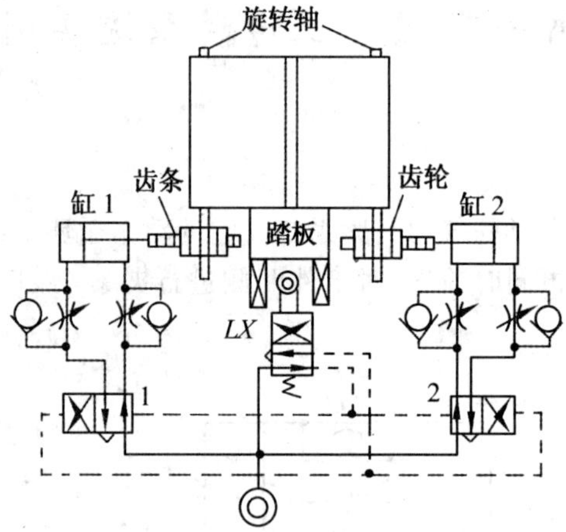

图 14-2　旋转门的自动开闭回路

若行人踏上门前脚踏板,则由于其重量使脚踏板产生微小的下降,检测用阀 LX 被压下,双气控阀 1,2 换向,压缩空气经单向节流阀进入气缸 1,2 的无杆腔,通过齿轮齿条机构,两边的门同时向同一方向打开。行人通过后,踏板恢复到原位,检测阀 LX 自动复位。双气控阀 1,2 换向到原来的位置,气缸活塞杆后退,使门关闭。

三、气液动力滑台气压传动系统

图 14-3 所示为采用气—液阻尼缸作为执行件的气液动力滑台气压传动系统原理图。它能完成两种工作循环:

1. 快进→工进→快退→停止

当图中手动阀 4 处于图示状态时就可以实现“快进→工进→快退→停止”的工作循环,其工作原理如下:

当手动阀 3 切换到右位时,发出进刀信号,在压缩空气作用下,气缸活塞开始向下运动,液压缸中活塞下腔的油液经行程阀 6 的左位和单向阀 7 进入液压缸活塞的上腔,实现快进;当快进至活塞杆上的挡块 B 压下行程阀 6(右位接入系统)后,油液只能经节流阀 5

进入液压缸活塞上腔，实现工进，调节节流阀的开度就可以调节工进速度；当工进至挡铁压下行程阀 2（左位接入系统）时，输出信号使阀 3 切换到左位，这时气缸活塞开始向上运动，液压缸活塞上腔的油液经行程阀 8 的左位和手动阀 4 中的单向阀进入液压缸的下腔，实现快退；当快退至挡块 A 压下行程阀 8（右位接入系统），切断油液通道时，活塞便停止运动。改变挡块 A 的位置就可以改变停止的位置。

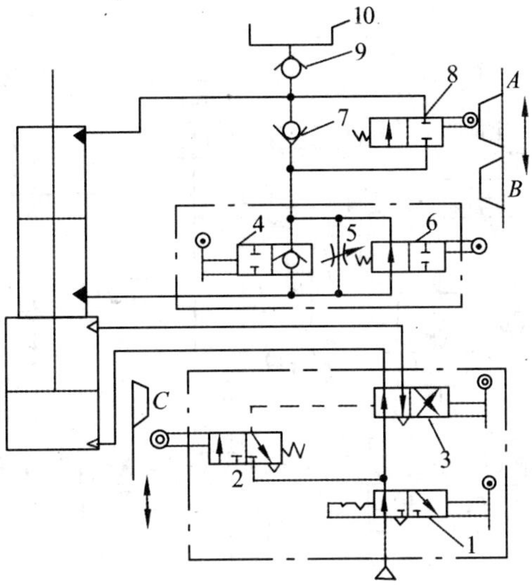

图 14-3　气—液动力滑台气压传动系统

2. 快进→工进→慢退→快退→停止

把手动阀 4 关闭（左位接入系统），就可以实现"快进→工进→慢退→快退→停止"的双向进给工作循环。其快进、工进的动作原理与上述相同。当工进至挡块 C 压下行程阀 2（左位接入系统）时，输出信号使阀 3 的左位接入系统，气缸活塞开始向上运动，这时因手动阀 4 左位工作，液压缸上腔的油液经行程阀 8 的左位和节流阀 5 进入液压缸活塞下腔，实现慢退。当挡块 B 离开阀 6 后，油液经阀 6（左位）流回液压缸下腔，实现快退。当挡块 A 压下行程阀 8 时，回油路被切断，活塞停止运动。

图 14-3 中阀 1，2，3 和阀 4，5，6 分别为两个组合阀块，高位油箱 10 是为补充系统漏油用的，一般用油杯代替。

四、数控加工中心气动换刀系统

图 14-4 所示为某数控加工中心气动换刀系统原理图，该系统在换刀过程中要依次实现主轴定位、主轴松刀、拔刀、向主轴锥孔吹气和插刀等动作。其工作原理如下：

当系统发出换刀指令时，主轴停止旋转，同时，4YA 通电，压缩空气经气动三联件 1、换向阀 4、单向节流阀 5 进入主轴定位缸 A 的右腔，活塞左移，使主轴实现自动定位。定位后压下无触点开关，使 6YA 通电，压缩空气经换向阀 6 和快速排气阀 8 进入气液增压缸 B 的上腔，使活塞下移，实现主轴松刀。与此同时，使 8YA 通电，压缩空气经换向阀 9 和单向节流阀 11 进入气缸 C 的上腔，使活塞下移实现拔刀。由回转刀库交换刀具，同时

1YA 通电，压缩空气经换向阀 2 和单向节流阀 3 向主轴锥孔吹气。稍后 1YA 断电，2YA 通电，停止吹气。8YA 断电，7YA 通电，压缩空气经换向阀 9 和单向节流阀 10 进入气缸 *C* 下腔，使其活塞上移，实现插刀。6YA 断电，5YA 通电，压缩空气经换向阀 6 进入气液增压缸 *B* 的下腔，使其活塞退回，主轴的机械机构使刀具夹紧。4YA 断电，3YA 通电，缸 *A* 的活塞在弹簧力的作用下复位，恢复到开始状态，换刀结束。换刀过程电磁铁动作顺序，如表 14-1 所示。

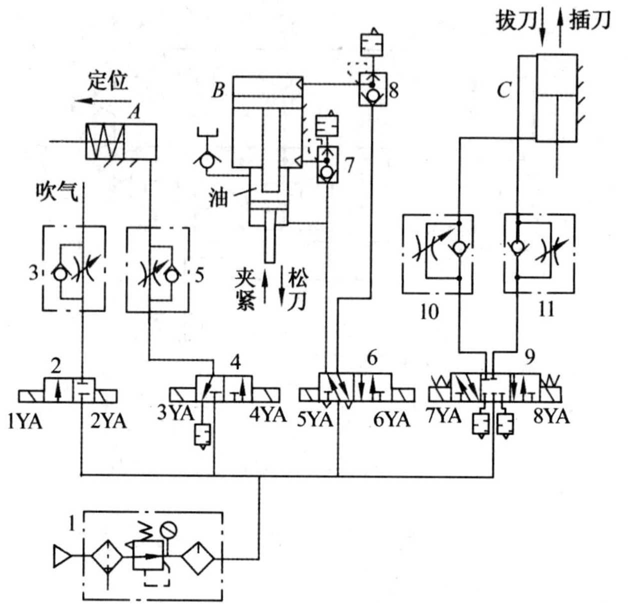

图 14-4　数控加工中心气动换刀系统原理图

表 14-1　　**电磁铁动作顺序表**

工况＼电磁铁	1YA	2YA	3YA	4YA	5YA	6YA	7YA	8YA
主轴定位				+				
主轴松刀				+		+		
拔　刀				+		+		+
主轴锥孔吹气	+			+		+		+
停止吹气	−	+		+		+		+
插　刀				+		+	+	−
刀具夹紧				+	+	−		
主轴复位			+	−				

第二节　气动系统安装、调试、使用与维护

一、气动系统的安装和调试

1. 气缸的选择

首先，根据气缸的工作要求，选定气缸的规格尺寸。按气缸工作行程加上适当余量，选取相近的标准行程作为预选行程，依次进行轴向负载检验（压杆稳定性）、径向载荷和缓冲性能校核。其次，还应考虑环境条件（温度、粉尘、腐蚀性等）、安装方式、活塞杆的联接方式（内外螺纹、球铰等）及行程发信号方法等。

（1）缸径。气缸的缸筒内径尺寸见表14-2。

表14-2　气缸的缸内径系列（GB/T2348-1993（ISO3320））　（单位：mm）

8	10	12	16	20	25	32	40	50	63	80	(90)
100	(110)	125	(140)	160	(180)	200	(220)	250	320	400	500

注：括号中数据非优先选用。

（2）行程。气缸行程应参考实际设计计算值，选用生产商提供的标准行程。

2. 气缸的使用

（1）气缸的安装方式

采用脚架式、法兰式安装时，应尽量避免安装螺栓直接受推力或拉力作用；同时，要求安装底座有足够的刚性。安装底座刚性不足，受力后将发生变形，这对活塞运动会产生不良影响。采用尾部悬挂中间摆动（耳环中间轴销型）安装时，活塞杆顶端联接销位置与安装件轴的位置应处于同一方向。采用中间轴销摆动式安装时，除注意活塞杆顶端联接销的位置外，还应注意气缸轴线与轴支架的垂直度。气缸的中心应尽量靠近销轴的支点，以减小弯矩，使气缸活塞杆的导向套不至于承受过大的横向载荷。缸体的中心高度比较大时，可将安装螺栓加粗或将螺栓的间距加大。

（2）气缸的安全规范

气缸的使用压力超过1.0MPa或容积超过450L时，应作为压力容器处理，遵守压力容器的有关规定。气缸使用前，应检查各安装联接点有无松动。操作上应考虑安全互锁。

进行顺序控制时，应检查气缸的工作位置。当发生故障时，应紧急停止装置。工作结束后，气缸内部的压缩空气应予排放。

（3）气缸的工作环境

①环境温度。通常规定气缸的工作温度为5℃～60℃。气缸在5℃以下使用，会因压缩空气中所含的水分凝结给气缸动作带来不利影响。此时，要求空气的露点温度低于环境温度5℃以下，以防止空气中的水蒸气凝结；同时要考虑在低温下使用的密封件和润滑油。另外，在低温环境中的湿空气会在活塞杆上冻结。若气缸动作频率较低时，可在活塞杆上涂上润滑脂，防止活塞杆上结冰。在高温使用时，可选用耐用气缸；同时应注意高温空气对行程开关、管件及换向阀的影响。

②润滑气缸通常采用油雾润滑，应选用推荐的润滑油，使密封圈不产生膨胀、收缩现象，且与空气中的水份混合不产生乳化。

③接管气缸接入管道前，必须清除管道内的脏物，防止杂物进入气缸。

3. 控制阀的使用

(1)安装前应查看阀的铭牌，注意阀的型号、规格与使用条件是否相符，包括电源、工作压力、通径、螺纹接口等。随后，应进行通电、通气试验，检查阀的换向动作是否正常。用手动装置操作，阀是否换向。手动切换后，手动装置应复原。

(2)安装前应彻底清除管道内的粉尘、铁锈等污物。接管式应防止密封带碎片进入阀内。

(3)应注意阀的安装方向，大多数电磁阀对安装位置和方向无特殊要求，对指定要求的应予以注意。

(4)对于双电控电磁阀，应在电气回路中设置互锁回路，防止两端电磁铁同时通电而烧毁线圈。

(5)使用小功率电磁阀时，应注意继电器节电保护电路 *RC* 元件的漏电流造成的电磁铁误动作。因为此漏电流在电磁线圈两端产生漏电压，若漏电压过大时，就会使电磁铁一直通电，此时可接入漏电阻。

(6)应注意采用节流的方式和场合。对于截止式阀或有单向密封的阀，不宜采用排气节流阀，否则将引起误动作。对于内部先导式电磁阀，其入口不得节流。所有阀的进气孔或排气孔不得堵塞。

二、气动系统的使用与维护

1. 使用

(1)系统使用中应定期检查各部件有无异常现象，各连接部位有无松动；气缸、各种阀的活动部位应定期加润滑油。

(2)气缸检修重新装配时，零件必须清洗干净，特别注意防止密封圈剪切、损坏，注意唇形密封圈的安装方向。

(3)阀的密封元件通常用丁腈橡胶制成，应选择对橡胶无腐蚀作用的润滑油(ISOVG32)。即使对无油润滑的阀，一但用了含油雾润滑的空气后，则不能中断使用。因为润滑油已将原有的油脂洗去，中断后会造成润滑不良。

(4)气缸拆下长时间不使用时，所有加工表面应涂防锈油，进排气口加防尘塞。

(5)应严格管理所用空气的质量，注意空压机等设备的管理，除去冷凝水等有害杂质。

2. 维护

为了使气动系统能够长期的稳定地运转，应定期采取下述维护措施：

(1)每天应将过滤器中的水排放掉。储气罐较大时，应装油水分离器。检查油雾器的油面高度和油雾器的调节情况。

(2)每周应检查信号发生器上是否有灰尘和铁屑沉积。查看调压阀上的压力表。检查油雾器的工作情况是否正常。

(3)每三个月检查管道联接处的密封，以免泄漏。更换联接到移动部件上的管道。检查阀口有无泄漏。用肥皂水清洗过滤器内部，并用压缩空气从反方向将其吹干。

(4)每六个月检查气缸内活塞杆的支撑点是否磨损,必要时可更换。同时应更换刮板和密封圈。

第三节　气动系统常见故障分析与排除方法

当气动系统发生故障时,维修人员通常凭借丰富的经验对故障进行排除,此外还可以采用逻辑逼近法对故障进行分析和排除。通常系统发生故障的原因主要有:

(1)由于机械部件的表面故障或者由于元件堵塞;

(2)控制系统的内部故障。

实践表明,气动系统的故障主要是第一种现象。

气动系统常见故障与排除方法见表 14-3。

表 14-3　　气动系统常见故障及排除方法

故　障	原　因	排除方法
元件和管道堵塞	压缩空气质量不好,水气、油雾含量过高	检查过滤器、干燥器,调节油雾器的滴油量
元件失效或产生误操作	元件安装或管道联接不符合要求(信号线太长)	合理安装元件和管道,尽量缩短信号元件和主控阀的距离
气缸出现短时输出压力下降	供气系统压力下降	检查管道内是否泄漏、管道联接处是否松动
滑阀动作失灵或流量控制阀的排气口堵塞	管道内的铁锈、杂质使阀座被黏连或堵塞	清除管道内的杂质或更换管道
元件表面有锈蚀或阀门元件严重堵塞	压缩空气中凝结水含量过高	检查、清洗过滤器、干燥器
活塞杆速度有时不正常	由于辅助元件的动作而引起系统压力下降	提高压缩机供气量或检查管道是否泄漏、阻塞
活塞杆伸缩不灵活	压缩空气中含水量过高,使气缸润滑不好	检查冷却器、干燥器、油雾器工作是否正常
气缸的密封件磨损过快	气缸安装时轴向配合不好,使缸体和活塞杆上产生支承应力	调整气缸安装位置或加装可调支承架
系统停用几天后,重新启动时,润滑部件动作不畅	润滑油结胶	检查、清洗油水分离器或调小油雾器的滴油量

思考与练习

14-1　在图 14-4 数控加工中心气动换刀系统中,夹紧缸为什么采用气液增压缸?

14-2　设计一气动回路,使其实现慢进快退单往复运动。

14-3　气缸在使用中应该注意哪些问题?

14-4　试列举气压传动系统中常见的故障及排除方法。

主要参考文献

1. 左健民主编．液压与气压传动．第 2 版．北京:机械工业出版社,1999

2. 路甬祥主编．液压气动技术手册．北京:机械工业出版社,2002

3. 章宏甲、黄谊、王积伟主编．液压与气压传动．第 1 版．北京:机械工业出版社,2000

4. 雷天觉主编．新编液压工程手册．北京:机械工业出版社,1998

5. 丁树模主编．液压传动．第 2 版．北京:机械工业出版社,1999

6. 袁承训主编．液压与气压传动．第 2 版．北京:机械工业出版社,2000

7. 林建亚、何存兴主编．液压元件．北京:机械工业出版社,1993

8. 范崇洛主编．机床液压系统常见故障诊断与检修．北京:机械工业出版社,1998

9. 许福玲、陈尧明主编．液压与气压传动．北京:机械工业出版社,1997

图书在版编目(CIP)数据

液压与气压传动/薛彦登等主编. —3版. —济南:山东大学出版社,2011.1(2016.7重印)
ISBN 978-7-5607-3030-1

Ⅰ.液…
Ⅱ.薛…
Ⅲ.①液压传动-高等学校:技术学校-教材②气压传动-高等学校:技术学校-教材
Ⅳ.TH13

中国版本图书馆CIP数据核字(2005)第088140号

山东大学出版社出版发行
(山东省济南市山大南路27号　邮政编码:250100)
山 东 省 新 华 书 店 经 销
济南景升印业有限公司印刷
787×1092毫米　1/16　15.25印张　362千字
2011年1月第3版　2016年7月第7次印刷
定价:26.50元